枢軸の絆
Band of AXIS
[文] 内田弘樹
[イラスト] EXCEL

まえがき

よく知られているように、第二次大戦は日本、ドイツ、イタリアを中心とする枢軸国と、アメリカ、イギリス、ソ連をはじめとする連合国が戦いを繰り広げた戦争でした。戦いは今から約80年前の1939年9月のドイツのポーランド侵攻で始まり、そして1945年の日本の降伏で終わりました。この戦争でヨーロッパ全域、太平洋を含めた東アジア諸地域は荒廃し、犠牲者は少なくとも5000万以上と言われています。

本書は「枢軸の絆」という題名通り、この第二次大戦で「枢軸国」として戦った国々、あるいは「枢軸側」についた様々な武装組織を解説するものです。といっても、戦争の「主役」となった日本、ドイツ、イタリアではなく、それ以外の、普通の歴史書籍であれば、ごくあっさりと解説されてしまうような「脇役」の連中を解説したものです。

「脇役」と言っても、その形態は様々で、すべてがドラマチックな戦歴を持っています。枢軸側という「勝ち馬」に乗って自国の領土を広げようとしたもの。失われた祖国を取り戻すために奮起したもの。生き残るためだけに、やむにやまれず戦いを選んだもの。中には、純粋に故郷を――家族や仲間たちの命を守るためだけに枢軸国と協力し、そして、凄惨な最期を迎えたものたちもいます。

第二次大戦という「歴史」の上で、彼らは「脇役」だったかも知れませんが、彼ら自身は自らの人生の、あるいは自らの信じる何かの「主役」として、戦場を駆け巡ったのです。

自分たちではどうにもならない強い流れの中で、「脇役」たちはいかにして「枢軸」の名を背負うことを決め、いかなる戦いを繰り広げ、いかなる結末を迎えたか――本書では、そうした様々な形の「枢軸の絆」をご紹介したいと思います。

なお、本書は美少女系ミリタリー雑誌「MC☆あくしず」の創刊時から10年以上にわたって連載された同名の記事をまとめ、書き下ろしを含めたものです。

……以上、まえがきということで、とりあえずはクソ真面目に解説を試みましたが、中身は連載時にイラストを担当して頂いたEXCEL先生のイラストのおかげで大変に明るく楽しくぶっとんだ感じにもなっているので、そちらも合わせてお楽しみいただけると幸いです。

正直、あんまりにも悲惨で救われない話が多すぎて、これがないと間が持ちません……!

内田弘樹

目次

第二次大戦前夜のヨーロッパ方面

太平洋戦争前夜のアジア・太平洋方面

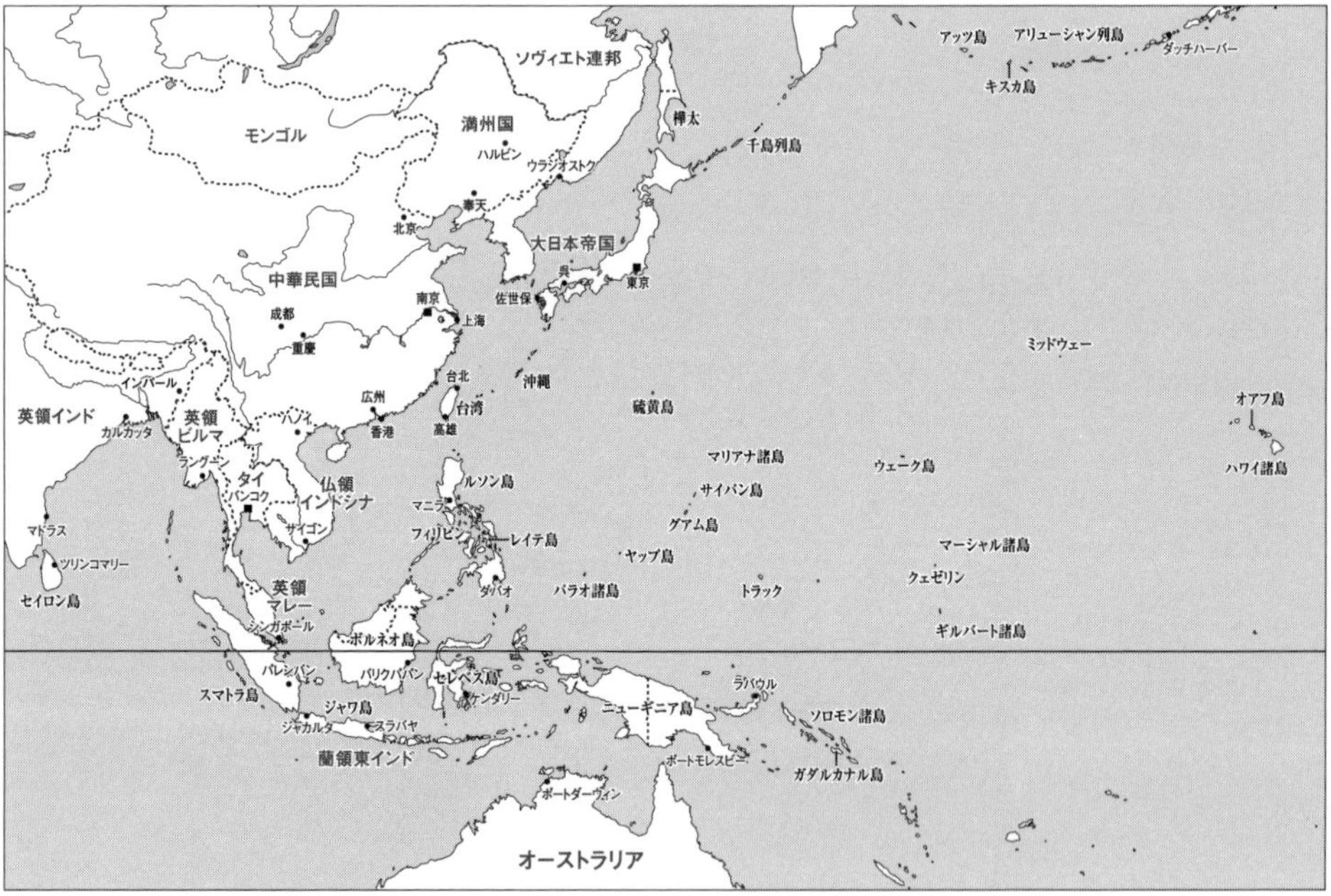

枢軸の絆
Band of AXIS
【欧州編】

ベルギー

“言語の狭間の戦争”

第二次大戦までのベルギー

ベルギーは、隣国のオランダ、ルクセンブルクと合わせてベネルクス三国と呼ばれる。西にフランス、南にルクセンブルク、東にドイツ、北にオランダがあり、西ヨーロッパにおける交通の要衝でもある。第二次大戦時の人口は約８００万であった。

ベルギーは大きく分けて二つの地方で構成されている。北のフラマン語地域であるフランドル地方、南のフランス語地域であるワロン地方である。それぞれの特色は以下の通り。

フランドル地方：オランダ語ベルギー訛《なま》りというべきフラマン語を喋るフラマン人が多い。豊かな土壌を有する平野が広がっており、都市型近郊農業や近代工業が発達している。

ワロン地方：フランス語を喋るワロン人が多い。丘陵地帯が多い冷涼な土地で、畜産業などが盛ん。過去には石炭の採掘で経済が潤っていたが、現在は衰退している。

このように、ベルギー国内はフランドル地方とワロン地方の二つにははっきりと分かれており、二つの人々の間には「言語戦争」と呼ばれる対立関係が存在する。これは、豊かなフランドル地方と貧しいワロン地方という経済格差とも結びついており、現在のベルギーにおいても大きな問題となっている。

第二次大戦前夜のヨーロッパ方面とベルギー

西ヨーロッパ、英仏海峡沿いの「低地諸国（ネーデルラント）」に位置するベルギー。オランダ（32ページ～）とは隣国である。他にアフリカ中部、コンゴに植民地を持った。ちなみに、太平洋戦争末期、広島に投下された原子爆弾のウランは、ベルギー領コンゴのシンコロブエ鉱山から採掘されたものである。

ベルギーは独立から200年も経っておらず、西ヨーロッパでも新しい国の一つである。中世まで、ベルギーは周囲からの支配を交互に受け、安定した統治は行われなかった。

こうした状況に変化が訪れたのが、18世紀末のフランス革命である。それまでベルギーはハプスブルク家の支配下にあったが、フランスに併合され、さらに1815年のウィーン議定書で、オランダと共にネーデルラント連合王国として独立した。その後、1830年にベルギーが独立革命を起こし、1839年にはドイツ領邦君主のザクセン＝コーブルク＝ゴータ家からレオポルド一世を迎え、オランダに承認させる形で独立を得た。現在のベルギー王室はここから始まっている。レオポルド一世の治世の間にベルギーは経済的、文化的に栄えはじめ、息子のレオポルド二世の頃にはアフリカのコンゴを植民地とした。

第一次大戦でベルギーは中立を保とうとしたが、ドイツはフランス本土への侵攻のためにベルギーの領内通過を求めた。当時のベルギー王アルベール一世は「ベルギーは道ではない、国だ！」と反発、ドイツ軍との徹底抗戦を決意した。

その後、ベルギーはドイツ軍の侵攻を受けて領土の大半を失ったが、連合軍とともに粘り強く戦い続け、最後には勝利を勝ち取った。この成果により、アルベール一世は国民から「騎士王」と称され、今日でも高い評価を得ている。

第一次大戦後、ベルギーは再び中立に回帰したが、ドイツの侵攻を受けた教訓から対独戦備を充実させることになった。英仏もベルギーの防衛を重視し、ドイツが西進を再開した際には救援目的でベルギーに軍を進ませ、河川を利用して侵攻を食い止める計画が立案された。しかし、当時の王・レオポルド三世は反ユダヤ主義者で、国民の人気もあまり高くなかった。また、欧州における国家社会主義の隆盛を受け、ベルギー国内でもフラマン人の極右政党でフランドル独立を主張する「フランデレン国民連合」や、ワロン地域の分離独立と反共を主義とする、レオン・デグレルを首魁《しゅかい》とする「レクシズム」が台頭した。

1940年5月10日、ドイツ軍は西方電撃戦を開始。ベルギーはこれを迎え撃つために22個師団、65万名の動員を終えていた。しかし、東部の要衝だったエバン・エマール要塞がドイツ軍の空挺奇襲で陥落したことで防御線が崩壊、本土侵攻を許してしまう。その後、砲兵部隊の集中によりドイツ軍の侵攻を一時的に頓挫《とんざ》させて一矢を報いるも、間を置かず首都ブリュッセルが陥落、ベルギー軍は5月28日に降伏した。

ブリュッセル陥落の直前、ベルギー議会の全機能はパリを経てロンドンに亡命、ドイツ軍への抗戦継続の姿勢を示した。しかし、一方でレオポルド三世は、第一次大戦のアルベール一世に倣ってベルギーに残り、亡命政府の意向を無視してドイツとの会談に臨もうとした。この行動は、後にベルギーの内政に大きな禍根《かこん》を残すことになる。

ドイツ軍のベルギー支配

フランス降伏の後、ベルギーはドイツ軍の軍政の下で統治されることとなり、北フランスのドイツ軍占領地とともに「北フランスおよびベルギー軍管区」に組み込まれた。ベルギー国内では「フランデレン国民連合」や「レクシズム」だけでなく、ドイツとフランドルの一体性を唱えてドイツへの合併を主張するファシスト団体「デ＝フラーフ」さえ出現しており、これらの統率には軍の圧力が必須だった。

全般的に言って、ベルギーにおけるドイツ軍の軍政は成功を収めた。これは「フランデレン国民連合」や「レクシズム」、「デ＝フラーフ」といったドイツに協力的な政党指導者たちが、自らの立場を強化するべく、ドイツ側に積極的な協力を持ちかけたからである。ドイツ側としては、大戦がドイツ軍の勝利に終われば、各政党の望みが叶うという希望を与え、各政党を競合させるだけでベルギーの統治が可能だった。

このため、ベルギー市民は多くの苦しみを味わうことになった。多額の占領費支払いのために国家債務は開戦時の660億ベルギー・フランから1600億に、不換紙幣の乱発は500億から1600億に達し、戦時インフレーションが国民生活の窮迫に追い打ちをかけた。また、ドイツがモスクワ攻略に失敗し、戦争の長期化が見えはじめた1942年以降となると、ドイツはベルギーから軍需工場の機械や資材を本土に運び、同時に大量の労働者を徴発してドイツやフランス沿岸部での強制労働に服させた。その数は30万人と言われている。

ベルギーでは他の占領区域と同じくドイツによるユダヤ人への迫害も行われた。第二次大戦開始時、ベルギーには5万人のユダヤ人がいたが、そのうち終戦まで生き残ったのは2万5000人だった。

こうした状況に対し、ベルギー国内では多数のレジスタンスが組織され、ドイツ軍の占領に抵抗した。また、イギリスでは亡命ベルギー軍が第1ベルギー旅団として再編され、ノルマンディー上陸作戦をはじめとする戦いで激戦を繰り広げた。また、ベルギーにとって数少ない植民地であったコンゴは亡命ベルギー側につき、亡命ベルギー政府の重要な策源地となった。

1944年6月、連合軍はノルマンディー上陸作戦を開始。9月、連合軍はノルマンディーでの消耗戦に勝利し、雪崩《なだれ》を打って敗走するドイツ軍を追撃するようにベルギーに到達、ほとんど戦わずしてベルギーを解放した。しかしこの時、レオポルド三世はいまだドイツで監禁中であり、代わりに弟のシャルル・ド・ベルジックが摂政を行うことになった。

二つの武装SS師団

ドイツの親衛隊にとって、ベルギーは理想的な人材供給源だった。ベルギーには「レクシズム」や「フランデレン国民連合」といった複数の民族主義政党があり、その全てがドイツの力を頼りにしようとしていたからだった。しかし、これらの政党の後ろ盾を受けて出陣したベルギー人部隊は、いずれも東部戦線で激しい消耗戦に巻き込まれた。

1941年7月、手はじめにフラマン人とオランダ人による義勇兵部隊「ノルトヴェスト」が編成された。しかし、「ノルトヴェスト」の存在は、フラマン人とオランダ人というオランダ系市民の結託、つまりは「大オランダ」の実現の筋道を作りかねず、政治的問題を避けるためにほどなく解体された。続いて編成されたのはフラマン人を主体とするSS義勇兵

【ベルギー 現実ver.】
MG42機関銃のフィードカバーの開け方が分からず困惑するSS義勇突撃旅団「ワロニエン」の兵士（左）と、国防軍中尉バウアー。この旅団は第5SS装甲師団「ヴィーキング」の麾下で東部戦線に従軍、チェルカッシー包囲戦にも参加している。エストニア・ナルヴァの戦いでは、タルトゥ方面でレオン・ジリスSS少尉の指揮する対戦車砲小隊が、75㎜砲2門でIS-2スターリン重戦車3両を撃破するという戦果を挙げた。

団「フランドル」だった。「フランドル」は「フランデレン国民連合」の後押しを受けた部隊であり、1941年12月以降、東部戦線のレニングラードに投入され、ソ連軍の攻勢を幾度となく迎え撃った。

1943年9月、SS義勇兵団「フランドル」はSS義勇突撃旅団「ランゲマルク」に改編された。「ランゲマルク」とは、第一次大戦中のベルギーにおいて、ドイツ軍の学生志願兵たちが突撃で全滅した地の地名であり、ドイツ軍としてはドイツとフランドルの関係性を示す愛国的な呼称だったが、フラマン人にしてみれば侵略の代名詞でしかなかった。

「ランゲマルク」はウクライナやエストニアのナルヴァで他の義勇兵たちとともに激戦を繰り広げた。その後、ベルギーが連合軍によって占領され、ベルギー国内のドイツ協力者がドイツに逃げ込んだことから、この人材を活用するために旅団は第27SS義勇擲弾兵師団「ランゲマルク」に改編され、ポンメルンやオーデル川の防衛戦に投入された。全滅寸前となった同師団は、メクレンブルクでソ連軍に降伏した。

一方、1943年にはワロン人主体のSS突撃旅団「ワロニエン」が編成された。「ワロニエン」は「レクシズム」のリーダー、レオン・デグレルの強い意向を受けて編成されており、デグレル自身も兵卒として（デグレル自身は指揮官の立場を望んだが、将校としての知識と経験が不足していたため）参加することになった。

デグレルはワロン地方よりも同じゲルマン民族が住むフランドル地方を重視するドイツの方針を受け、ワロン地方の独立ではなくドイツ占領下におけるワロン人の地位向上を図るため、この師団で戦果を挙げることを望んでいた。なお、「ワロニエン」の母体となったのはドイツ国防軍内で編成された第373ワロン歩兵大隊で、大隊は「ブラウ」作戦に参加してコーカサスで戦った後、デグレルの意向を受け、国防軍よりも外国人義勇兵を重用していた親衛隊に移籍していた。

SS突撃旅団「ワロニエン」は1943年秋から東部戦線のウクライナに向かい、第5SS装甲師団「ヴィーキング」とともにチェルカッシー包囲戦に参加、ソ連軍の包囲を食い破って脱出に成功した。しかし損耗は激しく、旅団はベルギーで凱旋《がいせん》を行った後、第5SS義勇突撃旅団「ワロニエン」に再編、エストニアに投入されて再び消耗し、1944年9月に「ランゲマルク」と同じ理由で第28SS義勇擲弾兵師団「ワロニエン」に改編された。その後、「ワロニエン」はライバルであるはずの「ランゲマルク」とともにポンメルンやオーデル川の防衛戦に参加、全滅寸前となりながらもシュヴェリーン〜リューベックにおいてアメリカ軍の捕虜となった。

なお、デグレル本人は終戦前後にスペインに亡命、市民権を獲得し、実業の世界で名を馳せつつ晩年まで裕福な生活を送っており、彼に見捨てられたワロン義勇兵たちの恨みを買ったという。

ベルギーの義勇兵たちは祖国が二つの言語に分割されていたが故に、ドイツの手玉に取られ、戦争の道具として利用されたと言ってよいだろう。

【ベルギー 妄想ver.】
「言語戦争」を抱えながら、武装親衛隊の一員として同じ戦場で戦うベルギー人部隊。第28SS義勇擲弾兵師団「ワロニエン」(右)と第27SS義勇擲弾兵師団「ランゲマルク」はポンメルン方面(ドイツ本土北東部)のオーデル川渡河を巡る戦いで、いずれも戦闘団規模まで消耗しながら、ソ連軍と激戦を繰り広げた。「ワロニエン」(ワロン人)はヤンキー風、「ランゲマルク」(フラマン人)はお嬢様だ。

結局、ベルギーは第二次大戦で勝者の側に立ったものの、経済的損失は大きく、戦後は植民地であるコンゴを手放さなければならなくなった。また、他の被占領国と同様に対独協力者への追及は厳しく行われ、フラマン人より数的に劣勢なワロン人は、戦後のデグレルの評判もあってか、特に辛い境遇に立たされることになった。また、国王レオポルド三世が政府の意向に逆らってドイツと対話を望んだことは、王政において大きな問題となった。レオポルド三世はスイス亡命を経て1950年に帰国を果たしたものの、その正当性を巡り国内は紛糾、息子のボードゥアン一世が跡を継ぐことになった。

デンマーク

〝誇りある『モデル被占領国』〟

第二次大戦までのデンマーク

デンマークは北ヨーロッパの北海とバルト海の狭間にあるユトランド半島と、その周辺の多数の島々からなる国家である。首都はシェラン島のコペンハーゲンで、ヨーロッパで唯一の、大陸部分に領土を持ちながら島に首都がある国となっている。自治権を有するグリーンランドとフェロー諸島とともに、デンマーク王国を構成している。

デンマークは歴史の古い国である。デンマークにはヴァイキングとして知られるノルマン人が8世紀から11世紀にかけて居住し、強大な武力によって他のヨーロッパ諸国を侵略し、また交易を行った。11世紀にはクヌート(クヌーズ)王がデンマークとイングランドを北海帝国として支配し、14世紀にはマルグレーテ一世がカルマル同盟を築き、デンマーク、ノルウェー、スウェーデンを領有する大国となった。しかし、1626年に三十年戦争に介入し、敗北したことから衰退が始まり、1866年の普墺《ふおう》戦争までにはノルウェー、スウェーデン、そしてユトランド半島南端のシュレースヴィヒ=ホルシュタイン州を失って現在とほぼ同じ領土となった(※)。領土の損失はデンマークに経済危機をもたらし、国民に深いトラウマを残すことになったが、デンマークは植林などの開拓と交易による経済の立て直しを目指した。その甲斐もあって、デンマークは20世紀初頭に復興、第一次大戦では

第二次大戦前夜のヨーロッパ方面とデンマーク

デンマーク王国はユトランド半島(デンマーク語ではユラン半島)と近傍の島々を領土とし、グリーンランドやフェロー諸島といった自治領から構成される。第二次大戦前はアイスランド王国も、デンマーク国王を元首とし、外交権のない同君連合であった。開戦後、アイスランドは英国、次いでアメリカの統治下に置かれ、44年6月17日にアイスランド共和国として独立している

(※)…第一次大戦後の1920年、北シュレースヴィヒはデンマークに復帰している。

ヨーロッパにおける交易重視の観点から中立を維持し、戦後の世界恐慌の影響も最小限に抑えることができた。

しかし1930年代後半、欧州ではナチスドイツが台頭、戦争の気配が漂った。デンマークは他の北欧諸国と同様に他国の戦力を当てにせず、独自に中立を維持しようとしていた。このため、デンマークは1939年5月、ドイツと不可侵条約を結んだ。だが、デンマークはノルウェーへの進出を図ろうとするドイツにとっての障壁となっており、ドイツ軍がノルウェーに向かう際、不可侵条約を破棄して侵攻を受けることが予想された。また、デンマーク国内ではヒトラーを崇拝するフリッツ・クラウゼンの率いるデンマーク国家社会主義労働者党が勢力を伸ばしており、同党によるクーデターの噂も立った。

1940年、デンマークは2個歩兵師団を中核とする1万4500名の陸軍兵力、2隻の海防戦艦、6隻の魚雷艇、7隻の潜水艦などを主力とする海軍兵力、若干の航空部隊を保有していた。しかし、装備はいずれも旧式であり、陸軍兵力の半数以上が練度の低い徴集兵だった。デンマーク政府は、自身の兵力ではドイツ軍に抗し得ないことを十分自覚していた。

果たして同年4月、ドイツ軍は「ヴェーゼル演習」作戦を発動、ノルウェー、デンマークへの侵攻を開始した。国王クリスチャン十世と政府は無用な流血を避けるために、政治的独立の保持を条件に降伏を選んだ。

デンマークは開戦からわずか6時間でドイツ軍の占領下となった。また、フェロー諸島やアイスランド、グリーンランドといったデンマーク領は、いずれも連合軍の保護占領下となり、大戦中に重要な役割を果たすことになった。

〝モデル被占領国〟のデンマーク

占領当初、ドイツによるデンマーク支配は緩やかなものだった。これは、デンマークがドイツ軍にまともに抵抗せず、早期に降伏したことへの報酬だった。デンマークは政府による自治を認められただけでなく、軍や警察の保有も許された。デンマーク政府は自国の立場を理解しており、デンマーク市民を守るためにはドイツへの協力が必要と判断、占領軍との協調・宥和《ゆうわ》政策を推進した。市民も、イギリスとの交易遮断によって停滞が予想される経済を維持するにはドイツとの結託が不可欠だと判断しており、新政権の方策を支持した。

ドイツにとってデンマークの姿勢はありがたいものであり、ドイツはデンマークを「モデル被占領国」として褒め称えた。ただし、デンマーク政府はユダヤ人への差別政策や、デンマーク軍の前線転用はかたくなに拒否した。また、国民の反ナチス感情の高まりによって、デンマーク国家社会主義労働者党は選挙でまとまった議席を取れず、政治活動は低調のままだった。

予想通りデンマーク経済は停滞し、国内には配給制が敷かれ、暗澹《あんたん》たる空気が広がった。こうした中で一般市民を勇気づけたのが、毎朝馬に乗って首都コペンハーゲンを闊歩《かっぽ》する国王クリスチャン十世の姿だった。護衛なしで街中を進むクリスチャン十世の姿は、占領を耐えようとするデンマーク人の象徴だった。

しかし、こうしたデンマークとドイツの蜜月関係は、戦争の長期化によって崩れていった。独ソ戦の開始以降、経済状況の悪化を背景にサボタージュやストライキが増加、非合法化された共産党が主導するレジスタンス組織が抵抗を始めた。ドイツ側は全権大使としてパリでレジスタンス撲滅とユダヤ人の強制収容所移送に辣腕《らつわん》を振るった親衛隊のヴェルナー・ベストを派遣、スカヴェニウスを首相にするように要求するなど強権を見せた。

1943年8月29日、ドイツの占領軍はレジスタンスの活動と一般市民による多数のストライキを理由に、デンマーク全土に戒厳令を敷き、占領を図った。占領軍はすぐさまデンマーク陸海軍を無力化しようとしたが、デンマーク海軍はその前に保有している50隻の艦艇のうち32隻を自沈させ、小型艦艇9隻をスウェーデンに逃すことに成功した。

これを機に内閣は総辞職。国内ではレジスタンス組織が団結して「デンマーク自由評議会」が発足し、ドイツ軍と全土で対決した。また、ドイツ軍はユダヤ人の強制輸送を決定したが、事前に情報がデンマーク側に漏れたため、約7000名のユダヤ人が漁船で海峡を渡り、スウェーデンへの亡命に成功した。

第24SS武装擲弾兵連隊「ダンマルク」の死闘

ベルギーやオランダと同様に、デンマークもまたドイツにとって理想的な兵力供給源だった。デンマーク人は適正な「アーリア人種」とされていたので、親衛隊長官ヒムラーは侵攻からわずか2週間後の1940年4月23日には、デンマークの一般市民に対して義勇兵の招集をかけた。2年という最短兵役期間契約で入隊すれば、ドイツ市民権が得られ、国内ドイツ人と同等の権利や恩恵が与えられて、さらにデンマークの市民権も保持されることになっていた。この結果、1000名以上のデンマーク人が義勇兵として参加することになり、人員は武装親衛隊の「ヴィーキング」師団や「トーテンコップフ」師団などに配属された。

独ソ戦が開始された1941年6月、デンマーク国家社会主義労働者党のフリッツ・クラウゼンにより、さらなる義勇兵の徴募が行われることになった。ドイツ側はデンマークの反ナチス感情を鑑《かんが》み、これを「共産主義からヨーロッパを守るための措置」と喧伝《けんでん》することをクラウゼンらに命じていた。クラウゼンはデンマーク政府に部隊編成の容認を要請し、これに成功した。かくしてデンマークではヨーロッパで数少ない、「現地政府のバックアップによる」義勇兵の徴集が行われ、これに数千名が参加、兵員はデンマーク義勇軍としてまとめられた。

デンマーク義勇兵の4割は軍隊経験者だったが、近年戦闘を経験したものは3割で、その多くが冬戦争（1939年11月～40年3月）で義勇兵としてフィンランド軍とともに戦った熱烈な反共主義者だった。デンマーク義勇軍は人員1200名、歩兵4個中隊を基幹とする自動車化大隊で、ハンブルクで編成された後、ロシアのデミヤンスクに送られた。

デンマーク義勇軍の初陣となったデミヤンスクでの戦いは過酷なものだった。デンマーク義勇軍は空路でソ連軍の包囲下にあるデミヤンスク・ポケットに到着。「トーテンコップフ」師団と合流し、ソ連軍の猛攻に耐える

【デンマーク　現実ver.】
ナルヴァ戦線における第11SS義勇装甲擲弾兵師団「ノルトラント」の麾下、第24SS装甲擲弾兵連隊「ダンマルク」の兵士（中央）。右はエストニア人義勇兵、左はノルウェー義勇兵。ナルヴァの戦いでは北欧系の義勇兵が、ソ連軍や現地エストニアの義勇兵とともに奮戦した。背景は第502重戦車大隊のティーガーI。

ことになったからだ。戦いは3カ月間続き、この間にデンマーク義勇軍は1000名近くを失い、1943年3月に前線から引き上げた。生き残った人員は新編成の第11SS装甲擲弾兵師団「ノルトラント」の第24SS武装擲弾兵連隊「ダンマルク」として再編された。

「ノルトラント」師団はグラーフェンヴェーア演習場で編成された後、第3SS装甲軍団に編入され、ユーゴスラヴィアでの対パルチザン戦に従事した。この戦いで「ダンマルク」連隊はクロアチアで激しい戦闘を経験した。また、同時期にはデンマーク国内でドイツ軍による戒厳令の施行と全土の占領が行われたため、一部の義勇兵たちはデンマークに帰国したり、フィンランド軍に移籍することで部隊を抜け出した。

1944年1月、「ノルトラント」師団はレニングラードに転戦。その後、ソ連軍の攻勢を受けてエストニアのナルヴァまで撤退し、ここで第3SS装甲軍団はナルヴァ橋頭堡の死守を命じられた。軍団のうち「ノルトラント」師団の「ダンマルク」連隊は、ナルヴァ橋頭堡の南翼に展開、ソ連軍と激戦を繰り広げた。この戦いでは「ダンマルク」連隊第7中隊が大きく活躍したほか、エゴン・クリストフェルセンSS伍長がデンマーク人として初めて騎士鉄十字章の受章者となった。

その後、「ダンマルク」連隊は「ノルトラント」師団とともにクーアラント、ポンメルンなどを転戦、激しい消耗を重ねながらドイツ本土に撤退、最後はベルリン攻防戦に参加した。「ダンマルク」連隊はベルリン市街のアルハンター駅、コットブスプラッテ、ゲンダーメンマルクトなどでヒトラーユーゲントや国民突撃隊とともに戦闘を繰り広げ、ごく一部がベルリンからの脱出に成功した。

なお、デンマーク本土においては、デンマーク海軍が戒厳令施行までドイツ海軍に協力し、掃海作業に従事した。これはドイツ軍への貢献というよりも、フェリーをはじめとする内海海運を維持するためのものだった。また、戒厳令施行後にドイツ軍に拿捕《だほ》された軍艦のうち、海防戦艦「ニールス・ユール」と「ペダー・スクラム」はドイツ海軍の砲術練習艦「ノルトラント」および防空艦「アドラー」として再生されたが、いずれも連合軍の空襲で失われている。

戦後のデンマーク

1945年5月、デンマークのほとんどの領土がイギリス軍によって解放された。唯一、バルト海にあるボーンホルム島だけはソ連軍の占領下となり、後に返還された。

終戦までにデンマークでは約7000名が命を落としたと言われている。また、戦後は約4万名がドイツに協力した罪で逮捕され、うち1万3500名が実刑に処せられた。デンマーク国家社会主義労働者党のフリッツ・クラウゼンは逮捕された後、１９４７年に死亡、ナチス親衛隊のヴェルナー・ベストはコペンハーゲンで裁判を受けたが、親衛隊内でハイドリヒやミュラーと対立していたこと、デンマークではユダヤ人輸送を制限しようとしたことから釈放され、ドイツで１９８９年まで余生を送った。

デンマークの戦時中の動きは、ナチスドイツの戦争への荷担という点で許されないものかも知れない。しかし、デンマークの一般市民を守るために他に手段はなかったこと、ユダヤ人を国外に逃すなどの道義的責任を果たしたことを考えれば、十分「巧みに」戦中を生き抜き、誇りを守ったと言えるだろう。

ドイツによる５年間の占領はデンマーク市民にとって深いトラウマとなり、戦後、デンマークはそれまでの中立政策を転換し、ＮＡＴＯ（北大西洋条約機構）の一員としてソ連との冷戦を戦い抜いていくことになる。

【デンマーク 妄想ver.】

1945年4月
ベルリン防衛戦
ノルトラントも既に師団機能はないわ
我々はダンマルク連隊の残存兵よ
ダンマルク！
ヴァイキングの子孫ですか 心強いです！作戦を立てましょう！
数プランあるわよ
・交差点に重機関銃を置いてスパム ・パンツァーファウスト部隊をスパム
!?
えーと… スパムは戦力にならないので…
じゃあ私たちが支援しますので交差点に重機関銃を据えるやつスパム抜きで
WEEEP…
種《スペ●マ》なし野郎が…
ドンドンSPAM
SPAM ドン
SPA
おだまり！
おだまり！
おだまり〜〜〜!!
カオス
あ 詰んでるわ
ダンマルク連隊のごく一部の部隊はベルリンからの脱出に成功したと言われている

(※)元ネタが分からない人は「モンティ・パイソン」「スパム」でググろう!

ヴィシー・フランス

〝死して屍《しかばね》拾うものなし〟

ヴィシー・フランスって知ってる？

フランスという国に、読者の方々はどんな印象を持っているだろうか。最近はイスラム系の移民問題やテロの発生により、かつてほど好意的な感情のみで紹介される国ではなくなったが、やはり今でも華やかな文化の国家というイメージが強いと思う。

日本でもかなりメジャーな国フランスなのだが、この国には現在でもタブーに近い近代史の一部分がある。１９３９年から１９４４年にかけて存在した「枢軸国としてのフランス」、通称ヴィシー・フランスと呼ばれる時代だ。

ちょっとややこしい前史

ヴィシー・フランスが成立したそもそもの発端は、第二次大戦の幕開けだった。１９３９年９月、ドイツ軍がポーランドに侵攻、これに対してイギリス・フランスの二つの大国がドイツに宣戦を布告、ここに全世界を巻き込むことになる大戦が勃発したのだった。だが、ドイツはポーランドを屈服させた後、再編成のためにすぐにフランスへ攻め込もうとせず、またフランスもドイツへの侵攻を躊躇《ちゅうちょ》し、陣地で敵を待ち構えることにした。

この対峙《たいじ》はドイツ軍が態勢を立て直した瞬間に終わる運命

1940年6月、フランス政府はパリを捨ててトゥール、次いでボルドーへ避難。仏独休戦協定締結後の7月にはヴィシーを首府とし、ヴィシー・フランス政権が成立した。イタリアとスイスに国境を接するサヴォア地方、地中海に臨むニース地方はイタリア領とされた。両地方は19世紀のイタリア統一運動の際、イタリアがフランスに割譲した土地だった。

にあった。1940年5月、ドイツ軍はフランス侵攻作戦「黄色の場合」を発動、電撃戦を開始した。この戦いに関しては本題から外れるので詳細は省くが、フランスにとってはまさに致命的な打撃をもたらすことになった。侵攻開始後、わずか1カ月でパリは陥落(無防備都市宣言)。6月、戦意を喪失したフランス政府はドイツに休戦を提案し、ドイツ側もこれを受諾。独仏(とイタリア)は、パリを含むフランス北部と西部をドイツ領に、プロヴァンス地方の一部をイタリアの保護占領下とし、残りの本土と海外植民地をヴィシー・フランス政権の領土とすることを条件に休戦協定を結ぶこととなった。

ヴィシー・フランス時代、つまり「枢軸国としてのフランス」はここから始まった。政権の首班には第一次大戦の英雄フィリップ・ペタン元帥が就任、首都はフランス中部のヴィシーに移転した。軍備に関しては陸軍こそ制限されたが、海軍は維持された(連合国側に脱出した艦艇を除く)。また、政権引継ぎの手続きも正式に行われ、イギリス以外の主要国もその存在を公認した。つまり、ヴィシー・フランスは単純な「ドイツの傀儡《かいらい》政権」ではなかった。

だが、それはあくまで建前の話。イギリスをはじめとする連合国にとって、ヴィシー・フランスは中立国ではあったが、ドイツの潜在的な同盟国であり、最終的には撃ち滅ぼすべき国家だった。また、ヴィシー・フランスも自らの経済を立て直すために、積極的にドイツの戦争に協力する姿勢を見せていた。逆に国際関係の悪化を心配するドイツが、その姿勢を跳ねつけていたほどだ。

ヴィシー・フランス軍の報われざる戦いは、こうして始まったのだった。

さて、かくも半端な立場で戦場に立ったヴィシー・フランス軍であったが、その戦いの大半は植民地と海上で行われることとなった。フランス本土は1944年における連合軍の大陸反攻によって戦場となるが、その時すでにフランス全土はドイツ軍の実質的な占領下となっており(1942年11月以降)、ペタンの政権と軍は形骸《けいがい》と化していたからだ。

このような事情から、今回はヴィシー・フランス軍の戦いを簡潔に紹介するにあたり、「植民地における戦い」「海上の戦い」そして「ドイツ側義勇部隊の戦い」の三編を、以下に記述したい。

植民地における戦い

フランス戦後のイギリスにとって、恐るべきはヴィシー・フランス軍そのものよりも、ヴィシー・フランスの植民地が枢軸軍の拠点として用いられることだった。当時、ヴィシー・フランスは多くの植民地を保持しており、その周囲にはイギリスにとって重要な資源地帯やシーレーンが広がっていたからだ。このため、フランス植民地を巡る戦いは、防御側のヴィシー・フランス軍と、攻撃側の連合軍という図式で争われることとなった。

植民地における最初の大規模な地上戦は、１９４１年６月、中東のシリアで行われた（これ以前にも中央アフリカのガボンなどで、自由フランス軍との交戦は行われていた）。きっかけはこの2カ月前の４月にイラクにおいて軍事クーデターが発生し、親独政権が誕生したことだった。ドイツ軍はその支援に若干の空軍部隊を割いただけだったが、現地のイギリス軍はすぐさまイラクへ進撃、バクダッドを占領した。ドイツ空軍部隊はイギリス軍への攻撃にシリアのヴィシー・フランス基地を使用した。この事件の結果、シリアの占領が決定されたのであった。

6月23日、イギリス軍はイラク、パレスチナなどの４方面から進撃、電撃的にシリアを占領した。現地のヴィシー・フランス軍の指揮官は講和受諾に追い込まれ、捕虜となったヴィシー・フランス兵士3万人のうち５７００人が、ド・ゴールの自由フランス側につくことを選んだ。

一方、その一年後にはマダガスカルにおいても火の手が上がった。１９４２年５月、連合軍は「アイアンクラッド」作戦を発動、強力な艦隊とともにマダガスカルへ侵攻したのだ。この時期、インド洋周辺では日本海軍潜水艦の跳梁《ちょうりょう》が激しく、イギリス側としてはマダガスカルを枢軸軍に利用されるわけにはいかなかった。

連合軍の侵攻に対し、ヴィシー・フランス軍の守備兵力８０００人は頑強に抵抗、半年間の防御戦の後に降伏した。また、ヴィシー・フランス軍の支援として日本海軍の潜水艦3隻（伊一〇、伊一六、伊二〇）が出撃、ディエゴ・スアレス港にイギリス戦艦「ラミリーズ」を発見、特殊潜航艇によってこれを大破させるという大戦果を挙げた。

ヴィシー・フランスが最後に行った地上戦は、連合軍による北アフリカ上陸作戦の際だったが、三軍の総指揮官であるダルラン提督が捕虜になるなどの事件によって統一の取れた防御戦は不可能となり、モロッコやチェニジアのヴィシー・フランス軍は各地で次々に降伏していった。

なお、この他にもヴィシー・フランス軍は日本の支援を受けつつヴェトナム（仏印）も支配し続け、その主権は１９４５年3月に日本軍が行った「明」作戦（仏印政府解体を目的とした占領作戦）の完了まで継続された。

海上の戦い

植民地のヴィシー・フランス軍は（マダガスカルを除き）終始劣勢な戦いを強いられることになったが、その一方でフランス本土に残されたヴィシー・フランス海軍は、戦力・士気ともに充分であり、各所でイギリス海軍・自由フランス海軍と戦うこととなった。

ヴィシー・フランス海軍にとって最初にして最大の大規模戦闘は、1940年7月、つまりはフランスの休戦直後に発生したアルジェリア・メルセルケビール港内での海戦だった。

戦いは、イギリス海軍がアルジェリアのフランス艦隊を確保するべく行動を起こしたことが発端となった。独仏の協定では、フランス軍艦はドイツのものとはならず、フランス湾口に束縛されることになっていたが、イギリスはその約束がいつかは破られると判断したのだ。このため、イギリス海軍はジブラルタルのH部隊に出撃を命じ、メルセルケビールのフランス艦隊に選択を迫ることにした。

H部隊指揮官のサマーヴィル中将がフランス海軍に突きつけた選択肢は、以下の五つだった。

1：イギリス海軍に帰順
2：イギリスの港に回航して抑留
3：西インドかアメリカの港へ抑留
4：自沈
5：戦う

フランス海軍に選択肢はなく、彼らは軍港から突破を行うこととなった。その戦力、戦艦「ダンケルク」「ストラスブール」「プロヴァンス」「ブルターニュ」、そして6隻の駆逐艦。一方、これを察知した

【ヴィシー・フランス 現実ver.】
第二次大戦ではその実力を発揮することはできなかったフランス海軍。イラストの水兵服は襟が四角に開いた熱帯地仕様。襟と袖にあしらわれたボーダー柄に合わせて、おパンツも縞パンだ。

H部隊も、戦艦「フッド」「レゾリューション」「ヴァリアント」を正面に立て、攻撃を開始した。海戦は数時間に及んだが、最終的に脱出に成功したのは戦艦「ストラスブール」のみであり、他の戦艦群はイギリス戦艦群の砲撃によって戦闘不能に陥ってしまった。

ヴィシー・フランス海軍にとって悲劇的な結末となったメルセルケビール海戦だったが、この非道な攻撃に多くのフランス市民が怒り、反英感情が瞬時に高まったことも事実だった。また、「ストラスブール」を逃したことによってイギリス海軍の作戦自体も竜頭蛇尾に終わってしまった。

地中海の艦隊が意地を見せ付ける傍らで、大西洋でもヴィシー・フランス海軍は奮戦した。同年9月、イギリス海軍と自由フランス海軍が開始したダカール侵攻作戦に対し、ヴィシー・フランス艦隊は軽巡3隻、大型駆逐艦3隻を主力とするY部隊を派遣、ダカールにいた艦隊と協同で迎撃を行ったのだ。この戦いは3日間継続されたが、結果的に連合軍側は損害を受け撤退、ヴィシー・フランス海軍は目的を達成した。

こうして、大戦序盤においては劣勢下においても奮戦を見せたヴィシー・フランス海軍であったが、その最期は悲惨だった。1942年11月、連合軍の「トーチ」作戦の開始を受け、ヒトラーはフランス全土の占領を下命。これに対してヴィシー・フランス海軍はドイツ軍による鹵獲《ろかく》を避けるために最後の手段を選択、トゥーロン軍港において全戦力を自沈させたのだった。

ドイツ側義勇部隊の戦い

以上のような正規軍の戦いとはまったく別に、ヴィシー・

メルセルケビール海戦

1940年7月3日に生起した、アルジェリアのオラン湾に臨む軍港・メルセルケビールにおける海戦。イギリス側の作戦名は「カタパルト」。イギリスH部隊の港外からの砲撃により、フランス艦隊は戦艦1隻撃沈し、戦艦2隻と駆逐艦1隻大破という損害を負った。戦艦「ストラスブール」を含むその他の艦艇は脱出に成功した。

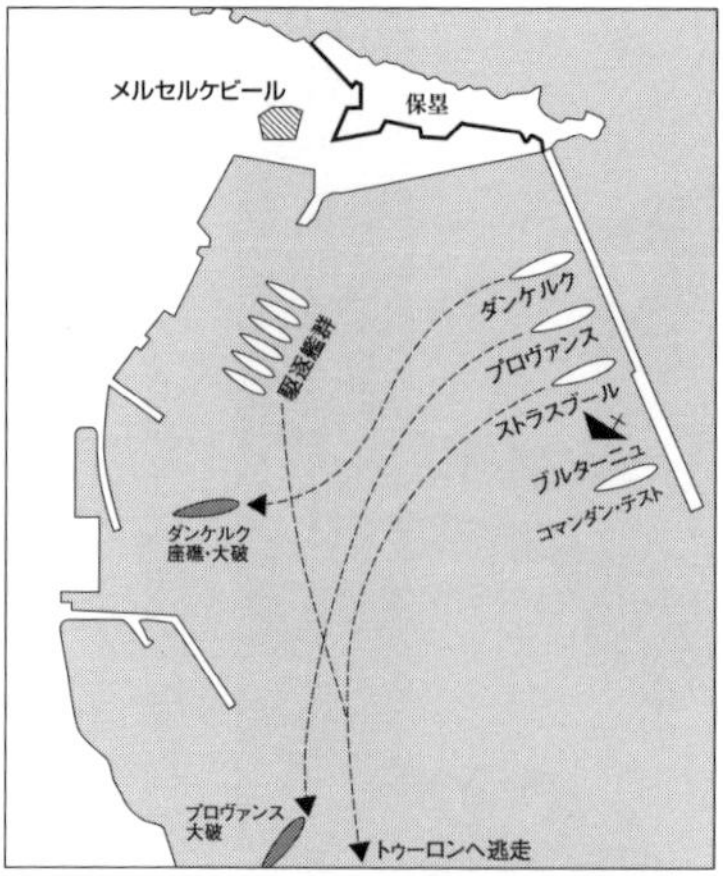

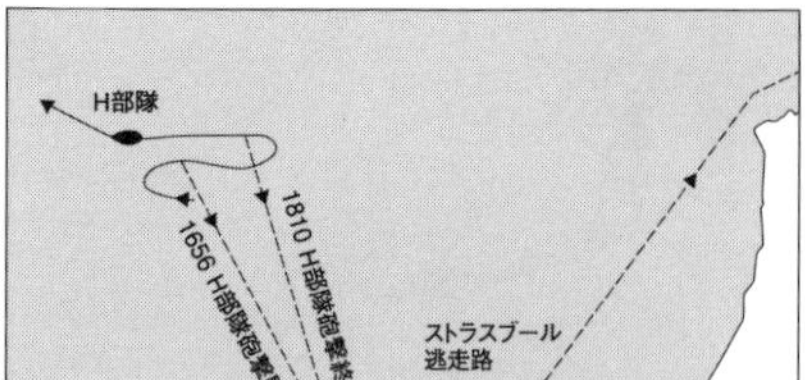

イギリス戦艦の砲撃により炎上する戦艦ブルターニュ

フランスの兵士たちの活躍もあった。ドイツ親衛隊の武装組織、武装親衛隊の一員として戦った兵士たちだ。彼らは親衛隊の反共宣伝によって自ら武装親衛隊へと入隊を希望したものたちだった。

彼らはフランス国内で2個の義勇大隊としてまとめられ、モスクワ戦に参加、その後に連隊規模に拡大されてパルチザン戦に投入され、さらにその後の1944年8月、第33SS武装擲弾兵師団「シャルルマーニュ」として再編成された。

「シャルルマーニュ」師団は東部戦線での戦闘によって壊滅状態となったが、師団長率いる90名の義勇兵たちはその後、ベルリン攻防戦に投入され、ベルリン帝国議事堂で同じく帰る場所（国）のないSS義勇装甲擲弾兵師団「ノルトラント」（主に北欧諸国出身の義勇兵で構成）とともにソ連軍と死闘を繰り広げた。

【ヴィシー・フランス 妄想ver.】
パンター戦車の砲塔を流用した固定陣地で戦う、第33SS武装擲弾兵師団「シャルルマーニュ」所属のフレンチ・メイド。機関銃はFN mle1915軽機関銃（ショーシャ軽機関銃）。ちなみにフレンチ・メイドの「フレンチ」は「下品な」という意味の形容詞だ。フランスのメイドさんが皆こういう格好をしていたワケではないぞ。

「死して屍拾うものなし」

最終的にヴィシー・フランス政権は、連合軍と自由フランスによるフランス解放によって崩壊した。ペタンを含めた指導者たちは戦後裁判にかけられ、その多くが悲惨な最期をたどった。現在でもヴィシー・フランス時代はフランスにとってのタブーの時代であり、本格的な歴史研究も、戦争の記憶が薄れかけた最近になって始まったばかりであるという。

イギリス自由軍団

〝やっぱりダメでした〟

イギリスのファシスト運動

1929年9月にアメリカのニューヨークで始まった世界恐慌は、アメリカと経済的なつながりのある各国に大打撃を与えることになった。

アメリカに次ぐ経済大国だったイギリスもその影響を免れず、1931年には失業者が270万人以上に膨れ上がった。時の首相、ラムゼイ・マクドナルドは国王ジョージ五世の大命で挙国一致内閣を成立させ、同年に非常関税法を制定。また、金本位制を停止し、ブロック経済を推進することで自国の経済を守ろうとした。

しかし、経済の立て直しは容易ではなく、一般市民の一部は大恐慌の原因となった資本主義ではなく、ソ連で成功を収めている(と思われた)共産主義や、新たにイタリアやドイツで勃興したファシズムなら、有効な失業者対策を行えるのではないかと考えるようになっていた。

こうした状況下、イギリスではいくつものファシスト政党が誕生することになった。

最初に結成されたのはイギリスファシスト党。イギリスの女性政治運動家、ロウサ・リントーン＝オーマンによって1923年に設立された。ロウサは第一次大戦に夫人予備救急隊として従軍、この経験により強いナショナリズム意識を持つようになった。イタリアのファシスト党を称賛し、激し

第二次大戦前夜のヨーロッパ方面とイギリス

連合軍の一角、イギリスはダンケルク撤退戦などを通じて多数の捕虜をドイツ軍に取られていた。戦前の英国内におけるファシスト政党の興隆もあり、ナチズムに共感する層も一定数いたため、親独の考えを持つ捕虜を糾合した戦力化が図られた。

い反共主義を唱えたが、それ以上の中身はなかった。

1929年には帝国ファシスト連盟が設立された。元獣医でラクダ研究の専門家、かつ強烈な反ユダヤ主義者だったアーノルド・リースが中心となっていた。イギリスファシスト党と同じようにイタリアのムッソリーニを礼賛し、ムッソリーニの黒シャツ隊をまねて黒いシャツを着た武装闘争集団「ファシスト部隊」を編成。政策としては、イギリスの特殊性を盛り込んだファシズムにより、経済の回復を主張した。ナチスの政権奪取後はナチズムとヒトラーに傾斜し、イギリス国旗にハーケンクロイツを配した党章を採用した。

そして1932年、イギリスファシスト連合が設立された。中心となったのは元保守党代議士で労働党に転向したオズワルド・モズレー卿だった。

モズレーはマクドナルド労働党内閣で大臣を務めており、失業者の対策に追われた。モズレーは1930年、基幹産業の国有化によって失業者を救うべく、「モズレー・メモランダム」と呼ばれる失業者対策案を発表するが賛同を得られず、労働党内部で孤立、1931年に離党した。そしてその後、「モズレー・メモランダム」に基づく政策を打ち出したニューパーティを結成して総選挙に出たが、敗北を喫してしまった。この敗北の後、ニューパーティはファシズムの影響が濃くなり、1932年、モズレーはニューパーティを改編、イギリスファシスト連合を結成した。

イギリスファシスト連合もまた、その模範としたのはムッソリーニ率いるファシスト党だった。このため、イギリスファシスト連合も党員の制服を黒シャツとし、私兵部隊の民族防衛隊を組織した。イギリスファシスト連合の主張した政策は反共主義と保護貿易主義で、議会制民主主義を廃する代わりに、各産業分野から産業の代表者を選出し、経済の再編を目指すというものだった。これはイタリアのコーポラティズム(協調組合主義)に類似していたが、部分的にイギリス式の民主主義を導入し、バランスを取っていた。

元大臣という大物によるファシスト政党の結成は、一般市民からの大きな声援を受けることになった。当時はファシズムに一定の人気があり、かつ、モズレーの主張は他のファシスト政党と比べてかなり整った内容だった。イギリスファシスト連合は急速に勢力を拡大し、一時的には党員が5万人に達した。その党的性格ゆえに他のファシスト政党と競合、対立したが、勢力拡大に伴い他のファシスト政党の人材も合流し、1930年代前半のイギリスにおける最大のファシスト政党となった。

しかし、ナチスドイツの躍進とドイツ国内でのユダヤ人迫害の噂が広まるにつれ、イギリスファシスト連合は勢力を失っていった。焦った党員たちはさらに過激な反共主義に走ったが焼け石に水だった。モズレー自身は反ユダヤ主義を標榜《ひょうぼう》したことは一度もなかったが、ナチスと類似している政党である以上、そう認知されてしまっても仕方がなかった。

１９３６年、イギリス政府は治安法を通過させ、過激な政治運動を禁止した。この法律によりイギリスファシスト連合は事実上壊滅、以後、再び勢力を拡大することができないまま第二次大戦の勃発を迎えてしまい、モズレーをはじめとする７４０人のファシストたちが逮捕された。他のファシスト政党の行動も、大戦の勃発により停止した。

このように、イギリスのファシスト運動はいずれも成果を出さないまま消えていったが、後にナチスドイツで編成されることになったイギリス自由軍団の母体となった。

イギリス自由軍団の編成

１９４３年、ドイツ軍においてセント・ジョージ・イギリス軍団と呼ばれる、「ナチスドイツにおけるイギリス義勇兵部隊」が創設された。創始者は英国人ジョン・アメリーで、部隊は志願制を取っていた。

この、常識的に考えれば奇怪というほかない部隊の創設には紆余曲折《うよきょくせつ》があった。

まず、イギリス人による義勇兵部隊のアイディアは、ジョン・アメリー本人によって提唱された。ジョン・アメリーはかつてインド担当大臣を務めたことのある保守党出身の政治家、レオ・アメリーの息子で、過激な反共主義者だった。彼は１９３６年にイギリスを捨てて、スペイン内戦にフランコ軍のイタリア人義勇兵部隊の情報将校として参加、同地でフランスのファシスト、ジャンク・ドリアの知遇を得た。内戦後はオーストリア、チェコスロヴァキア、ドイツ、イタリアなどを流浪し、最後にはドイツ軍占領下のヴィシー・フランスに渡った。ジョン・アメリーはヴィシー・フランスの対独協力の手ぬるさを指摘した。

その後の１９４２年にドイツに向かいヒトラーと会談、イギリス人による義勇兵部隊の創設を提案した。ヒトラーはアメリーの提案に感銘を受けたものの、国防軍はこの空想的なアイディアにあまり乗り気ではなく、具体的な行動を起こそうとはしなかった。しかし１９４３年１月、武装親衛隊による捕虜からの義勇部隊創設が進展していることを受け、国防軍は再びアメリーに注目、アメリーにイギリス義勇兵部隊の創設を命じた。アメリーは自らが率いる部隊をセント・ジョージ・イギリス軍団と名付け、とりあえず１５０人の義勇部隊とすることを決めた。武装親衛隊でのイギリス人への徴募はあまり効果を生んでいなかったが、アメリーは自身が音頭を取れば志願者を集めることは可能と判断していた。

アメリーはセント・ジョージ・イギリス軍団の徴募を開始

した。しかし、兵員は自由志願制であり、結果として集まった志願兵はたった4名で、うち1名はイギリスにスパイとして派遣された後、逮捕、処刑された。ドイツ軍は軍団の徴募が失敗したと判断、10月に計画を中止した。計画は武装親衛隊に引き継がれることになった。

利敵協力者たち

武装親衛隊はイギリス人義勇部隊の編成のために、様々な手を尽くした。

最初に行ったのが捕虜収容所での思想調査だった。ドイツ軍はイギリス人捕虜の多くをベルリン近郊の第3Ｄ捕虜収容所に送り込んでいた。その収容所の近くに休暇収容所を設置したのである。休暇収容所に勤務する看守はみな英語の話せる人物で、所長をはじめとする幹部らは全員が情報将校だった。休暇収容所は通常の収容所より良い生活条件を捕虜に提供していたため、捕虜を油断させ、思想を調査し、イギリスへの反感や国家社会主義的思想を持つ潜在的な志願兵を探すのには適していると思われた。

この計画ではジョン・ブラウンという元イギリス陸軍軍曹が最初の志願者となった。ジョン・ブラウンは前述のイギリスファシスト連合に属しており、熱心なキリスト教徒でもあった。彼はダンケルクで捕虜となり、収容所では作業所の所長を務めるなど、ドイツ軍からは模範的な捕虜と認められ

【イギリス自由軍団　現実ver.】
ロンドンのアビイ・ロードで紅茶を嗜むイギリス自由軍団の兵士。武装親衛隊の軍装を着用し、左腕にはユニオンジャック（イギリス国旗）を模した盾形ワッペンと「British Free Corps」と記されたアームバンドを付けている。

ていた。しかし、ジョン・ブラウンはイギリスから去る前、敵の後方で作戦を行うスパイとしての訓練を受けており、実際にはナチスに恭順してはいなかった。彼はイギリス人義勇兵としてふるまいながら、イギリスの情報機関に情報を送り、特殊作戦を支援した。

続いて、トーマス・クーパーが志願兵に参加した。トーマス・クーパーもイギリスファシスト連合の出身者で、熱狂的な国家社会主義者だった。彼は開戦後に捕虜となったが、ドイツ人の母を持っていたため民族ドイツ人と認められ、武装親衛隊に参加、ソ連軍との戦闘に参加していた。なお、彼は戦場でドイツ軍の勲章を授与された唯一のイギリス人となっている。

トーマス・クーパーの参加により、収容所には一時的に小さな親独グループが形成されるが、国家社会主義に厳格な姿勢を示すクーパーの目にかなう志願者は少なく、部隊への参加を決めた兵士は3名だけだった。1943月12月、第3D捕虜収容所を利用した徴募は中止となった。この時点での部隊の規模はわずか7名だった。

その後も武装親衛隊は様々な手段を講じて徴募を行ったが、思うように人数は集まらなかった。このため1943年末、新たな担当者としてハンス・ロプケ親衛隊大尉が着任し、部隊の名称がイギリス自由軍団に変更された。方針もいくらか変更され、志願兵には親衛隊隊員が施していた血液型の入れ墨を施さない、専用の徽章などが制定される、イギリス軍の軍服の着用を許可するなどの優遇措置が取られた。こうした甲斐もあり、1944年夏までに部隊の人数は23名にまで拡大された。ドイツ側は人員が30名になった段階で東部戦線に派遣することを計画していたが、この計画は志願兵たちの不評を集め、逆に何名かの離脱者を出すことになった。

また、これらの動きとは別に、ナチスドイツのイギリスに向けてのプロパガンダ放送に協力したイギリス人も何名かいた。代表的な人物はウィリアム・ジョイスで、彼は元イギリスファシスト連合の宣伝責任者であり、熱狂的な反共・反ユダヤ主義者だった。彼の演説の巧みさは各方面から絶賛されるほどだったが、暴力的な性格でもあり、逆にイギリスファシスト連合の評判を落とすことにもなった。

第二次大戦直前、ジョイスはドイツに亡命、ナチス宣伝省に取り入って反英プロパガンダのラジオアナウンサーと原稿執筆に当たることになった。彼の名は「ホーホー卿」の名で知られ、プロパガンダ放送を情報入手の手段として聞いていたイギリスの一般市民から一定の人気を得ていた。ジョイスは放送職務のほかに、イギリス自由軍団への参加をイギリス人捕虜に促す宣伝活動にも参加していた。

イギリス自由軍団の終焉

1944年6月、連合軍がノルマンディーに上陸すると、イギリス自由軍団の兵士たちの士気は目に見えて低下し、脱走者が相次ぐようになった。徴募は引き続き行われたが、志願者はごく少数にとどまった。そのうちの6名はマオリ人で、イギリスにおいて人種差別を受けたことが理由だった。他の志願者も女性との不適切な関係を持った人物や性犯罪者、窃盗の常習者などで、まともな人間は少なかった。

【イギリス自由軍団 妄想ver.】

面談会場(兵員補充)
イギリス自由軍団?
ええ 私も初耳です
はぁ…
今は猫の手も借りたい状態ですからねえ…
俺はウィリアム・ジョイス 通称「ホーホー卿《ラジオネーム》」宣伝活動の名人だ
TEA
イギリスで鳴らした俺たちファシストは濡れ衣でもなんでもなく捕虜になった
おまちどう ウィリアム・シアラーだ 部隊指揮はおまかせ だがこれから病院に直行予定だ
しかし第3D収容所でくすぶっているような俺たちじゃあない
反共でさえあればまるで筋が通っていなくてもなんでもやってのける俺たち
ボクたちのファシズムはこれからだ
ありがとうございました 今回は残念ですが今後のご活躍をお祈り申し上げます
※早口
不採用

1945年3月、部隊を率いていたヴァルター・クーリッチ親衛隊中尉は、悪化する戦況を受けて志願兵たちに「収容所に戻るか、東部戦線で戦うか」の選択を求めた。この選択後も部隊に残った人員は第11SS義勇装甲擲弾兵師団「ノルトラント」に参加、第3SS装甲軍の指揮下でベルリン北方のテンプリンに陣地を構築し、ソ連軍の攻勢を待ち受けたと思われる。1945年4月末、イギリス人義勇兵たちはシュヴェリーンで再集結し、アメリカ軍に投降した。

終戦後、イギリス自由軍団の兵士たちはイギリスに送還され、そのほとんどが処罰を受けることになった。代表者のジョン・アメリー、反英プロパガンダに活躍したウィリアム・ジョイスは処刑された。ただ一人ジョン・ブラウンだけが、内通者としての活躍を評価されて処罰を免れた。また、トーマス・クーパーは1953年に釈放され、日本の東京(!)に移住し、仏教に改宗して言語教師となったと言われている。

※ウィリアム・シアラー…イギリス自由軍団の数少ない志願兵の一人で、元中尉の捕虜。率先して部隊の統率を取っていたが、精神に変調をきたしており、入隊から数週間で精神病院送りとなった。結局、症状が悪化してイギリスへ送還されている。

オランダ

〝ゲルマンの名の下に〟

第二次世界大戦までのオランダ

オランダは日本にとって馴染みの深い国家の一つである。日本人なら、小学生でも名前を聞いたことがあるだろう。江戸時代には、鎖国の中にあって西欧諸国で唯一交易が許された国であった。

オランダの正式名称はオランダ王国で、西ヨーロッパおよびカリブに領土を有する立憲君主国家である。主要な領土は西ヨーロッパのオランダ本土で、ベルギー、ドイツ、フランスと国境を接し、ルクセンブルクとベルギーとともにベネルクス三国を形成する。国土の4分の1が海抜ゼロメートル以下で、ほとんどの土地は干拓によって広げられてきた。首都アムステルダムをはじめとする主要都市は国土の西側（英仏海峡側）に集中しており、これらの都市を守るため、河川には堤防が築かれている。戦前の人口は約1150万で、国民の多くはゲルマン系のオランダ人だったが、オランダはユダヤ人に対しても寛容で、その数は14万人に上ったという。

第二次大戦前夜のヨーロッパ方面とオランダ

英仏海峡に面し、古来より海上貿易で栄えたオランダ。17世紀にはポルトガルから植民地を奪って「オランダ海上帝国」を築いたが、イギリスとの争い、ナポレオン戦争で大きな打撃を受けた。第二次大戦当時の海外領土としては、オランダ領東インド（現インドネシア）、オランダ領ギアナ（現スリナム）、キュラソー島などカリブ海の島々（オランダ領アンティル）があった。

古代から中世にかけて、オランダはローマ帝国や神聖ローマ帝国、ハプスブルク家、スペインなどの支配を受けていた。しかし、1568年に八十年戦争が勃発、スペインから独立し、ネーデルラント連邦共和国が成立した。その後、オランダは東インド会社を中心に世界の海を制し、黄金期を迎えたが、イギリスとの覇権争いに敗れ、次第に衰退していった。

やがて、フランス革命とナポレオンの台頭によってフランスの占領下となるが、１８１３年のナポレオン帝国の崩壊によって現在のオランダ王国が樹立された。

第一次大戦でオランダは中立を維持することに成功した。その後、世界恐慌によってオランダの経済は低迷したが、大規模な干拓事業やダム建設によって、欧州諸国の中でいち早く経済復興に成功している。

ナチス台頭後はオランダ国内でもファシズムが生まれ、ファシズム政党としてオランダファシスト連盟（ＡＦＮＢ）やオランダ国家社会主義運動（ＮＳＢ）が設立されたが、国民の支持はあまり得られなかった。しかしその反面、経済復興に資金が投入されたため、軍の拡大はおざなりとなった。また、オランダは資源調達の関係上、オランダ本土だけでなくオランダ領東インド（蘭印）にも兵力を派遣しなければならず、海軍の主力がこれに当てられた。

１９３９年９月に第二次大戦が始まった後も、オランダは中立を望んでいた。オランダ軍は陸上兵力として8個師団（4個混成軍団）と1個軽歩兵（自動車化）師団、１５０機あまりの航空機しか保有しておらず、しかも、そのうちの3個師団を蘭印に派遣していた（ちなみに、ベルギーは23個師団を保有）。このため、オランダはドイツ軍侵攻の際には東部の河川を人工的に氾濫《はんらん》させ、その妨げにしようとしていた。

40年5月10日、ドイツ軍は黄作戦を発動、ベネルクス三国とフランスへの侵攻を開始した。オランダ軍は所定の計画に従って勇戦し、ドイツ軍を押しとどめたが、ドイツ軍主力のアルデンヌ突破が起こると連合軍の救援は期待できなくなり、さらにヒトラーがオランダの早期降伏を促すためにロッテルダムへの無差別爆撃を行ったため、降伏を余儀なくされた。その際、オランダ王室のウィルヘルミナ女王と政府はイギリスに亡命し、自由オランダ政府を設立している。

さらに、41年12月に太平洋戦争が勃発、自由オランダ政府の統治下にあった蘭印が日本軍の侵攻に直面することになった。オランダはこれに対処するため、極東アメリカ軍、イギリス軍、オーストラリア軍とともにＡＢＤＡ司令部を設立、海軍の主力を投入して迎撃に当たったが、日本軍の侵攻を押しとどめることはできず、３月９日に蘭印軍は全面降伏した。これにより蘭印は日本の手に落ち、自由オランダの領土は蘭領ギアナとカリブ海の島々のみとなってしまった。

ザイス＝インクヴァルトの支配　オランダの対独協力

オランダ全土を掌握したドイツは、オランダの統治に乗り出した。ドイツにとってオランダ市民は同じゲルマン系の民族であり、敵対するのではなく利用するべき存在だった。

40年5月28日、ドイツはオランダ統治のため、アルトゥル・ザイス＝インクヴァルトを「占領地オランダ駐在の国家弁務官」に任命、オランダに送り込んだ。ドイツはオランダにノルウェーのクヴィスリング政権のような傀儡《かいらい》政府を置かず、インクヴァルトを首班とする占領行政機関によって直接統治を行おうとしたのだった。これには、オランダの王室や政府は亡命したものの、その下の官僚機構がそのまま残されていたこと、30年代のNSBのファシスト運動によって、NSBが民衆の支持を全く受けていないことが影響していた。

　民政の全権を握ったインクヴァルトは、オランダ統治に当たって「強制的同一化（グライヒシャルトゥング）」と呼ばれる方針を掲げた。これは一言で言えば、「アーリア人」による民族共同体の確立であり、ヒトラーの論理に従うなら、同じゲルマン民族のオランダも対象になるべき存在だった。このため、インクヴァルトはNSB以外の政党を非合法化し、オランダの親衛隊および警察高級指導者のハンス・ライターとともにユダヤ人の迫害政策を開始した。NSBはあくまで〝オランダの〟ファシスト政党であり、指導者のアントン・ムッセルトは自国がドイツに併合されることを望んでいなかったが、ドイツの計画に異を唱えればNSBが権力を失うことは明白であり、追従するほかなかった。

　また、NSB内では過激なナチス思想の信奉者で、オランダのドイツへの併合を夢見るヘンク・フェルトマイヤーがインクヴァルトの後援を受けて頭角を現し、40年9月には彼が中心となってオランダ親衛隊が発足された。オランダ親衛隊は名目上、NSBの下部組織だったが、それと同時にナチス親衛隊の下部組織であり、実権はムッセルトではなくフェルトマイヤーとインクヴァルト、ライター、そしてヒムラー親衛隊全国指導者の手にあった。以降、NSB内では、オランダを独立国家として保ちたいムッセルトと、オランダのドイツ併合を目指すフェルトマイヤーとの間で権力闘争が行われることになった。

　インクヴァルト政権とNSB、オランダ親衛隊による統治は、オランダ市民の反ファシズム感情を考慮して当初は緩やかなものだったが、フランス全土が陥落して連合軍の早期反攻の見込みがなくなると、急速に過激化していった。その代表格がユダヤ人迫害であり、終戦までに14万人のユダヤ人のうち11万人がオランダ国外の強制収容所へ移送され、そのうち、戦後まで生き残ったのはわずか６０００人だった。『アンネの日記』の著者、アンネ・フランクもその犠牲者の一人である。

　また、ドイツの戦況が悪化するに従い、非ユダヤ系オランダ人にも厳しい強制労働が課せられるようになり、占領期間を通じて５００万人のオランダ人がドイツに強制労働のために移送された。オランダはドイツ軍の駐留費を負担しており、不換紙幣乱発と物資不足による価格高騰にも苦しんだ。

インクヴァルト政権の圧政に対し、オランダ市民は大規模なストライキで対抗し、ドイツのための軍需生産やインフラを度々停止させた。オランダ人によるレジスタンス・グループも活躍、地下新聞の発行、電話回線や鉄道の破壊、食料品の配布などを行った。また、少なからぬ一般市民がユダヤ人をゲシュタポの手から守るため、秘密の場所に匿《かくま》った。しかし、オランダの行政機関や警察は総じてインクヴァルト政権の方針に恭順的であり、多数のレジスタンスやユダヤ人がオランダ人自身の追及によって捕らえられ、命を失った。前述のユダヤ人の犠牲数も、割合としては欧州随一の高さであり、オランダにおけるホロコースト問題は戦後長らくタブーとなった。

オランダ義勇兵たちの戦い

40年後半、ヒムラーは欧州のゲルマン系兵士を集め、武装親衛隊に所属する外国人義勇兵部隊の編成を開始した。親衛隊にとってオランダはゲルマン系で入隊資格を満たす市民が多く、またＮＳＢやオランダ親衛隊の支援を受けられるということで、絶好の狩り場であった。

41年7月、フラマン（フランドル）人義勇兵とオランダ人義

【オランダ　現実ver.】
ドイツ国防軍将校、バウアー中尉（左）と作戦前の打ち合わせを行うSS義勇部隊「ニーダーランデ」の隊員。「ニーダーランデ」はドイツ北方軍集団に所属し、レニングラード戦をはじめとする戦いに参加した。対戦車砲で多数のT-34を撃破し、外国人義勇兵ではじめて騎士鉄十字章を受章したヘラルドゥス・モーイマンSS上等兵のように、勇戦敢闘した例も多数あった。

勇兵の混成部隊である義勇連隊「ノルトヴェスト」が編成された。しかし、この連隊はすぐに解散され、新たにオランダ人義勇兵はSS義勇部隊「ニーダーランデ」として再編され、訓練のために東プロイセンへ送られた。ムッセルトはこの部隊を新たなオランダ軍の前身とするつもりであり、ドイツ側も同部隊を利用して、オランダが独立国としてドイツとともに枢軸軍と協力しているようプロパガンダを行った。しかし、「ニーダーランデ」の実態は武装親衛隊の一部隊でしかなく、関係者は失望をあらわにしながらも部隊の錬成に努めた。

42年1月から「ニーダーランデ」は東部戦線の北方軍集団戦区に配属され、義勇旅団「ネーデルラント」、第23義勇装甲擲弾兵師団「ネーデルラント」へと拡大を繰り返しながら、レニングラード前面、オラニエンバウム、ナルヴァ、クーアラントなどでソ連軍と死闘を繰り広げた。最後はいくつかの戦闘団に分割されてドイツ本土防衛戦に参加、一部はアメリカ軍に降伏した。

なお、前述のヘンク・フェルトマイヤーはNSB内で権力闘争を行うかたわら、武装親衛隊の一人として実戦で活躍、45年2月に同師団の大隊長に任じられたが、連合軍の戦闘機の襲撃を受け、死亡している。

SS義勇部隊「ニーダーランデ」を母体とした部隊の編成の成功を受け、43年12月、オランダ国内で激化していたレジスタンス活動に対処すべく、対レジスタンス部隊「ラントヴァハト・ニーダーランデ（「祖国防衛隊オランダ」の意）」を母体として、第1SS擲弾兵連隊「ラントヴァハト・ニーダーランデ」が編成された。この連隊は連合軍のノルマンディー上陸後、祖国オランダを守るべく、SS義勇擲弾兵旅団「ラントシュトルム・ネーダーランド」、第34SS義勇擲弾兵師団「ラントシュトルム・ネーダーランド」に拡大しながらオランダ本土で戦闘を繰り広げたが、「ネーデルラント」師団と違って士気・人員の質ともに低く、終戦間際にはドイツ軍に反旗を翻《ひるがえ》して連合軍に降伏する計画まで立てられる始末だった。この計画は事前にドイツ軍に露呈したため未遂に終わったが、師団の士気はさらに落ち、実戦部隊としての価値を失ったまま終戦とともに降伏した。

飢餓の冬とドイツのオランダ支配の終焉

44年9月、フランスを解放した連合軍は「マーケット・ガーデン」作戦を発動、オランダのアルンヘムの占領を図ったが、ドイツ軍の反撃にあって作戦は頓挫《とんざ》した。その後、連合軍はオランダ南部の解放に努めたが、冬期にドイツ軍が反攻を開始したため、オランダ全土の解放は先送りにされてしまった。オランダ本土、そしてドイツ本土に戦火が迫るのを察したインクヴァルト政権は、これまでのストライキへの報復として、オランダ西部の主要都市への食糧や石炭、ガス、電気などの供給を全面的にカットし、その上で一般市民をさらなる強制労働に駆り立てた。このため、各都市は飢餓に襲われ、終戦までに1万8000人が餓死した。この飢餓はオランダ国内で「冬の飢餓」の名で語り継がれている。

結局、オランダ西部の主要都市が解放されたのは終戦と同時であった。なお、終戦間際にはオランダ領西フリースラント諸島のテッセル島において、ソ連で捕虜となった後にドイツ軍に与したグルジア人部隊、第822グルジア歩兵大隊「ケーニッヒン・タマラ」がオランダ人レジスタンスの支援を受けてドイツ軍に反乱を起こし、終戦後の5月20日(!)にカナダ軍が武装解除のために上陸するまで戦闘を継続した。このため、テッセル島は「第二次欧州大戦最後の戦場」となった。

戦後、インクヴァルトやムッセルト、ライターをはじめとするナチス協力者やオランダ義勇兵は、復帰したオランダ政府によって逮捕され、その多くが有罪となり、処刑や公職追放などの罰を受けた。しかし、勝利者となったオランダも、太平洋戦争の終結と同時に始まったインドネシア独立戦争に外交的に敗れ、インドネシアの独立を容認することになった。

オランダにとって第二次大戦とは、勝利と犠牲、誇りと汚名が混在する、苦い結末となったのである。

スイス

〝負け犬は正義を語れない〟

第二次大戦とスイス

　スイス。日本人にとっては比較的なじみのある国家だろう。ヨーロッパの中心、ドイツやフランス、イタリア、オーストリア、リヒテンシュタインに囲まれた内陸国。世界でも珍しい永世中立国にして直接民主主義国家。国際連合の諸機関や赤十字国際委員会、国際サッカー連盟（FIFA）などが本部を置く場所。ゴ○ゴ13が使っているスイス銀行（正確には匿名口座を発行する複数のスイス国内のプライベートバンク）があるのもこの国である。

　スイスは日本人にとっておおむね好意的な印象のある国家といえる。自力で国を守る平和な永世中立国というイメージも影響していることだろう。同じように平和国家を標榜しながら自衛隊という防衛組織を持つ日本を顧みて、どうしてスイスのように永世中立を宣言しないのか、と疑問に思っている人々もいるかもしれない。

第二次大戦前夜のヨーロッパ方面とスイス

1938年3月のオーストリア併合、同年10月のズデーテン地方併合、1939年3月のチェコ併合／スロヴァキア保護国化、1940年6月のフランス降伏……第二次大戦開戦前夜から緒戦期までに、内陸国スイスの四方は枢軸国が占めるに至り、その生殺与奪の権を握られることとなった。

　しかし、実際のスイスの「永世中立」の歴史が、かなり血なまぐさいものであることも、またよく知られている事実である。そもそも永世中立とは「どのような戦争に対してもかならず中立となる」という意味であって、「永遠に中立のままでいる」という意味は含まれていない(永世中立の放棄も可能)。

スイスは連邦国家であり、その成り立ちは13世紀、ウーリ州、シュヴィーツ州、ウンターヴァルデン州の3州(原初3州)が、ハプスブルク家の攻撃から自らを守るために結んだ原初同盟に遡《さかのぼ》る。ハプスブルク家への抵抗の象徴となった伝説上の英雄ウィリアム・テルも、ウーリ州に住んでいたとされている。1648年にはウェストファリア条約で正式に神聖ローマ帝国から独立。フランス革命やナポレオン戦争の余波を受けながらも独立を守り、1815年のウィーン会議で「永世中立国」として認められた。

その後、スイスは「武装中立」を標榜、欧州におけるいかなる戦争にも加担しないことで独立を堅持した。欧州のほとんどの国が巻き込まれた第一次大戦(1914〜18年)でも中立を維持、1920年には国際連盟の本部がジュネーブに設けられた。

1930年代、隣国ドイツがナチス党の政権下となり、フランスやイギリス、ポーランドと対立するようになると、スイスはドイツの軍拡に危機感を覚え、対抗姿勢を明確にする。

1932年には、リゾート地のダボスでナチス党員のヴィルヘルム・グストロフがナチス党スイス支部を立ち上げてその指導者となり、反ユダヤ主義活動によって1936年までに5000名の党員を募ったが、同年にユダヤ人医学生によって射殺された。これによってスイスにおけるナチス党の活動は尻すぼみとなったが、ナチスはこの事件をプロパガンダに利用、さまざまな施設や団体に「グストロフ」の名前を付けた。大戦末期にバルト海で1万名以上の難民を乗せたままソ連海軍の潜水艦によって撃沈され、史上最悪の海難事故を起こしたヴィルヘルム・グストロフ号の名も、ここから命名されている。

1939年8月、ドイツとポーランドとの関係が悪化し、戦争の回避が不可能となると、スイス連邦議会は武装中立と非常事態を宣言し、アンリ・ギザン大佐を最高司令官に抜擢、防御態勢を整えることにした。9月1日、ギザンは総動員令を発令し、わずか7日間で戦闘員43万/非戦闘員20万、合計63万名を動員した。これは当時のスイスの総人口400万の1割以上に及ぶ。この動員は、ドイツ、フランスの双方の侵攻に備えたものであった。国民はこの措置に大きな衝撃を受け、非常食を蓄え、空襲に備えて防空壕を準備した。さらに万一に備えて、耕作可能な土地をすべて耕し、ジャガイモの栽培に力を入れた。

1940年、フランスがドイツに降伏すると、ドイツがイタリアとの通商路を確保するため、スイスへ侵攻するのではないかという懸念が生じた。このためギザンは、祖国防衛のための「砦《とりで》」作戦を立案、国土の5分の4を占める平野部を捨て、アルプス山脈という天然の要塞に立て籠ってゲリラ戦で抗戦を続けるという戦略方針を固めた。また、ギザンは、ドイツ側に立って枢軸側に加担すべき、という意見が噴出していた世論を鎮めるため、同年7月の650年目の建国記念日、原初3州が相互援助を誓ったという伝説の地リュトリの丘で演説を行い、国内の結束を高めた(リュトリ演説)。

以後、スイスはギザンの下、「武装中立」の態勢を堅持、連合国・枢軸国双方と頻繁に小競り合いを繰り返しながら、第二次大戦を生き抜いたのであった。

スイスのドイツ支援

……というのが、スイスの第二次大戦における大まかな動きである。

だが、これは表面的な話に過ぎない。実際の話をすれば、戦時中のスイスは終始一貫、ドイツ寄りの立場を取り続けた。これは「永世中立」とは矛盾した姿勢であったが、ある意味で不可避な流れでもあった。何しろスイスはフランスの降伏後から、四方すべてを枢軸国に取り囲まれてしまったのだ。いくら「永世中立」を叫んだとしても、スイスの生存権と物流経済を握っているのは枢軸国だった。ドイツもまた公然とスイスを批判し、幾度となく脅しをかけた。

この状況から祖国を防衛するには、ある程度、ドイツに恭順する姿勢を見せなければならなかった。「スイス人は週に6日間、ナチスドイツのために働き、残りの1日はイギリスの勝利を祈る」とは、スイスの戦時中のジョークである。

以下に、スイスが行った(あるいは行ってしまった)ドイツへの支援の内容を記す。

■義勇兵の存在

あまり知られていない事実だが、スイスからは2000名以上の人員が、ドイツ軍に義勇兵として加わっている。なぜドイツ軍にスイス人が加わることができたのか、と疑問に思うところだが、義勇兵となったもののほとんどはスイスとドイツ双方の国籍を持つ二重国籍者だったそうだ。彼らの多くは17歳から27歳までの青年で、ほとんどがスイスのドイツ語圏であるベルンやチューリッヒ出身だったという。彼らはドイツ国防軍、もしくは武装親衛隊の第6SS山岳師団「ノルト」に参加した。

もちろん、義勇兵すべてがナチズムを信奉していたわけではない。他国の義勇兵同様、共産主義への憎しみを理由に参加したものや、単純に傭兵として金を稼ぎたかったものまで、様々な理由から義勇兵になったものがいたのである。

とはいえ、当然のことながら、こうしたスイス人の義勇兵参加はスイス国内での違法行為であった。このためスイスは

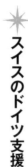

1943年、ドイツに協力したスイス国民からスイス国籍を剥奪《はくだつ》することを決めた。

2000名あまりの義勇兵のうち、どれだけの兵士たちが生き残ったか、あるいは連合軍の捕虜になったかは不明である。

■ユダヤ人問題

第二次大戦中のスイスの政策の中で、現在もっとも批判を浴びているのはユダヤ人問題である。ナチスがユダヤ人迫害を開始した1930年代から、スイスもまたユダヤ人に対して厳しい仕打ちを行っていた。その代表といえるのが、パスポートに「J」という文字を入れ込み、ユダヤ人であるか否かの識別を容易にするという「J」スタンプの導入だった。

また、1942年、スイスは国境の封鎖を決定し、

【スイス 現実ver.】
第6SS山岳師団「ノルト」に義勇兵として参加したスイス人兵士。機銃手で手にしているのはMG42。奥はドイツの傑作山岳砲10・5㎝ GebH40（山岳榴弾砲）。義勇兵の中には傭兵のようにドイツ軍へ参加したものもあったようだが、〝スイス傭兵〟といえば中世以来その精強さが知られていた。イタリア戦争（1521年～44年）や三十年戦争（1618年～48年）などで活躍、世界史上重要な働きをしている

不法入国する難民に対する即時の入国拒否と国外退去を決定した。第二次大戦中、スイスは最終的に2万名以上のユダヤ人を国境から追い返したという。ちなみ、当時のスイス政府はソ連やポーランドにおけるドイツのユダヤ人への残虐行為の情報を詳細に入手していた。

ただし、こうした状況下であっても、スイスが戦時中に18万名の難民を受け入れたという事実もある。一方、アメリカやイギリスもまた、スイスと同じようにユダヤ人難民の受け入れを(公式には)拒否している。

■経済的支援

スイスは第二次大戦を通して、ドイツやイタリアと積極的な貿易を行った。1940年から42年にかけて、スイスの総輸出額の45パーセントがこの両国で占められたという。スイスからの輸出品は工業機械や車両、化学製品で、スイスもドイツから石炭や石油製品、食料などを輸入した。

また、ドイツ軍もスイス軍に積極的なセールスを仕掛け、スイス空軍はBf109戦闘機90機を輸入している(これに加えて、スイス軍は戦後、チェコスロヴァキアが量産を続けていたドイツ軍の駆逐戦車ヘッツァーをG13の名称で購入、制式化している)。一方、スイスで戦時中に製造した武器も、8割以上が枢軸国へ輸出された。

こうした中、ドイツにとって最大の利益となったのは、スイスがドイツから売却を持ち掛けられた大量の金塊を購入したことだ。この金塊はドイツが欧州全土のユダヤ人から収奪したものであり、いうなれば「血で汚れた」金塊であった。

付け加えるならば、スイスは枢軸国と連合国双方にとって交渉の場となり、数多くのスパイが暗躍し、謀略が繰り広げられた舞台でもあった。「ツィタデレ」作戦の情報を正確に掴み、ソ連軍の勝利に貢献した伝説のスパイ「ルーシー」も、スイスを本拠地としていた。

幻のスイス侵攻作戦

スイスが「砦」作戦によってドイツ軍の侵攻を阻止しようとしたように、ドイツ軍もスイスへの侵攻作戦を計画していた。ドイツ軍は戦前からスイスへの侵攻を検討していた。その目的は、フランスと事を構えることになった場合、フランスの注意をベルギー・オランダ方面から逸らすための陽動作戦だったと思われる。

ドイツ軍が最初に具体的に計画したスイス侵攻作戦は「タンネンバウム(樅《もみ》の木)」作戦の名称で、1940年6月に立案された。予定兵力は10〜21個師団、イタリア軍を加えると30個師団程度にもなった。しかし、この計画はフランスの早期降伏と、翌年以降に実施が計画されていた諸作戦との兼ね合いによって中止された。もしフランス戦が長引いていたら、ドイツはフランスへの進撃路を確保するためにこの作戦を実施していたと思われる。

【スイス 妄想ver.】
スイスといえば『アルプスの少女ハイジ』。ヨハンナ・シュピリによる原作では、アルムおんじは若い頃、息子とともに傭兵をやっていたという設定がある。村人との付き合いを絶ってアルプスの山小屋で暮らしていたのも、人に知られたくない過去があったから……？ハイジ、クララ、逃げてー!!

その後もドイツは幾度もスイス侵攻を計画したものの、占領後の統治に莫大な費用と兵力が必要となることが予想され、いずれも計画段階で破棄された。

スイスが本当にドイツの共犯者であったか否かの問題は、現在も緒論入り乱れている。

しかし、ただ一つ言えることは、結果的にスイスが様々な方策によってドイツの侵攻を回避し、「武装中立」を守りきり国民の生命と国土を保ったということである。周辺諸国のほとんどがドイツに蹂躙《じゅうりん》されていたという当時の過酷な現実を考えれば、そこにはある種の「正義」があったと言えるのではないだろうか。

エストニア

バルト三国① 〝敵こそ、我が友？〟

第二次大戦までのエストニア

読者の皆さんで、エストニアがどんな国で、何が名産品なのかをさらりと答えられる人はいるだろうか？　エストニアとは、日本人の大部分にとって「名前を聞いたことはあるけど、どこにあるかよく分からない」国なのかも知れない。しかしこの1世紀、エストニア国民が味わった苦難は、日本のそれよりもはるかに重い。

エストニア共和国はバルト海沿岸に位置する人口１３０万の小国である。首都は中世から続く街タリンで、旧市街がユネスコの世界遺産に登録され、エストニアで一番の観光名所となっている。

13世紀以降、エストニアの歴史は侵略の歴史だった。ドイツ騎士団の占領により、エストニアはドイツ人貴族が大土地所有者として支配する土地となったからだ。以後、エストニアはポーランド王国やスウェーデン王国、ロシア帝国の手に渡りながらも、ドイツ人による実質的な支配が続くという歴史をたどった。

エストニアが独立を手にしたのは、第一次大戦が終わりを迎えた１９１８年。この時期、ドイツの敗北によりバルト諸国が軍事的な真空地帯となり、自治獲得への動きが生じたのだ。その後、ソ連がエストニア奪還のために軍を送ったものの、エストニアはイギリスとフィンランドの助けを借りて撃退。１９２０年、ソ連との平和協定が結ばれ、エストニアは

第二次大戦前夜のヨーロッパ方面とエストニア

エストニアは北にフィンランド湾、西にバルト海を臨み、東はソ連と国境を接する小国。バルト三国では一番北に位置する。独ソ不可侵条約では、ポーランドの西半分をドイツ、東半分とバルト三国をソ連の勢力下とする密約が結ばれていた。

独立を達成した。

だが、その19年後、破滅はいきなりやってきた。第二次大戦前夜の1939年、ドイツ第三帝国とソ連が独ソ不可侵条約を結んだのだった。この条約の秘密条項では、ソ連がバルト三国を勢力圏に収めることを認めていた。

エストニア政府は欧州の戦乱に対し、あくまで中立の立場で臨んでいたが、そんな都合はソ連にとってどうでもいいことだった。まず1939年9月にソ連は、ポーランド海軍の潜水艦「オルゼル」がタリン軍港に避難したことを利用して「エストニアには沿岸を防衛する能力がない」と通告、ソ連軍のエストニア進駐を認めさせた。さらに翌年の5月、ソ連はバルト諸国の文化雑誌「レビューバルチック」を、ソ連の安全保障に脅威のある内容であると発表、これを理由に(!)エストニア全土の占領を通告し、エストニアに受諾か否かの決断を迫った。

エストニア政府は屈服の道を選んだ。6月18日までに、ソ連はバルト三国すべてを併合した。3個歩兵師団を主力としていたエストニア軍も、占領と同時に解体されてしまった。

「恐怖の年」とその後——ソ連による占領とドイツ軍の侵攻

1940年8月、ソ連は公式に「エストニア政府の希望を受け入れ」エストニアの編入に「同意」した。この茶番に満ちた宣言は、しかしエストニアにとっての悪夢の始まりだった。

ソ連軍の進駐が始まったことで、エストニアはその暴虐に晒《さら》された。ロシア人たちは軍民問わず、エストニア国民の公共施設や私財を没収したのだ。また公務員や警官、軍人の多くも「反ソヴィエト思想の持ち主」として連行され、強制収容所に送られた。旧エストニア軍の将校250名は、エストニアとソ連の国境近くの町イズボルスクで集団処刑された。

その後の1年間で、エストニアからソ連に強制連行された人数は6万人に上った。これはエストニアの当時の人口の5パーセントあまりに相当する。彼らの多くはシベリアで強制労働を命じられ、そのうち祖国に戻れたのは5パーセントであったという。この1年間を、エストニア国民は今も「恐怖の年」と語り継いでいる。

しかし、エストニアは決して牙《きば》を失ったわけではなかった。たとえばエストニア国内では、「森の兄弟」と呼ばれる反共ゲリラ2万5000名あまりが地下にもぐり、再起への希望をつないでいた。

こうした状況下の1941年6月、ドイツによるソ連侵攻「バルバロッサ」作戦が開始される。ドイツ北方軍集団がレニングラード方面へ敗走するソ連軍を追撃しつつエストニアに侵入した時、エストニアの民衆は彼らを「解放軍」として迎えた。ドイツ軍がソ連軍を追い出し、再度の独立を約束してくれるのではないかと一縷《いちる》の望みにすがったのだった。

だが、ドイツ第三帝国総統アドルフ・ヒトラーにとってバルト三国は東方のドイツ人生活圏(レーベンスラウム)獲得の一過程に過ぎなかった。ヒトラーは占領したバルト三国を東部占領地域省管理下のオストラント国家弁務官区に定めた。また、エストニア生まれのドイツ人、アルフレート・ローゼンベルクを東方占領地域大臣に任命して、「人種的に」適当と思われる分子のドイツ化を命じた。ドイツもまた、エストニアの独自性を尊重する意思はなかったのである。

しかしそれでも、占領直後から開始されたドイツ国防軍および警察、そして武装親衛隊による志願兵の徴募に多数のエストニア人が応じた。彼らはソ連による支配よりも、「より温情的な」ドイツによる支配を望んだのだった。

8月から9月にかけて、エストニア人の警察保安部隊を改編した6個の警察大隊の編成が開始されるなど、ドイツ軍指揮下におけるエストニア人部隊の編成が始まった。

エストニア人部隊の戦い

第二次大戦中、ドイツ占領下におけるエストニア人兵力は大まかにいって3つに分けられる。警察、国防軍、そして武装親衛隊の部隊である。エストニア人部隊は北方軍集団戦区を中心に多数編成され、各地でドイツ軍と共闘した。

日を追って戦況が悪化していく中でも、エストニア人たちはドイツ軍への協力を惜しまなかった。ソ連による恐怖政治を知る彼らには、「ここで死ぬか、シベリアで死ぬか」という二者択一しかなかったのである。

〈警察大隊〉

警察大隊とは、ドイツ軍が東部戦線で編成した警察指揮下の治安維持部隊である。

当時のドイツでは、警察は党組織であるハインリヒ・ヒムラー指揮下の親衛隊に編入されており、両者は渾然《こんぜん》一体となっていた。戦場の治安維持を任された警察は陸軍と同様に兵力不足に悩んでおり、これを解消するために、現地人による警察大隊が組織されていた。なお、その仕事は我々が思い描く警察行動だけでなく、パルチザンやユダヤ人の狩り出し、処刑などの「汚れ仕事」も含まれていた。

エストニアにおいて最も早く編成され、拡大の一途をたどったのがこの警察大隊である。1943年末までに20個大隊以上が編成された。数ある警察大隊の中で最も派手な戦いを行ったのは、第43警察大隊だろう(別のナンバーの大隊である可能性もある)。この大隊は1942年冬のヴェルキエ・ルーキ包囲戦において、シベリアに集団流刑されたソ連側のエストニア人部隊である第7、第249エストニア歩兵師団と衝突、投降説得に尽力し、1000名以上を投降させるという活躍を見せた。もちろん、エストニア人同士が殺しあうという悲劇も現出したことだろう。

警察大隊の多くは1944年に解散し、第20SS武装擲弾兵師団「エストニア第1」や第1、第2エストニア警察大隊に組み込まれた。

〈第300特別編成師団〉

1944年2月、危機迫る北方軍集団の戦局に対応するために、エストニアにおいて6個（第1〜第6）国土防衛連隊が編成された。任務は後方での警戒である。当初はドイツ国防軍の指揮下にあったものの、後に武装親衛隊の指揮下となった。

4月、国土防衛連隊のうち、第2、第4、第5、第6の4個連隊を主力としつつ、旧第13空軍野戦師団の司令部を頭脳に据えて、第300特別編成師団が編成された。

第300特別編成師団は北方軍集団第18軍の第3SS装甲軍団に配属され、当時焦点となっていたナルヴァ橋頭堡の戦いやタルトゥ防衛戦で活躍した。この戦いでは、第300特別編成師団もまたソ連のエストニア人部隊、第8エストニア狙撃兵軍団と戦い、同胞相打つ悲劇に見舞われている。その後、師団はリガへの撤退作戦の最中に壊滅状態となった。

〈第20SS武装擲弾兵師団「エストニア第1」〉

1944年1月、2個のエストニア義勇連隊を主力に編成さ

【エストニア 現実ver.】
パンツァーファウスト、GG／P40小銃擲弾器付きの小銃、集束手榴弾により対戦車戦闘に従事する第20SS武装擲弾兵師団「エストニア第1」の兵士。後ろは撃破したT-34中戦車。武装親衛隊の迷彩アノラックはあくまでも上着だが、この兵士はワンピースとして着用している。

れたのが、この第20SS武装擲弾兵師団「エストニア第1」である。もとになった2個連隊は、前年中はエストニアSS義勇旅団としてバルト諸国でパルチザン狩りを行っていた。なお、師団の編制には、第5SS装甲師団「ヴィーキング」に編入されていたエストニア人による軽歩兵大隊も組み込まれている。

第20SS武装擲弾兵師団「エストニア第1」は、翌月から第3SS装甲軍団に配属され、第300特別編制師団とともにナルヴァ防衛戦、そしてその西方のタンネンベルク・ラインの防衛戦に参加した。

その後、師団は大きな損害を負いながら、タルトゥ防衛戦やリガへの撤退作戦を成功させ、ドイツ本土で再編。そして明年からはオーデル河畔で防衛戦を行い、チェコで終戦を迎えた。生き残った500名以上の師団将兵は、復讐に燃えるチェコ・パルチザンによって虐殺されたという。

ソヴィエトの再来――「森の兄弟」たちの戦い

1944年夏、ナルヴァ川に主力を展開していたドイツ北方軍集団は、ソ連軍の大攻勢「バルチック」作戦によって総崩れになり、一時は陥落寸前となったリガを経由してラトヴィア、リトアニアへ撤退していった。この撤退により、多くのエストニア人部隊がドイツ軍とともに祖国を去り、そして二度と戻ることはなかったのである。

「バルチック」作戦

1944年6月、ソ連軍は「バグラチオン」作戦の大攻勢によりドイツ中央軍集団を崩壊させた。翌7月には第1沿バルト方面軍をはじめとするソ連軍が攻勢を発起し、ドイツ北方軍集団に襲いかかった(「バルチック」作戦)。多くのエストニア人部隊を含むドイツ軍は、南西のドイツ本土へ逃れるか、包囲下のバルト海沿岸地域で戦うか、いずれかの道をたどることになった。

ドイツ軍に協力したエストニア人の数は、総勢で10万人といわれている。

1944年秋、ソ連軍は再びエストニア全土を占領した。ソ連による恐怖政治が再来したのである。ソ連軍はまず、6万人を超えるエストニア人を新たに徴集し、ドイツへの最後の進撃に参加させた。だがそんな中でも、ドイツ軍に見捨てられた反共ゲリラ組織「森の兄弟」はしぶとく生き残っており、彼らはドイツ軍の残していった資材を利用し、ソ連への抵抗を継続しようとしていた。彼らの中には、ドイツ軍で実戦経験を積んだ者やドイツ軍将兵も数多く混じっていたという。「森の兄弟」たちの戦いは戦後の到来とともに再開され、1947年にピークを迎えた。「森の兄弟」たちは、自分たちの行動が英米の注意を引き、バルト三国に救いの手を差し伸べる可能性に賭けたのだった。だがドイツ軍の資材が尽き、ソ連による摘発が過激化すると、その活動は次第に散発的となっていった。

【エストニア 妄想ver.】
サウナ風呂といえばフィンランドが有名だが、フィンランド湾を挟んだ対岸の国エストニアでも盛ん。熱い焼け石に水をかけて蒸気を発生させるのがフィンランド式。発汗・消毒作用がある白樺の枝の束(ヴィヒタ)で体を叩くと、より効果的だという。丸焼きになっているブタについてはノーコメント。

結局、彼らの抵抗は、スターリンの死後の1954年から1956年にかけて実施された恩赦で多くのドイツ軍協力者が釈放されたことで、実質的な終わりを迎えた。「森の兄弟」の唯一の生き残りはアウグスト・サーべという男で、1978年にKGBの追跡を受け、川に身を投げて自らの命を絶ったという。

戦後、エストニアでは12万人以上の市民がシベリアに強制移住を命じられている。エストニアは他の東側衛星国と同様、ソ連への隷属を強いられたのである。エストニアが再び独立を果たすのは1991年8月。ラトヴィア、リトアニアとともに行われたソ連からの独立運動は、ソ連崩壊の大きなきっかけとなった。

ラトヴィア

バルト三国② “信じる心、残っているか”

ソ連軍の進駐とドイツ軍の侵攻

エストニアと同様、ラトヴィアもまた日本人にとってなじみの薄いバルト三国の一国である。首都のリガがその美しさから「バルト海の真珠」と呼ばれ、中世ドイツの商業都市の特徴を残す旧市街がユネスコ世界遺産に登録されていること、第一次大戦後の独立を最初に承認した国が日本であること……などを知っている人はそうそういないだろう。

現在、南北をエストニアとリトアニアに挟まれ、さらにはロシア、ベラルーシと国境を接するラトヴィアは、バルト三国の中でも特にドイツとロシアとの関係が深い国家だった。13世紀、ドイツ騎士団が東方植民の名の下にこの地方の支配を開始、その後の18世紀、今度は大北方戦争(※1)の影響でロシア帝国の征服を受けたからだ。第一次大戦ではロシア帝国側についてドイツと戦い、その後、ロシア革命に端を発した混乱期を乗り切り、1920年に民族自決を唱えて独立を宣言、エストニア、リトアニアとともにバルト三国を形成するに至った。ちなみにこの間、国内では親ボリシェヴィキ派(※2)と非ボリシェヴィキ派が幾度となく対立、現在まで続く政治的抗争の温床となった。

第二次大戦前夜のヨーロッパ方面とラトヴィア

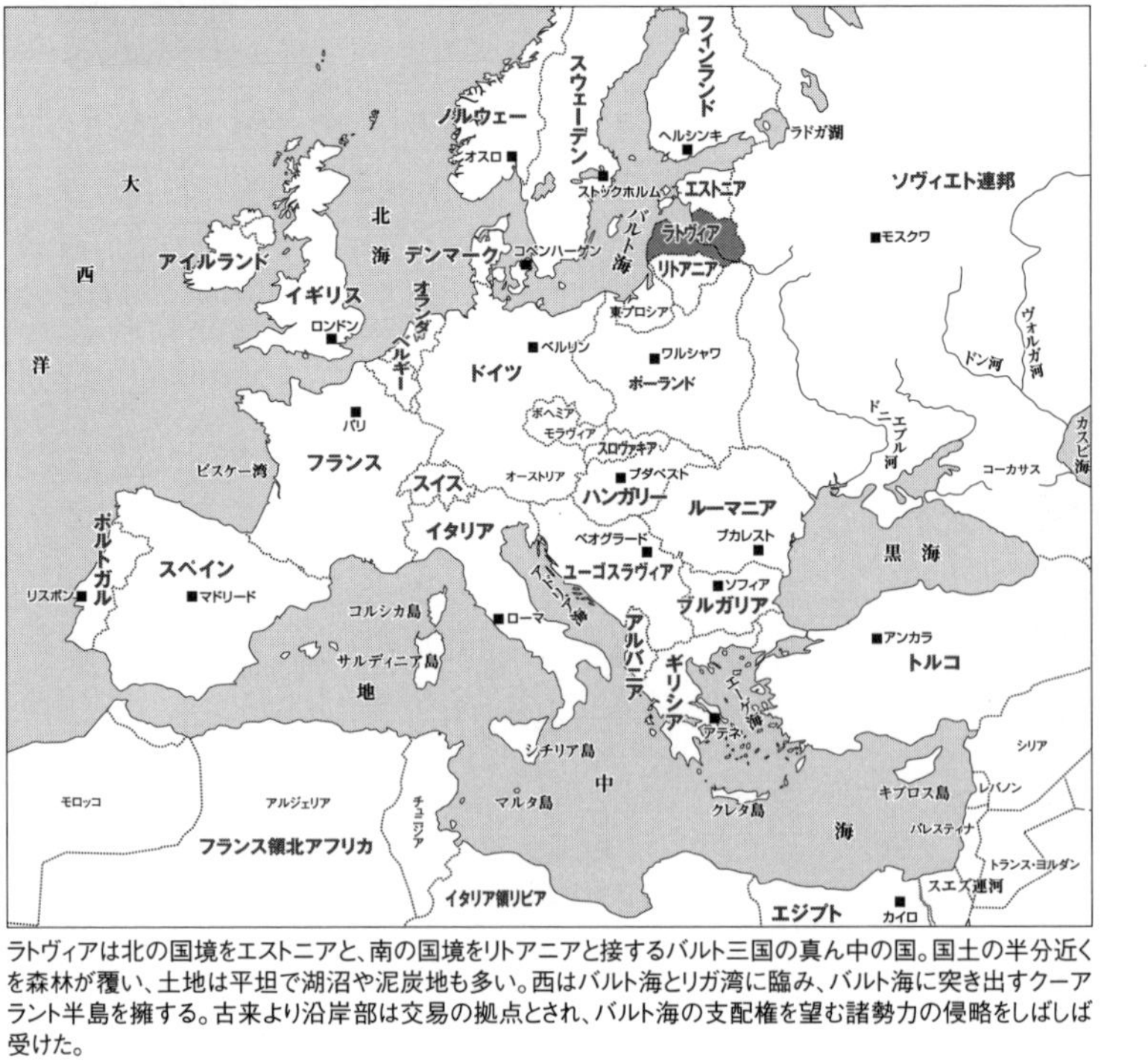

ラトヴィアは北の国境をエストニアと、南の国境をリトアニアと接するバルト三国の真ん中の国。国土の半分近くを森林が覆い、土地は平坦で湖沼や泥炭地も多い。西はバルト海とリガ湾に臨み、バルト海に突き出すクーアラント半島を擁する。古来より沿岸部は交易の拠点とされ、バルト海の支配権を望む諸勢力の侵略をしばしば受けた。

(※1)…1700年～1721年に起きた、ロシア帝国、デンマーク、ポーランドなど反スウェーデン同盟とスウェーデンとの戦争。この戦争の結果、バルト海の制海権はスウェーデンからロシアへ移り、バルト地方もロシア支配下に置かれた。
(※2)…ボリシェヴィキとは、ロシア社会民主労働党の左派でレーニンが率いる。

ラトヴィアにとって独立から第二次大戦直前までの戦間期は、紆余曲折あったものの平和だった。世界恐慌が発生し、左右の全体主義勢力がはびこった際も、カールリス・ウルマニス大統領の独裁政権によって政治的安定が保たれ、バルト海三国軍事同盟やソ連、ドイツとの不可侵条約が締結された。

だが、その平穏は1939年、独ソの間でモロトフ＝リッベントロップ協定(独ソ不可侵条約)が交わされたことで終わりを告げた。この協定により、ソ連はドイツからバルト三国の処分に関する権利を手に入れたのだった。エストニアがソ連の恫喝《どうかつ》に屈して軍の進駐を許した2週間後の10月8日、ソ連は国境に16個師団を集結させ、ラトヴィアに相互援助条約の締結を強要した。

この当時、ラトヴィア軍はバルト諸国でも最強の兵力(4個師団基幹)を持っていたが、他国の援助が当てにならない以上、勝機はゼロだった。ラトヴィアはこの圧力に屈してソ連の軍門に降った。続いて翌年6月、ソ連はラトヴィア政府に親ソ政権の樹立と軍のラトヴィア国内自由通過を要求する最後通牒を突きつけ、政権を崩壊に導いた。6月17日、国民がなすところのないまま、ラトヴィアはソ連軍によって完全占領された。

その後、エストニアと同様に6万人以上の兵士や反共主義者たちがゲリラ「森の兄弟」となって地下活動に身を投じた。また、ウルマニス大統領をはじめとする政府官僚や反共主義者などの3万5000名の人々が強制連行の対象となり、集団でソ連国内に送られていった。

ラトヴィアにとって次なる転機は、1941年6月だった。ドイツ軍が「バルバロッサ」作戦を開始、ソ連軍を粉砕しつつラトヴィアに侵入したのだ。ソ連の圧制に苦しんでいたラトヴィア国民は、ドイツ軍を「解放軍」「反共十字軍」として大歓迎した。これと同時に、地下に潜っていたラトヴィア人反共ゲリラたちも積極的な活動を開始し、各都市でゲシュタポやSS諜報部と手を組んで共産主義者やユダヤ人たちの大量虐殺を繰り返した。

1941年8月、バルト三国を制圧したドイツ北方軍集団は、バルト三国の住民による義勇兵部隊の創設を認めた。すでにこの時、多数のラトヴィア国民が進んで治安維持部隊や警察部隊に志願、ラトヴィア人部隊の編成が開始されていた。手始めにドイツ軍によるラトヴィア警察2500名の再編成が行われ、これによって一般警察、実戦部隊(警察大隊など)、民兵部隊(祖国防衛隊)の3種類の部隊が設立された。このうち実戦部隊では、3個大隊の警察大隊が編成されている。

ラトヴィア人部隊の戦い

ドイツ軍によるラトヴィア人の徴兵は、他の国々よりも過激な様相を呈した。ラトヴィア人自身がドイツ軍に望んで協力しただけでなく、ドイツ軍もまた彼らを進んで利用したのだった。

特に警察組織を牛耳《ぎゅうじ》る親衛隊長官ハインリヒ・ヒムラーは、ラトヴィア人に金髪で青い目のものが多いことから、彼らを理想的な「アーリア人種」と認めていたため、自らの意志でラトヴィア人部隊の創設を推し進めた。1943年1月、ヒムラーはドイツ第三帝国総統アドルフ・ヒトラーに、バルト諸国住民による軍の創設を行うために、彼らの自治を認めるよう提案(!)を送り、幾度も(党官房長マルティン・ボルマンの反対により)拒絶されながら、結果的に武装親衛隊ラトヴィア義勇軍の編成にこぎつけている。

こうした親衛隊の姿勢に、一度は地下に潜った旧ラトヴィア軍将校たちも恭順した。中でもソ連占領前のラトヴィア国防相であり、日露戦争にはロシア軍参謀として従軍した経歴を持つルドルフ・バンゲルスキス元大将は、ソ連への敵意を露《あら》わにし、進んでSS部隊の創設に尽力した。彼は1943年にSS中将兼ラトヴィア義勇軍総監に任命されているが、ドイツ系住民でもない外国人がSS将官に認められるのは破格の待遇である。

バンゲルスキスは自らの威光で大量の民衆を武装親衛隊に導いただけでなく、5万人以上が犠牲になったラトヴィアでのユダヤ人虐殺に関わったと言われている。

ドイツ軍は志願兵の流入が一段落した後もラトヴィアに人的資源を求め、1942年末にはラトヴィア全土の若者に対して強制的な徴兵令を発している。もちろん、拒否すればドイツ国内での強制労働が待っているというシステムだった。

このような結果、枢軸軍として戦争に参加したラトヴィア人の総数は、終戦までに14万8000名、別の統計では16万5000名にまで達した。これはラトヴィアの当時の人口(170万)の約10パーセントで、事実上の徴兵数限界に等しく、同国での徴兵が根こそぎ行われた証明だった。

以下、代表的なラトヴィア人部隊を記す。

〈警察大隊〉

エストニアと同様、ラトヴィアでも多数の警察大隊の編成が行われた。その任務は、戦線後方の警戒やパルチザン狩り、建設、ソ連軍との実戦など多岐に渡った。

ラトヴィアでの警察大隊の編成は3波に分かれて行われた。すなわち、初期の3個大隊を含んだ18個大隊が編成された1942年3月までの第1波、15個大隊が編成された1942年5月から7月にかけての第2波、18個大隊が編成された1943年5月以降の第3波に分かれている。これほど大量の警察大隊が編成されたのは、バルト三国の中ではラトヴィアのみである。

これらの警察大隊の人員は、名称の改変やラトヴィア義勇警察連隊、ラトヴィア国境防衛連隊などへの統合、武装親衛隊各部隊への編入を繰り返しながら、終戦まで戦い続けることになる。

〈第15SS武装擲弾兵師団「レットラント第1」〉

ラトヴィア人義勇兵によって編成されたラトヴィアSS義勇師団を母体として1942年10月に誕生したのが、この第15SS武装擲弾兵師団「レットラント第1」である。編成2カ月後の兵力は約1万5000名で、師団司令部を構成するドイツ軍スタッフを除き、連隊長以下はすべてラトヴィア人であった。1943年末からヴェリキエ・ルーキ周辺で戦闘に参加、ヴェリカヤ河の戦いで壊滅状態に陥った。1944年9月に東プロイセンで再編されて今度はポンメル

【ラトヴィア　現実ver.】
クーアラントの戦いに従軍する第19SS武装擲弾兵師団「レットラント第2」の兵士。左腕にはラトヴィアのアームシールド、クーアラント従軍記章（1945年3月制定）を付けている。クーアラントの戦いではラトヴィア人やフィンランド人からなる武装親衛隊部隊が、ソ連軍の猛攻に対して果敢な抵抗を試みた。右手に持っているのは、ラトヴィアのVEF社が開発した超小型カメラ「ミノックス」。スパイ・カメラとして世界的に知られている。

ン防衛戦に参加、臨時集成軍団「フォン・テッタウ」の一部隊として敵の包囲を脱出。その後は陣地構築部隊となって東進してきたアメリカ軍に降伏した。

なお、この生き残りのうち100名で編成されたナイランツ大尉率いる「ナイランツ」戦闘団はベルリン攻防戦に投入され、帝国航空省、帝国保安本部などの防御戦に参加、さらに残存兵力20名でもってベルリンから脱出、ナイランツ大尉とともに部下数名がエルベ河にたどり着いている。

〈第19SS武装擲弾兵師団「レットラント第2」〉

レニングラード方面でパルチザン掃討を行っていたラトヴィア第2歩兵旅団が、1943年5月に2個のラトヴィア義勇連隊を編入したことでラトヴィアSS義勇旅団となり、さらに1944年1月に師団に拡大したことで誕生したのが、2番目のラトヴィア人武装親衛隊師団、第19SS武装擲弾兵師団「レットラント第2」である。6月、師団はソ連軍の大攻勢「バグラチオン」作戦に巻き込まれ、大損害を負いながら撤退を繰り返し、10月には北方軍集団が立てこもるラトヴィア本土北西端のクーアラント半島に布陣していた。その後、師団はドイツ第18軍の一部隊として6度にも渡るソ連軍の大攻勢を迎え撃ち、これを全て撃退した（第1次〜第6次クーアラント会戦）。5月8日、ドイツの無条件降伏が伝わると、師団のラトヴィア兵約5200名は祖国におけるゲリラ戦を続けるべく、人知れずクーアラントの森林へと消えていった。

この他にも、多数のラトヴィア人が志願労働者（ヒヴィス）やドイツ空軍の夜間攻撃部隊、戦闘機部隊、高射砲部隊、ドイツ義勇労働部隊（RAD）などに編入された。

またソ連軍もラトヴィア人の強制的な動員を行い、5万人が軍に参加した。このうち、ソ連軍の編成した2個のラトヴィア人師団である第43および第308狙撃兵師団は、第3次クーアラント会戦において第19SS武装擲弾兵師団「レットラント第2」と交戦したものの、お互いにやる気がなく、ソ連軍はこの2個師団を別の戦区に移したという。

1943年12月2日、ラトヴィア建国25周年を祝う式典で行進するラトヴィアSS義勇師団の兵士たち

抵抗の終焉

ラトヴィア軍の戦いは、エストニアと同様に終戦後も継続された。彼らは祖国を守るために再び地下にもぐり、ソ連の

横暴に抵抗しようと試みたのだ。しかし、彼らもまたソ連軍の追っ手からは逃れることができず、大部分が殺されるか収容所送りとなった。第二次大戦によりラトヴィアの人口は25パーセント(50万)も減少しているが、これには戦争による死者の他、終戦間際にスウェーデンやドイツに逃れた15万の亡命者も含まれている。

　ラトヴィア軍の戦いもまた、独ソ戦という壮大な戦いに押し流されるように潰《つい》えた。しかし、ソ連支配からの脱却を願う精神はラトヴィアの民衆に戦後も受け継がれていった。それは1980年代後半、ラトヴィアにおいてバルト三国の中で最も早くソ連からの独立運動が開始されたことからも伺えるだろう。ラトヴィア兵たちが抱いていた祖国の再興を信じる心は、後の時代に残されたのだ。

【ラトヴィア 妄想ver.】

〝ラトヴィア人〟としての民族意識の形成には、13世紀のドイツ騎士団による支配が密接に関わっている。ドイツ騎士団は(時に武力を伴う)改宗行為によりバルト海沿岸部をキリスト教化、そうした土地にドイツ人たちが植民し、リガをはじめとする都市を建設した。以後、諸都市ではスウェーデンやロシア帝国の支配下でも「バルト・ドイツ人」による自治が保たれ、19世紀にはラトヴィア人への民族自決の啓蒙運動も行われた。混血も進み、言語や風習、姓名にドイツの強い影響が表れることとなったのである。

リトアニア

バルト三国③ 〝孤高の抵抗者たち〟

惨劇の始まり ソ連軍の進駐

リトアニアはバルト三国の中で最も大きな国である。現在は北にラトヴィア、東にベラルーシ、南にポーランドと国境を接し、西はバルト海に面している。国土面積は6万5000㎢で、日本の5分の1にも満たない。首都はヴィリニュス。国土の大半はなだらかな平野で、海抜は最高でも293m。ヴィスティティス湖などの多くの湖があり、湿地帯が国土の30パーセントを占めている。現在の人口は約287万。

日本人には馴染みのない国であるが、第二次大戦中、外務省の命令を無視して6000名のユダヤ人にビザを発給、ドイツ・ソ連の迫害から救った「日本のシンドラー」杉原千畝《ちうね》氏が赴任していた国、というとピンと来るだろうか。実際リトアニアは戦前、バルト三国で最もユダヤ人の多かった国で（25万人）、20世紀初頭までヴィリニュスは「北のエルサレム」と呼ばれたほどだ。

リトアニアは昔から愛国心の強い国である。これはリトアニアが、欧州でも特に長い歴史を持っているからだろう。国

第二次大戦前夜のヨーロッパ方面とリトアニア

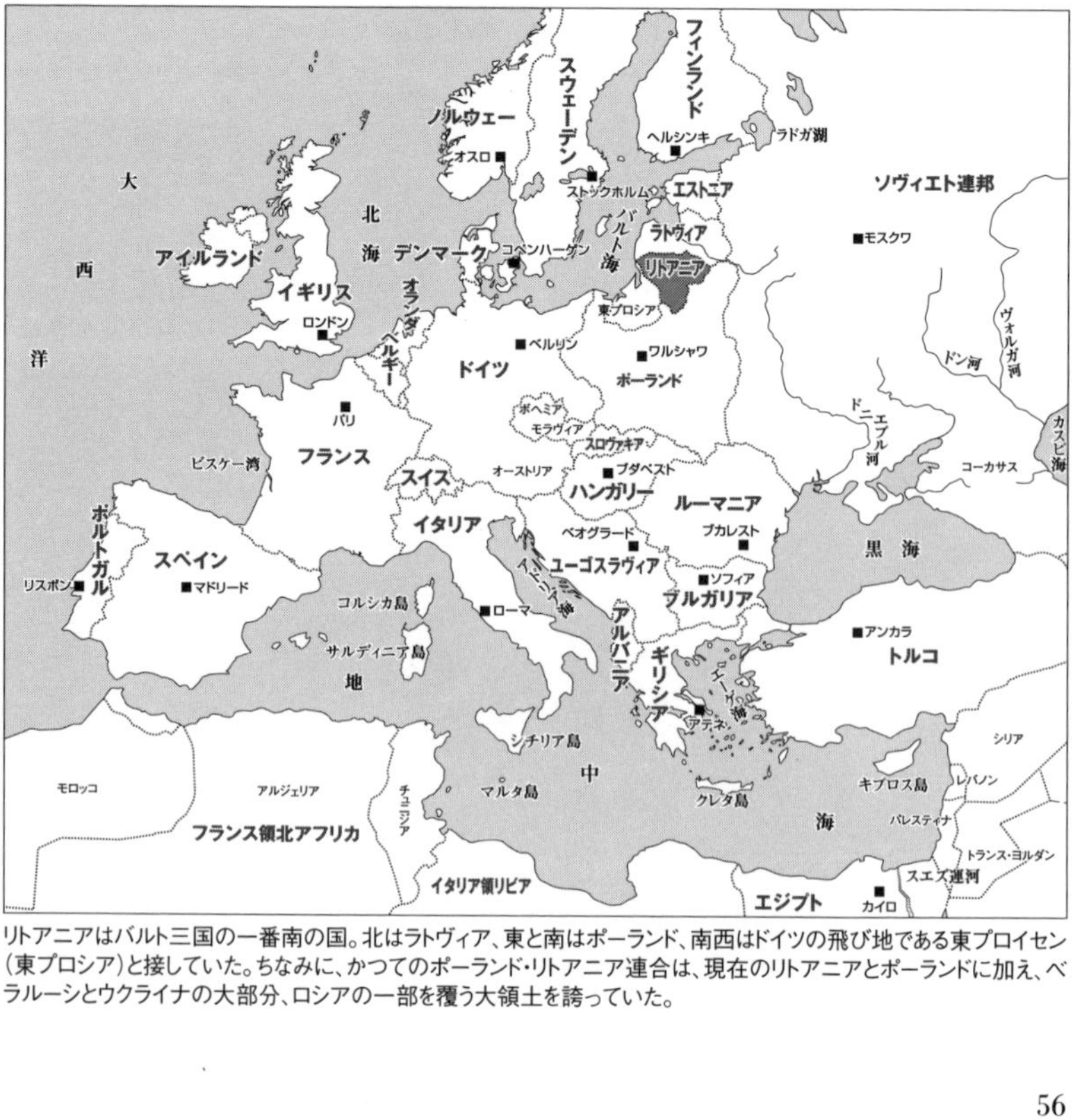

リトアニアはバルト三国の一番南の国。北はラトヴィア、東と南はポーランド、南西はドイツの飛び地である東プロイセン（東プロシア）と接していた。ちなみに、かつてのポーランド・リトアニア連合は、現在のリトアニアとポーランドに加え、ベラルーシとウクライナの大部分、ロシアの一部を覆う大領土を誇っていた。

家としてのリトアニアの歴史は、13世紀にドイツ騎士団の植民に対抗するべく形成されたリトアニア大公国に始まり、その後、東ヨーロッパの大半を領土としたポーランド・リトアニア連合の成立、18世紀のポーランド分割とロシア帝国による占領、そしてロシア革命後の独立など、波乱に満ちたものとなっている。

このため、リトアニアはバルト三国で最も反ドイツ・反ロシア感情が激しい国となり、第一次大戦後にリトアニア共和国として独立を取り戻した後も、ドイツやポーランドと領土問題で政治的衝突を繰り返した（このうち、ドイツとはバルト海に面する都市メーメルを巡って対立、1938年のメーメルの選挙でナチスが勝利したため、同市は1939年3月にドイツへ併合されている）。戦間期のリトアニアは、バルト三国の中で最も孤高な国家だったといえるだろう。

だが、ソ連のバルト三国占領を認める独ソ不可侵条約の締結と、第二次大戦の勃発によって、リトアニアもまた崩壊の道を辿った。

1939年10月、ソ連はモロトフ外相を通じてリトアニアにソ連軍の国内駐屯と相互援助条約の締結を求めた。リトアニア国民はこれに憤慨したが、国境に何万ものソ連軍が控えている状況では、リトアニア政府になす術はなかった。10月10日、リトアニアはソ連と相互援助条約を締結した。

そしてソ連とフィンランドの「冬戦争」が終結した2カ月後の1940年5月、ソ連はリトアニアに対し、ソ連軍兵士2名がリトアニア側により誘拐されたことを抗議。現在ではソ連による自作自演と思われているこの表明は、しかしリトア

メーメル地方帰属問題

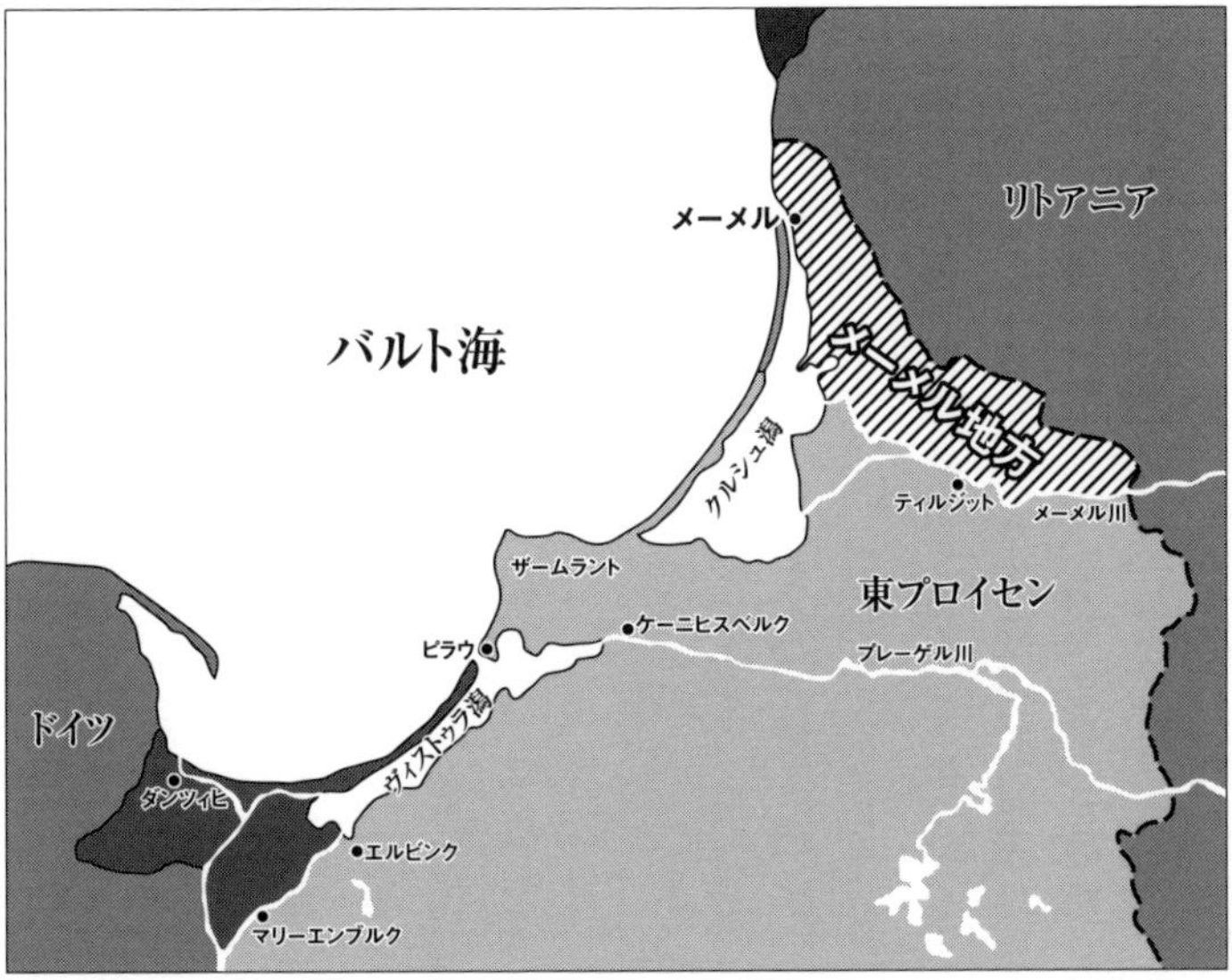

リトアニアのメーメル（クライペダ）はドイツ騎士団が創建したバルト海に臨む港湾都市。第一次大戦後にはフランスの委任統治が行われ、後にリトアニア軍が侵攻して占領した。ドイツ人の人口が多く、1938年の選挙でナチスが勝利、メーメルとメーメル川以北のメーメル地方は翌年東プロイセンに併合された

ニアにとっての終わりの始まりだった。リトアニア国民は恐慌状態に陥り、政府は共同調査委員会の設立を求めたが、ソ連は相手にしなかった。6月、ついにソ連はリトアニアに親ソ政権の樹立を要求する最後通牒を突きつけた。リトアニアに独裁体制を敷いていたアンターナス・スメトナ大統領は拒否と軍事抵抗を主張したが、政府内部ではソ連の要求受け入れを認める意見が大勢となった。15日、ソ連の15個師団がリトアニアに進駐。スメトナ政権は倒され、7月、リトアニアはソ連に併合された。

ソ連占領下のリトアニア国民の運命は、他のバルト三国同様に過酷だった。1940年から翌年までに13万5000人がシベリアに追放されたり、ドイツに送還されたり、政治犯として殺害された。

一方で、リトアニアは反共レジスタンスの活動が最も盛んな国家となった。ソ連占領からの1年で12万人が地下にもぐり、様々な反共組織を形成してソ連への抵抗を開始した。その中でも最大の規模となった「リトアニア行動戦線」(LAF)は3万人の人員を持ち、ヴィルヘルム・カナリス提督率いるドイツ国防軍諜報部と接触しつつ、各地で抵抗した。

ドイツ軍の進駐 リトアニア人部隊の編成

1941年6月22日、ドイツ軍は「バルバロッサ」作戦を発動、ソ連への侵攻を開始した。このうち、東プロイセンに展開していたドイツ北方軍集団は、レニングラードを最終目標としていた。北方軍集団は瞬く間にソ連軍の前線を突破、リトアニア領内に雪崩れ込んだ。

ドイツ軍の侵攻を受け、LAFをはじめとするリトアニア人反共レジスタンスは行動を活発化した。各地でソ連軍に対する破壊活動が行われ、ドイツ軍の進撃を助けた。4日後、ドイツ軍はリトアニアの全土を占領。ソ連による恐怖政治に怯《おび》えていたリトアニア人の多くは、ドイツ軍を「解放者」として歓迎した。

だが、ドイツによるリトアニア支配も、ソ連と同様に厳しかった。反共レジスタンスの筆頭たるLAFは、ドイツ軍のリトアニア「解放」と同時にリトアニアの独立を宣言、臨時政府を樹立したものの、ドイツはこれを拒絶、反対に臨時政府の解散を命じた。ドイツ側の圧力に屈し、臨時政府は8月に解散を宣言した。

7月、LAFもまたドイツ軍によって解散を強いられ、その代替として、ドイツ軍の指揮する防衛組織「リトアニア郷土防衛隊」(LSD)が編成された。LSDはヴィリニュスとカウナスで11個大隊が創設。これらの戦力は11月以降、警察管理下の警察大隊に改編され、最終的に15個大隊に増強された。

リトアニア人警察大隊はリトアニア国内のみならず、ウクライナや東プロイセンにも派遣され、ソ連軍やパルチザンとの戦闘を繰り広げた。また彼らの一部は、国内のリトアニア人反ナチス組織との戦いを強いられた。

リトアニアにおける徴兵は、他の2国と比べて小規模だった。その理由はナチス親衛隊の長官ハインリヒ・ヒムラーが「リトアニア人は軽蔑すべきポーランド人と同じカトリックで、なおかつ同国と何世紀にも渡って同盟を結んでいた」として、リトアニア人をバルト三国の中でも信用できない民族だと考えていたからだった。

【リトアニア 現実ver.】
リトアニア防衛軍（LVR）の兵士。義勇兵部隊が武装親衛隊の部隊として編成されたエストニア、ラトヴィアとは異なり、リトアニア防衛軍はドイツ軍の指揮下に入ることを拒否した。一部ではドイツ軍に対する武力による抵抗すら見せている

このため、リトアニアにおける武装親衛隊への募集はほとんど行われず、リトアニア人もまた地下組織の宣伝を受け、武装親衛隊への参加をボイコットした。それでも1943年、武装親衛隊リトアニア人義勇部隊「リトアニア兵団」の編成が計画されたが、募集に

応じて集まったのは3230名だけで、このうち兵員として利用できるのはたった177名しかいなかった。「リトアニア兵団」の編成は中止された。

一方、親衛隊はリトアニアで、バルト三国の中でも最大規模のユダヤ人ホロコースト（大量殺戮）を実施した。これによりリトアニアにいたユダヤ人16万人以上が死亡した。このホロコーストには、リトアニア人部隊の一部も関与したといわれている。

リトアニア防衛軍の悲劇

LAFが解散した後も、その残党で結成されたリトアニア国民評議会は、国防軍にも武装親衛隊にも所属しない、リトアニア人によるリトアニア防衛のための兵力、リトアニア防衛軍の結成を求めていた。当初、ドイツはこの構想を完全に無視していたが、1943年以降の戦況悪化と、リトアニア国内でのパルチザンの活発化という現実には屈せざるを得ず、1944年2月13日、ついにドイツはリトアニア国民評議会に対して独自の兵力の編成を認めた。

これを受け、国民評議会はすぐさま20年前の独立戦争で活躍したポヴィラス・プレチャヴィウス少将を指揮官とするリトアニア防衛軍の編成を宣言、2月16日のリトアニア独立記念日に全土で志願兵の募集を実施した。数日の内に、当初の予定の倍近い数の3万名が募集に応じ、うち1万9000名が兵籍に入った。これらの人員によって3個連隊および13個警察大隊が編成され、兵員1500名のリトアニア訓練士官学校も創設された。

ようやく誕生したリトアニア防衛軍だったが、指揮官たちの多くは「自分たちはドイツ軍のためにも、ソ連軍のためにも戦うつもりはない」という意思をドイツ軍に隠そうとしなかった。彼らはただ祖国リトアニアのためだけに戦うつもりだったのである。リトアニア防衛軍は自分たちの国外への派遣や、ドイツ軍の指揮下での行動を拒否する構えを見せた。

このため、両軍はすぐに対立。様々な諍《いさか》いの末、ドイツ軍は4月15日にリトアニア防衛軍の指揮権を奪い取った。これに対してプレチャヴィウス少将はリトアニア防衛軍の解散を命令、ドイツ軍もリトアニア防衛軍の武装解除を強行する。この混乱の中、リトアニア人士官学校はドイツ軍に対して激しく抵抗し、両軍ともに大きな犠牲が生じた。ドイツ軍を撤退させた後、生き残った士官候補生と教員たちは、学校の隠し場所から武器を取り、レジスタンスとなった。しかし、他のリトアニア防衛軍士官のほとんどは武装解除後にゲシュタポに逮捕されて強制収容所に送られ、わずかに残った3000名の下士官と兵もドイツ国内の空軍高射砲部隊に編入された。

1944年夏以降、ソ連軍は度重なる大攻勢でドイツ軍を西に押し戻し、8月末までにリトアニア全土を再び占領した。

【リトアニア 妄想ver.】
大戦中のリトアニアが経験した過酷な歴史は、フィクション作品の題材ともなった。ベストセラー小説であり映画化もされた『羊たちの沈黙』に登場するハンニバル・レクター博士は、その猟奇殺人につながる原体験として、1944年、餓えたリトアニア人対独協力者たちに妹を殺されて食べられたことが設定されている。なお、武装親衛隊にはハインリヒ・ハンニバルSS少将率いる「ハンニバル戦闘団」が存在し、リーツェン包囲戦など東部戦線で戦っている。

この崩壊の中、多くのリトアニア人部隊がクーアラントに包囲され、終戦と同時に降伏した。

戦後、ソ連は再びリトアニアの共産支配を開始、スターリンが死亡する1953年までに40万人以上のリトアニア人が国外に追放されたり、シベリアの収容所で命を落とした。

これに対抗する反共レジスタンス「森の兄弟」の数も3万人に上った。しかし、そのほとんどは1953年までに殲滅されている。最後のリトアニア反共レジスタンス兵士が死んだのは、1983年だといわれている。

1990年3月11日、リトアニアはソ連を構成していた15の共和国の中で、一番に独立の回復を宣言した。ソ連による最初の占領から、実に半世紀後のことであった。

フィンランド

〝奇跡は二度起こる〟【前編】

フィンランドの近代史

北欧諸国の一つ、フィンランドは西にスウェーデン、北にノルウェー、東にロシアと国境を接している。首都は国土の最南端に位置するヘルシンキ。国土の大半は平坦な地形で、氷河によって削られて形成された湖が無数に点在しており、広大な森林地帯も広がっている。戦前の人口は370万で、そのうちの9割がフィン人である。なお、フィン人はフィンランドを「スオミ」と自称している。

フィンランドにフィン人による国家が形成されるのは1917年、ロシア革命の際である。それまでフィンランドはスウェーデン、次いでロシアの支配下にあり、独立国家を持たなかった。このうちロシア支配下の19世紀後半以降、ロシアがフィンランドにも帝国主義による中央集権化を進めてフィンランド人の自治を厳しく制限したため、フィンランド人には根強い反ロシア感情が植え付けられることになった。この感情こそが、ロシア

第二次大戦前夜のヨーロッパ方面とフィンランド

フィンランドは狭隘なカレリア地峡と、ラドガ湖を挟んで南北に伸びる長大な国境線でソ連と接していた。ラドガ湖北方はラドガ・カレリア、その東方、オネガ湖までを東カレリアと呼び、これらを含むカレリア地方はフィンランド人の精神的故郷とされる。ちなみに、フィンランドの国の形は、両手を上げてスカートをたなびかせた少女(スオミネイト)として擬人化される場合がある。

革命でのフィンランド独立の原動力となった。

　独立を勝ち取ったフィンランドだったが、その前途は多難だった。まずもって国内には多数のロシア軍が駐留したままであり、また、労働者中心の革命勢力の赤衛軍と資本家・地主層中心の白衛軍の対立も深まっていたのである。

　白衛軍の指揮官にはロシア帝国で中将を務めていたカール・グスタフ・マンネルヘイムが就任した。マンネルヘイムはロシア軍人として日露戦争、第一次大戦に従軍した名将で、卓越した軍事的才能と先見の明を持っていた。

　1918年1月、フィンランド国内で内戦が勃発、赤衛軍は首都ヘルシンキを制圧し、白衛軍とフィンランド議会はボスニア湾の都市ヴァーサに移った。ヴァーサで態勢を立て直した白衛軍はマンネルヘイムの指揮下、各地で赤衛軍を撃破していき、同年春までに国内の情勢を安定させた。白衛軍は名実ともにフィンランド軍の国軍となった。

　戦間期のフィンランドは共和国としてパリ講和会議で認知された後、経済復興に力を注ぐことになった。しかし、世界恐慌によって停滞し、国内にはファシズムに似た反共運動＝ラプア運動がはびこることになったが、幸い、この運動は運動自体の過激化によって勢いを失っていった。前後して、1931年に大統領になったスヴィンフッヴドは公務を離れていたマンネルヘイムを現役に復帰させ、軍の近代化を進める。ファシズム国家であるドイツ第三帝国の隆盛と、ソ連という潜在的な敵国の存在は、フィンランド人に再び国防意識を植え付けた。

　1939年8月、ドイツとソ連は独ソ不可侵条約を結ぶ。この条約の秘密協定には独ソによる東欧・北欧の分割計画が含まれており、バルト三国とフィンランドはソ連の勢力圏と定められていた。

　翌9月、ドイツはポーランドに侵攻を開始。続いてソ連もポーランドに攻め込み、さらにバルト三国にソ連軍の進駐を認めさせる相互援助条約の調停を強制した。その後、ソ連はフィンランドに矛先を向け、バルト三国と同じような相互援助条約の調停と領土割譲を要求した。フィンランドはこれを拒絶し、交渉は決裂、両国に戦争の危機が高まった。フィンランド政府はマンネルヘイムを軍の最高司令官に任じる。

　そして1939年11月30日、ソ連軍はフィンランド軍からの砲撃を受けたとして、フィンランドに宣戦を布告、侵攻を開始した。後にいう冬戦争が始まったのである。

フィンランド軍の戦備

■陸軍

　冬戦争の勃発時、フィンランド軍の陸海空三軍の状況は以下の通り。

平時の兵力は3個師団だが、マンネルヘイムの改革により急速動員が可能となり、戦時には短期間で9個師団に拡大させることが可能となっていた。有事の際にはこのうち5個師団がカレリア地峡に、2個師団がラドガ湖北方のラドガ・カレリアに、残りの2個師団と少数の独立部隊がフィンランド中北部の防衛および戦略予備に充てられることになっていた。

マンネルヘイムによって近代化が進められたとはいえ、陸軍の装備は旧式兵器が中心であり、戦車部隊の創設も冬戦争の最中となった。

■空軍

冬戦争直前、フィンランド空軍は偵察を任務とする第1飛行団〝スール・メリヨキ〟(装備機はフォッカーC.V、フォッカーC.X、グロスター グラディエーターなど)、戦闘機による制空権確保を任務とする第2飛行団〝ヴッティ〟(装備機はフォッカーD.21、ブリストル ブルドッグ、グロスターグラディエーターなど)、爆撃を任務とする第4飛行団〝インモラ〟(装備機はブリストル ブレニム、ダグラスDC-2)を主力としていた。装備機数は総計301機で、この内114機が作戦機だった。

■海軍

フィンランド海軍はバルト海に海防戦艦「イルマリネン」「ヴァイナモイネン」を主力として、小規模な兵力を保有していた。

緊急動員後のフィンランド軍は31万5000名とされ、これはフィンランド全人口の8・6パーセントに上った。また、カレリア地峡には「マンネルヘイム線」と呼ばれる、マンネルヘイムが構想した長さ135km、幅95kmに渡る陣地線が造られていた。

しかし、冬戦争に臨んだソ連軍は兵力45万名、戦車2000両、航空機3300機を投入しており、フィンランド軍の圧倒的劣勢は火を見るよりも明らか……であるはずだった。

冬戦争、雪中の奇跡

フィンランドに侵攻するに当たり、ソ連軍はいくつもの攻勢軸を形成していた。すなわち、カレリア地峡を突破してフィンランド軍主力を撃破し、速やかにヘルシンキに向かう第7軍、ラドガ・カレリアを進んでカレリア地峡の背後を突きつつ内陸部に向かう第8軍、スオムッサルミやクフモといったフィンランド中部の地域を占領してフィンランドの南北分断を図る第9軍、北部のペツアモを目指す第14軍団が配備されていた。総司令官はキリル・A・メレツコフ大将である。

ソ連軍はフィンランド戦に大きな自信を持っていた。戦力的には圧倒的に優勢であり、しかも、戦車戦力の活用による電撃的な侵攻も期待できた。このため、ソ連軍は10~12日分の弾薬補給しか考えておらず、冬季装備も支給されていなかった。

自信満々にフィンランドの国境を越えたソ連軍は、すぐさま現実を思い知らされた。フィンランド軍は森林や湖などの自然の障壁を利用して果敢に抵抗し、各地でソ連軍の攻勢を頓挫させていったのだ。この時期のソ連軍は1930年代の大粛清の影響で指揮能力や錬度が著しく低下しており、それに加え、フィンランドの複雑な地勢はソ連軍にとって迷路そのもの。前線の兵士たちはフィンランド軍の奇襲に怯えながら、限られた路上を進むことしかできなかった。

【フィンランド 現実ver.】

国民のほぼ全員が生粋のスキーヤーというフィンランド。冬戦争ではスキー兵たちが戦線各所で活躍を見せた。当時のフィンランドでは、スキーのストックに日本から輸入した竹を材料として用いている。また、一部部隊ではドイツやスイス経由で輸入されたという三八式歩兵銃や三八式騎銃が支給された。なお、ソ連軍も三八式実包（6.5㎜×50SR弾）を用いるフェドロフM1916自動小銃を投入していたため、冬戦争では日本起源の弾薬が戦場を飛び交っていたことになる。

主戦場となったカレリア地峡での戦いでは、フィンランド軍はマンネルヘイム線に素早く撤収し、そこでソ連軍を迎え撃った。ソ連軍は戦車部隊を先頭に遮二《しゃに》無二《むに》に突進し、いくつかの場所では突破に成功したが、フィンランド軍は集束爆弾や火炎瓶を使った肉薄攻撃で戦車部隊を撃破し、12月下旬までに攻勢を停止させることに成功した。

ラドガ・カレリア方面でもフィンランド軍は数的劣勢を強いられたが、こちらは防御に当たっていた2個師団がスキー部隊などを活用して森林地帯での機動戦を展開、各所でソ連軍を分断包囲し、3月末までにすべての包囲網を殲滅していった。この戦術は「モッティ」（フィンランド語で樵《きこり》が積み上げた樹木の単位を意味する）という名を与えられ、冬戦争におけるフィンランド軍の典型的な戦術となった。

中北部の戦場でも「モッティ」戦術が大きな効果を挙げ、各地でソ連軍の攻勢を頓挫させていた。特に中部のスオムッサルミの戦闘では、ソ連第8軍の2個師団に対して4分の1の戦力しか持たないフィンランド軍が迎撃を行い、ソ連軍2個師団を完全に包囲殲滅するという大戦果を挙げていた。この戦闘でスオムッサルミ地区での攻勢継続は完全に不可能となり、以後、フィンランド中北部での戦いは停滞することになる。この戦いは「スオムッサルミの奇跡」と呼ばれ、フィンランドでの冬戦争のシンボルとなった。

フィンランド空軍と海軍もソ連軍相手に善戦を続けていた。フィンランド空軍は地上部隊以上に数的劣勢を強いられたが、対するソ連軍も旧式機ばかりであり、空中戦では質的優位を確保できた。戦争中にフィンランド空軍はおよそ70機を失ったが、ソ連軍機200機余りを撃破したと言われている。また、フィンランド海軍もバルト海に多数の機雷を敷設し、ソ連海軍バルト艦隊の封じ込めを図った。

こうして勝利を積み重ねたフィンランド軍だったが、幸運は長くは続かなかった。ソ連のスターリンは軍の不甲斐なさに怒り狂い、メレツコフを更迭《こうてつ》、代わりにセミョーン・ティモシェンコ元帥を総司令官に据えた。ティモシェンコは方針を転換、主力をカレリア地峡に集結させ、十分に準備された攻勢を仕掛けることにした。

2月1日、カレリア地峡にてソ連軍の大攻勢が開始される。フィンランド軍はマンネルヘイム線で巧みな防御戦を展開したが、ソ連軍の統制の取れた大攻勢には抗しきれず、2月中旬までに主防御線からの撤退を余儀なくされた。

イギリスやフランスはフィンランドの奮戦を見て援軍を送る計画を立てていたが、すでに両国はドイツと戦争中であり、ソ連と事を荒立てる余裕はなかった。隣国のスウェーデンも、ごくわずかな義勇軍と武器弾薬を送ったほかは中立を標榜し、フィンランドの本格的な救援には踏み切らなかった。

ここに至り、マンネルヘイムはこれ以上の戦闘はフィンランド軍の崩壊を招き、フィンランド全土の失陥に繋がると判断、戦力が残っているうちにソ連へ講和を申し込むべきだと主張した。一方のソ連もフィンランドの予想外の善戦に衝撃を受けており、早期の講和に意見が傾きつつあった。ソ連軍

モロトフ
カクテル
パリ
ロシア雑魚《ざこ》えですね……
この勘違いが後年
壮絶な悲劇を生む

【フィンランド 妄想ver.】

フィンランド軍は火炎瓶、通称「モロトフ・カクテル」をなかば制式兵器として使用した。当初は前線兵士が手製で製作していたが、冬戦争期間中に国営酒造協会で大量生産されることとなり、最終的に54万2194本もの火炎瓶が製作されている。というわけで、イラストはフィンランド軍……というか、某聖人と某トロールによる火炎瓶攻撃を受け、炎上するソ連軍のT-28多砲塔戦車。そして、このような冬戦争におけるソ連軍の弱体ぶりを見たドイツ軍は、およそ二年後、対ソ侵攻を決意する……。

の攻勢が続く中で両国は交渉を重ね、3月12日、フィンランドの国土の10分の1をソ連に割譲するという厳しい条件の下で和平が成立、両国は戦争を終結させた。

冬戦争でフィンランドは主権の防衛に成功したものの、厳しい講和条約はフィンランド国民のさらなる反ロシア感情を招き、後の継続戦争の呼び水となった。また、冬戦争でのソ連軍の苦戦ぶりは、他国、特にドイツにソ連の脆弱《ぜいじゃく》さを認識させ、ヒトラーのソ連侵攻を後押しする結果となったと言われている。

（後編に続く）

フィンランド

〝奇跡は二度起こる〟【後編】

短い幕間

1940年3月12日の「冬戦争」の終結により、フィンランドは平和を手にしたかに見えた。この戦争でフィンランドは約2万6000の戦死者と4万の戦傷者を出し、フィンランドの産業の中心であるカレリア地方など国土の10パーセントを失うという屈辱的な講和条約を結ばざるを得なかったが、それでも独立の維持には成功したのである。

だが、平和の達成はフィンランドの平穏につながらなかった。戦後もソ連はフィンランドへの外交的圧力をますます強めていったからである。ソ連はペツアモ地域のニッケル鉱山その他の割譲やバルト海沿岸の島々の非武装化などを要求。フィンランド国内では共産主義者による大規模なデモが頻発した。

カレリア地峡を失ったことで国境線も拡大し、それを守るべき軍も再建へと動き出していたものの弱体化しており、軍の最高司令官のマンネルヘイムも防御線の構築に苦慮していた。

また、フィンランド周辺の国際状況も悪化の一途をたどっていた。40年夏にはフランスがドイツに降伏し、イギリスも爆撃を受けるようになった。また、ノルウェーは同年4月のドイツ軍の攻勢によって6月までにドイツ軍の軍門に降り、

独ソ戦前夜のヨーロッパ方面とフィンランド

冬戦争の講和条約の結果、ラドガ湖北方および東方、港湾都市ヴィープリを含むカレリア地峡全域はソ連に割譲された。ドイツによる対ソ開戦に当たり、フィンランドが事実上の参戦を果たした背景には、これら地域の奪還という大義名分があった。前編で紹介した「スオミネイト」は、スカートの一部が切られてしまった格好となる。

これによってフィンランドと西欧諸国との連絡は途絶えたも同然となった。唯一、フィンランドと同じように中立を堅持していたスウェーデンも、バルト海がドイツに抑えられたことで通商航路を失い、ドイツに経済的に依存するようになっていった。

こうした状況下、フィンランドに黒い友愛の手が差し伸べられることになった。1940年9月、ドイツが対フィンランド政策を変更、協調路線を提案したのだった。この時点でドイツはフィンランドを利用してソ連を牽制しようと目論《もくろ》んでおり、それは味方を欲していたフィンランドにとっても渡りに舟だった。フィンランドはドイツ軍が国内を経由してノルウェーへ兵力を移動させることを承認、これをきっかけに両国は接近していった。

12月、両国間で情報交換が進む中、ドイツ軍参謀総長のフランツ・ハルダー将軍はフィンランドに口頭でドイツがソ連に侵攻する予定であることを告げ、フィンランドがこれに加わる可能性を尋ねた。フィンランド側はレニングラード攻撃については答えを濁したものの、攻勢参加には同意した。

これを受け、ドイツ軍はフィンランドへのドイツ軍の輸送と、その兵力による同国北部での攻勢を計画、その総称として「銀狐」作戦の名を与えた。一方、フィンランド軍は旧国境を回復すべく、カレリアへと攻勢を仕掛けることになった。

継続戦争勃発

フィンランドがソ連への攻撃を決意したのは、ソ連軍が「バルバロッサ」作戦の発動を受け、フィンランドに空爆を加えた6月25日以後のことだった。フィンランドはあくまでこの戦いを『冬戦争』から継続する戦争」としており、戦争自体も「継続戦争」と呼称した。ただし、諸外国からナチスと手を組んだと思われることは必然と考えられたため、開戦時には「我々はナチスドイツの同盟国としてではなく、ともに共産主義と戦う友人として、この戦いに参加する」と表明している。

7月10日、フィンランド軍はラドガ湖北方で攻勢を開始した。ソ連軍の戦線は一撃で崩壊、16日にフィンランド軍はラドガ湖に達し、ソ連軍をカレリア地峡と東カレリアとに分断した。ソ連軍は「バルバロッサ」作戦の混乱により、フィンランド軍の侵攻を受け止めきれなかったのである。7月末、フィンランドはカレリア地峡で新たな攻勢を発起、ラドガ湖西岸でソ連軍を包囲して撤退を強制した。8月末、フィンランドは旧国境に達した。

ここでフィンランドは選択を迫られることになる。旧国境で攻勢を停止するか、国境線を越えてソ連領に進撃するか……。進撃を継続すれば国際的な非難の矢面に立つ。しかし、進撃先の東カレリア地方はロシア革命の際にロシア人に奪われたフィンランドの故地であり、ドイツ軍のみならず国内世論も侵攻を求めていた。

9月1日、マンネルヘイムは苦渋の決断を下した。フィンランド軍に国境を越えての進撃を命じたのだった。この行為にイギリスは反発、フィンランドに宣戦を布告した。フィンランド軍の攻勢は順調に進み、10月までにムルマンスク鉄道に迫った。

12月、アメリカ合衆国が参戦。フィンランド政府はドイツに勝ち目がないことを悟り、軍は防御戦に移行した。アメリカはフィンランドへの宣戦布告を行わず、外交の余地を残していた。

一方、フィンランド北方でドイツ軍が行った「北極狐」作戦は、いくつかの攻勢軸を形成して半島を横断し、イギリスからの補給物資の到着港となるムルマンスク港の占領を目的として開始されたが、ソ連軍の果敢な抵抗と全般的な準備不足によって完全な失敗に終わった。

以後、フィンランドはドイツ軍の度重なる攻勢要請を拒絶して戦線を維持しつつ、外交面では戦争から抜け出す道を探ることになった。

二度目の奇跡

1944年春まで、フィンランド戦線では平穏が続いた。兵力的にはフィンランド・ドイツ側がソ連側に優越していたが、フィンランドが戦争の不拡大を貫いたため、戦火が拡大しなかったのだ。ソ連軍は限られた攻勢で失地を回復しようとしたが、フィンランド軍の巧みな防御を崩せず、パルチザンによる後方攪乱《かくらん》もフィンランドの地理を知り尽くしたフィンランド軍には通じなかった。

しかし、フィンランドを巡る国際状況はさらに悪化していた。ドイツ軍は1943年夏のクルスクでの決戦の後、東部戦線全域で後退を強いられるようになり、独ソ戦はソ連の勝利で終わることが予感された。このまま戦争を続ければ、フィンランドもソ連に併合されることになってしまう――。だが、フィンランド国内には多数のドイツ軍が展開しており、フィンランドがソ連と単独講和を結んだ場合、フィンランド全土がドイツ軍に蹂躙《じゅうりん》される可能性があった。また、1944年に入るとソ連軍の増勢が伝えられ、これを凌《しの》ぐにはドイツ軍からの物資援助が不可欠だった。こうした状況を脱するため、フィンランドはアメリカの仲介でソ連との和平交渉を図ったが、ソ連はこれを拒絶。フィンランドとの直接交渉でも、ソ連はフィンランドに横暴な条件を突きつけるだけだった。

1944年6月10日、ついにソ連軍はフィンランドの全域で大攻勢を開始した。フィンランド軍はマンネルヘイムが入念に構築した陣地線を利用して果敢に抵抗したが、「冬戦争」

の時とは比べ物にならないほど強大となったソ連軍を押し留めることはできず、後退を強いられた。フィンランドのリュティ大統領はやむなくドイツに、「フィンランド単独でソ連とは講和しない」という約束を交わすことを条件に増援を求めた。ヒトラーはこれを承諾、パンツァーファウストやⅢ号突撃砲などの武器が大量に供与された。

【フィンランド 現実ver.】
フィンランド大統領リスト・リュティは、フィンランドがソ連と単独講和しないことを条件に、ドイツからの武器援助を取り付けた。イラスト中のパンツァーファウスト（個人携行用の対戦車擲弾発射器）やⅢ号突撃砲は、フィンランド軍の待ち伏せ戦術にもマッチし、ソ連軍の攻勢を防ぐのに大いに役立った。

　ドイツからの武器援助を得たマンネルヘイムは、東カレリアの防衛をあきらめ、フィンランドの主要部に直結するカレリア地峡の防衛に全力を挙げることとなった。

　6月25日、カレリア地峡を巡る決戦となる、タリ＝イハンタラでの戦いが開始された。フィンランド軍は巧みに地形を利用、Ⅲ号突撃砲や鹵獲《ろかく》したT-34による待ち伏せ攻撃を駆使し、ソ連軍に突破を許さなかった。ソ連軍は損害を重ね、ついに夏季攻勢を停止させた。

　フィンランド議会はこのチャンスを利用すべく、大統領にマンネルヘイム元帥を据え、ソ連との休戦交渉を開始した。交渉内容は厳しく、「冬戦争」後にソ連が得た領土の再割譲に加え、ペツアモ地域と北極海への回廊すべての割譲や多額の戦時賠償、国内からのドイツ軍の排除などが要求されたが、フィンランド側はこれをすべて受け入れ、9月14日に講和が成立した。

　この講和によって、結果的に

前記のフィンランドとドイツとの約束は破られたことになったが、フィンランドはこれをリュティ前大統領の個人的書簡に基づくものとして処理し、諸外国への意思表示とした。つまり、この戦争の勃発の原因やドイツとの約束の責任はリュティ前大統領個人にあり、フィンランド全体、そして新大統領のマンネルヘイムには関係がないという姿勢である。こうしてフィンランドはリュティを「ナチスと手を組んで戦争を仕掛けた売国奴」と指定することで新政権がナチスとは関係ないことを示し、ソ連や連合国に対して講和についての納得を得た。

ラップランド戦争

ソ連との講和に達したフィンランドだったが、戦争が終わったわけではなかった。フィンランドはソ連との講和の条件にのっとり、国内のドイツ軍を排除しなければならなかったのだ。ドイツ軍はフィンランドの北部、ラップランド地方に22万もの兵力を有しており、ドイツ軍としても即時撤退は不可能だった。

結局、昨日の友に銃を向けること、そしてこのような戦争で無駄な血を流すことをためらったフィンランド軍は、ラップランドに展開していたドイツ軍と結託して「やらせの」戦争を行い、平和的に退去させようとした。この方法は図に当たったかに見えたが、ソ連軍に事が露見したことから中止せざるを得ず、フィンランド軍は本気にならねばならなかった。これに対してドイツ軍も、焦土作戦を実行しながらノルウェーへと撤退していった。この戦争は「ラップランド戦争」と呼ばれ、ドイツ軍がフィンランドから完全に駆逐されたのは終戦直前の1945年4月のこととなった。

なお、第二次大戦中、フィンランドはドイツの友好国として振る舞いはしたが、ナチスのユダヤ人迫害には加担せず、多くの亡命ユダヤ人にフィンランド国籍を与え、ドイツへの引渡しを拒否した。一方でフィンランドからは多数の義勇兵がドイツに渡り、その多くは武装親衛隊「ヴィーキング」師団に加わって1943年夏の解散時まで東部戦線の各地を転戦した。

奇跡の価値は

フィンランドは継続戦争によって戦死・行方不明者5万8000名、負傷者15万8000名を出した。これはソ連側の損害の3分の1以下であり、数字の上だけではフィンランドはソ連に対して勇戦敢闘したと言える。その一方で、フィンランドはソ連との厳しい講和条約によって事実上の従属を強いられるようになり、冷戦時代は一貫してソ連の強い影響下に置かれることになった。フィンランドもその現実を受け入れてソ連との友好的外交を貫くようになり、国際社会はこうした「非共産国にも関わらずソ連と協調路線を示す」ことを「フィンランド化」と称するようになった。

継続戦争はフィンランドにソ連へと一矢を報いる機会を与えたが、結果的にはフィンランドにとって出血の大きい賭けに終わったと言えよう。しかし、たとえフィンランドが継続戦争に乗り出さなくとも、ソ連が予防攻撃を仕掛けた可能性やドイツ軍の侵攻を招いた可能性はあり、その評価は下しにくい。ただ一つ言えることは、フィンランドは度重なる苦境の中でも常に最善の策を探り、理性的な態度で戦争を終わらせる努力を続けたということである。

【フィンランド 妄想ver.】

フィンランドの対ソ単独講和後、フィンランド軍はドイツ軍に撤退を求め、戦闘が起きた（ラップランド戦争）。戦いは主にスオムッサルミ以北で行われ、ドイツ軍は抵抗しつつもノルウェー北部へ撤退していった。ドイツ軍は焦土作戦を採り、北部フィンランドの中心都市であるロヴァニエミは市の建造物の9割が破壊され、10万の住民が避難を強いられている。

なお、「冬戦争」「継続戦争」の二つの戦争を軍の最高司令官として戦ったマンネルヘイムは、1946年まで大統領を務め、1951年に死去した。マンネルヘイムはフィンランドの英雄として称えられ、現在でも多くの人々から敬意を持たれている。また、リュティは戦後、戦争犯罪人として追訴されたが、1949年に釈放され、1956年に死去。その際にはソ連の猛烈な反対にも関わらず国葬が行われ、その功績が称えられた。

ノルウェー

〝残酷な売国奴のテーゼ〟

ノルウェーの中立姿勢とドイツ軍の侵攻

ノルウェーという言葉から読者の皆様が思い浮かべるのは……おそらくノルウェーサーモンなどの魚介類、福祉国家というイメージ、美しいオーロラなどであろうか。しかし、ノルウェーがフィンランドやデンマーク、２０１０年までのスウェーデンと同じように、徴兵制を敷いていることはあまり知られていない。そしてその原因に、第二次大戦におけるノルウェーの苦難があったことも。

ノルウェーは北欧のスカンジナビア半島の西側に位置する立憲君主制国家である。東ではスウェーデンやフィンランドと国境を接しており、南はスカゲラク海峡、西は北海とノルウェー海、北はバレンツ海に面している。面積は日本よりも若干広いが、人口は現在約４００万と横浜市の人口（約３７０万）に近い。

第一次大戦前まで、ノルウェーはスウェーデンの属領だった。これには8世紀から13世紀までヴァイキングとともに栄えたノルウェー王国が衰退、デンマークの配下となった後、ナポレオン戦争を機にデンマークからスウェーデンに引き渡されたという経緯がある。しかし、20世紀はじめからノルウェーのオスロ（当時の都市名はクリスチャニア）で独立の気

第二次大戦前夜のヨーロッパ方面とノルウェー

北海、ノルウェー海（大西洋）、バレンツ海（北極海）に囲まれたノルウェー。沿岸は氷河が形成したフィヨルドとなっているのはよく知られている。ナルヴィク方面での英独の海戦や、戦艦「ティルピッツ」撃沈の舞台となったのも、ノルウェーのフィヨルドである。

運が高まり、スウェーデンもこれを了承、1905年にノルウェー王ホーコン七世が即位してノルウェー王国が成立した。

ノルウェーは建国後、中立を外交の主軸とした。これはノルウェー自身が欧州における自身の地理的重要性を理解しており、欧州で大戦が勃発した場合、自国が戦場となる可能性が高いことを自認していたからである。建国間もないノルウェーにとって戦争は破滅を意味しており、それを避けるための選択肢は中立しかなかった。この外交方針が功を奏し、ノルウェーは第一次大戦でも中立を維持したまま、内政と経済発展に力を注ぐことができた。

戦間期、ノルウェーの外交方針は引き続き中立の維持だった。しかし、ドイツのポーランド侵攻に端を発した第二次大戦により、その方針は揺らぐことになる。ノルウェーの隣国であるスウェーデンとドイツは友好関係にあり、ドイツは大量の鉄鉱石をスウェーデンから輸入することで戦争経済を維持していたが、冬季になるとスウェーデンの鉄鉱石の積出港があるボスニア湾の湾口が凍結した。その期間はノルウェー経由での輸送が必要となり、ドイツは輸送路を確保するためにノルウェーの占領を構想していたのだ。この状況にはイギリスやフランスも神経を尖らせており、両国はノルウェー近海を機雷封鎖するか、自身もドイツ軍の侵攻前にノルウェーを占領することでドイツの意図を挫《くじ》こうとしていた。また、同時期にはソ連がフィンランドへの侵攻を開始しており（冬戦争）、英仏はフィンランドを支援する拠点としてもノルウェーを欲していた。

1940年2月、ノルウェーの領海でイギリス海軍の駆逐艦「コサック」がドイツ軍の輸送船「アルトマルク」に接舷斬り込み(!)を行い、同船に収容されていたイギリス人捕虜を救出するという事件(アルトマルク号事件)が発生すると、両国は共に相手がノルウェーの中立を尊重しないことを確認した。ノルウェーはこの事件に対しては不介入を貫き、事後に抗議したが聞き入れられなかった。

先手を打ったのはイギリスだった。3月、イギリス海軍はノルウェー近海を機雷で封鎖する「ウィルフレッド」作戦を開始。しかし4月、ドイツ軍は「ヴェーザー演習」作戦を発動、デンマークとノルウェーへの侵攻を開始した。これに合わせてイギリス軍も事前の計画に従ってノルウェー本土へと兵力を投入、ノルウェー全土を舞台に激しい戦闘が繰り広げられたが、最終的にイギリス軍は6月8日までにノルウェーから撤退し、ノルウェー全土がドイツ軍の支配下となった。ノルウェー政府は王室とともにイギリスに亡命し、国外で対独戦を継続することになった。

なお、ノルウェーの戦いには、ノルウェーの国軍であるノルウェー国防軍も参加(陸軍6個歩兵師団主力)、主力の第6

師団はナルヴィクでドイツ軍に大損害を与えている。

ドイツ軍による占領とクヴィスリング政権

戦前、ドイツ軍はノルウェーにおける占領計画をまともに立案していなかった。これはヒトラーにとってもドイツ軍部にとっても、ノルウェーの占領はあくまでスウェーデンからの鉄鉱石の輸入を継続するための手段であり、占領そのものが目的ではなかったことに起因する。また、ドイツも占領後の統治の交渉相手となるべきノルウェー政府と王室が、まさか敗北と同時にイギリスに亡命するとは考えていなかった。ドイツは、いきなりノルウェー全土の支配と行政を任されることになってしまったのだ。

こうした状況下、頭角を現したのがノルウェーの元国防大臣、ヴィドクン・クヴィスリングだった。クヴィスリングは1933年に彼自身が創設したファシズム政党、国民連合の党首であり、1939年には「北海帝国」構想を主張していた思想家アルフレート・ローゼンベルクの手引きでヒトラーと会見している。クヴィスリングは、ドイツのノルウェー侵攻の暁には自らがノルウェーの代表としてドイツに協力することをヒトラーに告げていたが、ヒトラーはあからさまな追従姿勢のクヴィスリングを信用せず、真剣に耳を傾けなかった。

1940年、ドイツのノルウェー侵攻の開始と同時に、クヴィスリングは国民に演説し、自身を首班とした新内閣の樹立を宣言した。これはノルウェー国民にとってもドイツ側にとっても寝耳に水の出来事であり、当然のようにドイツ側によって阻止され、代わりにヒトラーはノルウェー全土の統治者として国家全権委員のヨーゼフ・テアボーフェンを派遣した。その後もクヴィスリングは復権のためにローゼンベルクの下で活動を続け、1942年にはノルウェー首相の権限を与えられている。

とはいえ、クヴィスリングの率いる国民連合は完全なテアボーフェンの傀儡であり、国民から大きな反発を受けることになった。クヴィスリングは売国奴として認知され、国民連合そのものも「クヴィスリング」の名で呼ばれるようになってしまった。現在の欧米の多くの辞書において、「クヴィスリング」は売国奴の代名詞として掲載されている。

ノルウェーではイギリスや亡命ノルウェー政府の支援を受けたレジスタンス活動が盛んに行われたため、必然的にテアボーフェンによるノルウェー支配は強圧的なものとなった。テアボーフェンは反体制派を弾圧するとともに国内のナチ化を進めた。また、ノルウェーにいくつもの強制収容所を建設し、政治犯やユダヤ人、ユーゴスラヴィアから送られてきた捕虜たちを収容した。

また、ノルウェーは金髪碧眼《へきがん》の北方人種が多いということで、親衛隊が「アーリア人」の人口増加を果たすために計画した「レーベンスボルン（生命の泉）」計画の拠点ともなった。親衛隊はノルウェー人女性とドイツ人ナチス党員やドイツ軍兵士との間の性交渉を奨励し、結果1万2000名以上の子供が誕生したと言われている。

【ノルウェー 妄想ver.】

ナチスに追従するヴィドクン・クヴィスリングは、女体化すれば典型的な○ッチとなるだろう。本文中のクヴィスリング＝売国奴の代名詞という認識は、1940年4月19日付の英紙タイムズがドイツ影響下の各国で「クヴィスリング的な」指導者や政党が乱立していることを指摘したのが発端だった。このような例にはハンガリーの矢十字党やクロアチアのウスタシャなどがあり、ナチスと同様の政策を掲げ、ドイツ占領下では傀儡政権を樹立するという共通点がある。

ビッ○の代名詞 ヴィドクン・クヴィスリング

ノルウェー義勇兵たちの戦い

ノルウェーはソ連とも地理的に近接していたために反共意識が強く、ドイツにとっては格好の人材獲得の場となった。

ノルウェーにおける最初の義勇兵の徴募は、ノルウェーの占領がまだ完了しないうちに実施された。この時、徴募に応じたのは2000名で、その多くは国民連合党員だった。彼らはSS連隊「ノルトラント」としてまとめられ、「ヴィーキング」師団（後の第5SS装甲師団「ヴィーキング」）の一部として各地を転戦していくことになる。

続いて1941年6月、ロシアでの「バルバロッサ」

作戦の発動を受け、テアボーフェンとクヴィスリングはソ連との戦いに従事する武装親衛隊のノルウェー人部隊、SS義勇軍団「ノルウェーゲン」の創設を決め、再び志願兵の募集を開始した。入念な計画の元に募集が行われたことが功を奏し、この部隊には数千人が志願することになり、7月までにイェルゲン・バッケ少佐を指揮官として編成は無事に完了した。

SS義勇軍団「ノルウェーゲン」の義勇兵たちやクヴィスリングは、同軍団が同じ北欧諸国のフィンランドを支援するための戦いに赴くだろうことを予想していたが、ドイツ軍はこれをレニングラード方面へと投入した。SS義勇軍団「ノルウェーゲン」は1943年春までレニングラード方面で戦った後、後方に下がり、第5SS装甲師団から引き抜かれたSS連隊「ノルトラント」第1大隊などと合流、第11SS義勇装甲擲弾兵師団「ノルトラント」の第23SS装甲擲弾兵連隊「ノルゲ」として再編され、ナルヴァ戦線に投入された。「ノルゲ」連隊を含んだ「ノルトラント」師団はこの後、クーアラントでの戦いやポンメルンでの「冬至」作戦に参加、最後にはベルリン攻防戦に投入され、国会議事堂や総統官邸周辺で圧倒的多数のソ連軍を相手に激戦を展開。ヒトラーが自殺した後、わずかな生き残りはベルリン包囲網を突破して米軍占領下への撤退を果たしている。この壮絶な戦いぶりにより、「ノルトラント」師団こそ武装親衛隊最強の師団であるという評価もある。

クヴィスリングが主張した、ノルウェー人義勇兵のフィンランドへの派遣構想を具現化した部隊もある。1943年に編成されたSSスキー猟兵中隊「ノルゲ」がそれである。SSスキー猟兵中隊「ノルゲ」はノルウェー人によるスキー部隊であり、国民連合版のヒトラーユーゲントというべき組織で、スキーを指導していたグスト・ヨナッセンによって率いられていた。1943年春にヨナッセンは戦死してしまったが、ドイツ軍はスキー部隊の有効性を高く評価してこれを大隊規模に拡大、フィンランドで戦場の火消し役として運用した。フィンランドとソ連との休戦が成立した後はドイツ軍の後衛を務め、大戦終結までに無事にノルウェーまで撤収した。

この他にもノルウェーからは多数の義勇兵が送り出され、その多くが東部戦線で戦うことになった。ノルウェー国内ではノルウェー人による警察部隊、警備大隊「ノルゲ」も編成され、ノルウェー国内の強制収容所の管理を行っている。大戦後半になると、クヴィスリングはノルウェー独自の戦力を手にすべく5万人のノルウェー人の動員をドイツに提案したが、さすがに無茶な計画であり、ドイツ側の誰一人としてその構想に同意しなかった。

戦後のノルウェー

ノルウェーは最後まで連合軍の侵攻を受けなかったものの、1945年5月のドイツ降伏により、ノルウェーのドイツ軍支配は瞬時に崩壊した。5月8日にテアボーフェンはブンカーの中でダイナマイトを爆発させ自殺、翌日にはクヴィスリングも連合軍に逮捕され、銃殺刑に処された。他にも5000名以上が国家反逆罪で逮捕されたが、その多くは恩赦によって罪を軽減された。また、「レーベンスボルン」計画に協力した女性の多くがノルウェー国籍を剥奪《はくだつ》され、生まれた子供たちも政府によって迫害されることになった。第二次大戦における敗北と5年間の占領期間は、ノルウェー政府や王室、国民にとっての大きな心の傷となったようだ。戦後、ノルウェーは中立政策を破棄、徴兵制を敷くとともに、冷戦時代にはイギリスやアメリカを中心とした北大西洋条約機構(NATO)の一員として、ノルディックバランスと呼ばれる北欧の軍事的均衡の維持に貢献した。

【ノルウェー 現実ver.】
東部戦線の北方戦線で戦う武装親衛隊のノルウェー人義勇兵。ノルウェー人部隊はその精強さで知られており、「ヴィーキング」師団に編入されたSS連隊「ノルトラント」は「バルバロッサ」作戦や「ブラウ」作戦、クルスクの戦いなどに参加している。その後、SS連隊「ノルトラント」を基幹として第11SS義勇装甲擲弾兵師団「ノルトラント」が編成され、エストニアのナルヴァやラトヴィアのクーアラント、ドイツ本土ポンメルンやベルリンで奮戦を見せた。

スウェーデン

〝わかっちゃいるけどやめられない〟

第二次大戦までのスウェーデン

読者の皆さんにとって、スウェーデンとはどのような印象の国家だろうか。おそらく、（先に紹介したスイスと同じように）おおむね好意的な印象のある国ではないかと思う。

なんといっても、スウェーデンは福祉国家であり、低所得者層や高齢者、失業者などの社会的弱者に対しての保障が充実していることが知られている（そのかわり税金も割高なのだが）。軍用機ファンには、ＪＡＳ39グリペンなどの戦闘機を開発していることで有名だろうし、歴史ファンには、三十年戦争で活躍した「北方の獅子」ことスウェーデン王・グスタフ二世アドルフ、ダイナマイトの発明者にしてノーベル賞の提唱者であるアルフレッド・ノーベルが輩出した国としても知られているだろう。スイスと同様に、武装中立を維持している平和国家としての印象も強い（その反作用として、伝統的な武器輸出政策が必要以上に非難されてしまっているが）。鉄鉱石の産出地としても有名である。

しかし、スウェーデンが第二次大戦後、武装中立を標榜しながらもドイツ第三帝国に加担したとして欧州各国から非難を浴びたことはあまり知られていない。スウェーデンもまたスイスと同様、ドイツの膨張に伴い、ドイツの支援に回らざるを得なくなった国家だったである。

第二次大戦前夜のヨーロッパ方面とスウェーデン

スウェーデン王国はスカンジナビア半島の真ん中の国。17世紀の絶頂期には現在のフィンランド、ノルウェーの一部、バルト三国ほかを領土とし、遠く中央ヨーロッパまで影響力を及ぼした。第二次大戦前には衰退しており、現在の領土とほぼ同じ地域を領有している。

スウェーデンが中立政策を始めたのは、19世紀初頭に起こったナポレオン戦争がきっかけである。この戦争においてスウェーデンは一度ナポレオンに降り、政治体制が絶対君主制から立憲君主制に改められただけでなく、それまで領土としていたフィンランドを失うことになった。最終的にスウェーデンはイギリス・ロシア側について戦勝国となったが、フィンランド奪還はかなわず、ノルウェーと連合王国を形成した。以後、スウェーデンは外征を控え、国防を重視する政策に転換していく。同時に国王による統治も形骸《けいがい》化し、普通選挙ほか民主主義的政策が進められていった（ノルウェーは1905年、合法的に連合を解消して独立）。なお、スウェーデン国内では歴史的な経緯ゆえに反ロシア感情が根強く、1854年のクリミア戦争でも、中立を覆しての参戦を目論んでいた。

スウェーデンは第一次大戦においても中立を維持し、国内の平和を守りきった。ただし、実際には全欧州を巻き込んだ大戦に無関係でいられるはずもなく、連合国（協商国）、ドイツの双方が行ったバルト海の海上封鎖の影響で多大な経済的損失を被った。

第一次大戦により、ドイツ、ロシアはともに倒れ、バルト三国とフィンランドも独立した。しかし、1930年代以降、日本、ドイツ、イタリアが領土拡張政策をとり始めたことで、スウェーデンは再び戦争を予感するようになったのである。

最初の試練　冬戦争

1930年代末、スウェーデン陸軍は平時7万9000人、戦時27万人を兵力として整備していた。動員完了までの時間は48時間ないし72時間。スウェーデン軍はこれらの兵力を五つの軍管区に分けて配置。軽装備ながらも砲・対戦車火力は充実していた。この他にも実用機150機前後を保有するスウェーデン空軍、前ド級戦艦3隻・沿岸防衛艦3隻・航空巡洋艦1隻・駆逐艦16隻を保有するスウェーデン海軍があり、その実力は決して侮れるものではなかった。とはいえ、それは他の北欧諸国と比べた場合であり、イギリスやドイツ、ソ連など他の大国から侵攻を受けた場合、敗北の可能性は高かった。

このためスウェーデンは、イタリアのエチオピア侵攻を境に動員を開始、兵力増強に乗り出した。スウェーデンは国際連盟に加盟していたが、この組織が大国の暴走を止められないもの

スウェーデン海軍の「ゴトランド」。水上機6機の搭載が可能な、世界でも珍しい「航空巡洋艦」だ。基準排水量は4,700トン

であることを見切っていたのである。

1939年1月、スウェーデンはフィンランドとともに「ストックホルム」計画と呼ばれる、バルト海オーランド諸島の共同防衛計画を発表した。この時点で二国は、ともに共同歩調を取ろうとしていたのである。もちろんその目的は、ソ連の牽制であった。だが、彼らの目論見はすぐに打ち砕かれた。1939年11月、ソ連がフィンランドに侵攻を開始、いわゆる冬戦争が勃発したのである。

スウェーデンにとってこの事態はまさに国家存亡に関わるものだった。もしフィンランドがソ連の軍門に降れば、スウェーデンはソ連の直接侵攻を受けるかもしれない。しかし、武装中立を標榜しているスウェーデンは立場上、あからさまにフィンランドに肩入れすることは難しかった。

この矛盾を解決するために、フィンランドは秘密裏にフィンランド国内へ義勇軍を派遣し、フィンランドを支援することを決めた。その兵力は、空軍部隊の一部および8000名以上の陸軍部隊である。これには、当時のスウェーデン王グスタフ五世の意向が強く反映されたという。また、このほかにも膨大な数の武器弾薬が援助として送られた。

この時点で、スウェーデンの「中立」なるものは瓦解していた。しかし、スウェーデンにとっての苦境はここからが本番であった。

北欧侵攻と対ドイツ貿易の拡大

1940年3月1日、ドイツ軍は「ヴェーゼル演習」作戦の名のもとに、デンマーク・ノルウェーへの侵攻を開始した。ついにドイツのスカンジナビア半島への攻撃が行われたのである。これに対し、スウェーデンは中立を堅持しようと考えていた。スカンジナビア半島が戦場となれば、再びスウェーデンは経済的に大きな打撃を被ることになるが、スウェーデンの兵力ではドイツに対抗できない。

当初、ドイツはこうしたスウェーデンの意思を認め、単独でノルウェーを落とそうとしていた。だが、ノルウェーへの侵攻は、ノルウェー軍の予想以上の抵抗とイギリス軍の救援によって長期化の様相を見せた。このためドイツはスウェーデンに、スウェーデン経由でドイツ軍の人員や武器弾薬をノルウェーへ送ることを認めるよう要請した。これにスウェーデンは反発、交渉を繰り返し、人員の輸送のみを許可した。この決定により、終戦までに約200万人のドイツ将兵が、スウェーデンを経由してノルウェーとドイツを行き来したという。

ノルウェーがドイツに降伏したことで、1940年夏以降、スウェーデンは西側との通商を絶たれてしまった。また、ノルウェーへの人員輸送問題でイギリスとの関係も悪化、スウェーデンとしてはますますドイツに肩入れするほかなくなっていた。これには、戦争によって、スウェーデン国籍の船舶60万トンの帰港が不可能になり、スウェーデン海運の半分が麻痺《まひ》したことも大きな影響を与えている（これらの船舶は連合国に借用された）。

結局、スウェーデンは以後3年の間、ドイツに年間1000万トンもの鉄鉱石、木材や木造製品、ボールベアリングなどを輸出すること、そしてバルト海において船団の護衛を行うことを認めざるをえなかった。この二つはドイツに莫大な恩恵をもたらした。少なくともバルト海が安全である限り、ドイツは鉄鉱石の不足を心配する必要がなくなったのだ。

また、1941年6月にはドイツ側から、ノルウェーに展開している第163歩兵師団を丸ごとフィンランドに輸送すべしという要請を受け、スウェーデンはこれを認めた。彼らがどう思っていたかは、その後に外務省から発表された「一度限りの譲歩だ。我々はスウェーデン自体の利益のみを念頭に置いて決定した。我々の最大の目的は独立を維持して戦争の局外に立つことである」という言葉からも伺える。しかしその後、ドイツは陸路の代わりにスウェーデン領海を用いた海路でのフィンランドへの兵力輸送、ならびにドイツ空軍機のスウェーデン空軍基地の利用をも認めさせた。

このようにスウェーデンは、中立の完全な瓦解、経済の破綻、

【スウェーデン 現実ver.】
スウェーデンは武器輸出国として知られ、ベストセラー兵器も多い。ボフォース40㎜機関砲（イラスト下・奥）は第二次大戦でもっとも有名な対空火器の1つで、現代でもガンシップAC-130が対地攻撃用に搭載している。また、第二次大戦中にスウェーデン軍が採用した自動小銃リュングマンAG42（イラスト下・手前）は、「リュングマン方式」とも呼ばれる米軍の制式自動小銃M16の作動方式に名を残す。

そしてドイツの侵攻を避けるために、外交交渉の場において必死の努力を余儀なくされた。また、スウェーデン国内の国民生活も困窮、配給制が敷かれることになった。ただし、こうした内情ゆえか国民の反ドイツ感情も強く、武装親衛隊のリクルートを受けてドイツに渡った者は180名足らずだったという。これは、北欧諸国の中で最小の数である。

戦局の転換と「北極狐」作戦

1943年を過ぎると、ドイツの戦況は急速に悪化していった。このためスウェーデンは8月、人員の輸送と武器の輸送の協定を停止した。スウェーデンは、ドイツの要求に抵抗を示し始めたのである。また、ノルウェー近海での連合軍の行動も活発化しており、連合軍のノルウェー侵攻も危惧《きぐ》されていた。

こうした事態を受け、ドイツ軍はスウェーデンへの侵攻計画の立案に着手した。これは、ノルウェーに展開するドイツ・ノルウェー軍20万の兵力(主力は第25装甲師団)を用いてノルウェーからスウェーデンに侵攻、空挺部隊の降下と戦車部隊の進撃を連動させて、電撃的にストックホルムを落とすという計画だった。なお、作戦において最も脅威となるだろうスウェーデン海軍を押さえる役目は、当時編成中だったバルト海練習艦隊が当てられることになっていた。

連合軍のノルウェー侵攻の可能性を懸念していた(これは連合軍側の欺瞞《ぎまん》であった)ヒトラーはこの計画を了承し、同年6月までにノルウェーに15個師団もの兵力を展開させた。ドイツ・ノルウェー軍はこれだけの兵力があれば、いつでも作戦を実施できると判断していた。

だが、東部戦線のクルスク戦での敗北が、すべての計画を頓挫させた。この戦いの結果、ドイツ軍にはスカンジナビア半島で攻勢が行えるほどの余力がなくなってしまったのだった。このためドイツ軍は、第25装甲師団をはじめとする兵力の多くをドイツ本土に帰還させた。

スウェーデンもこれに対応し、秘密裏にスウェーデン領内で保護していたノルウェー・パルチザンの戦力化を行った。また、スウェーデンは亡命ユダヤ人を保護したり、着弾したV2ロケットの部品をイギリスへ提供するなど、連合国側にとって有利な外交姿勢も見せていた。ただし、こうした実績を積み上げていても、米英のスウェーデンへの不信感は相当なもので、1944年には、アメリカ陸軍第8空軍が、「誤って」スウェーデン国内のボールベアリング工場を爆撃するという事件も起こっている。

終戦直前、スウェーデンはさらに連合軍寄りの外交を推進、ドイツ国内の収容所に捕らえられていた北欧系囚人をスウェーデン赤十字の仲介でもって救出する、ドイツからのソ連を除く連合国への降伏受諾のメッセージを外務省を通じて発信するなどの成果を挙げた。

✱スウェーデンの戦後処理

スウェーデンが狭義の「中立」を破り、ドイツ側に立ったことは紛れもない事実である。そして、スウェーデンはこの点を欧州各国、特に見殺しにされたノルウェーから「不道徳」であると非難された。

だが、スウェーデンのドイツ寄りの政策が、止むに止まれぬものであったことはこれまで記した通りである。もし、スウェーデンが「道徳」にのっとりドイツに必要以上に反抗的な態度をとった場合、その運命はより過酷なものとなっただろう。また、スウェーデンがドイツ軍に全土を占領された場合、史実以上にスウェーデン国内の人的・物的資源がドイツ軍に利用されてしまったかもしれない。

【スウェーデン 妄想ver.】
ドイツやソ連の侵攻からスウェーデンを守ったのは、「世界一臭い缶詰」シュールストレミングだった……?シュールストレミングはニシンを塩漬けにして発酵させた缶詰食品で、強烈な臭いが特徴。またスウェーデンには、夏季にみんなで集まり、ゆでたザリガニを食べる「ザリガニ・パーティー」の習慣がある。

戦後もスウェーデンは「武装中立」を維持し、冷戦中も「ノルディック・バランス」と呼ばれる北欧での軍事力の均衡維持に成功した。ただしスウェーデンは冷戦中、NATO(北大西洋条約機構)との密約で、戦争が勃発した場合はNATO側に立って参戦することを決めていた。

二度の世界大戦、そして冷戦時代を「事実上の中立国」として生き延びたスウェーデンの強かな外交姿勢は、大いに評価されるべきだろう。

アルバニア

〝二人の主人の狭間で〟

受難のアルバニア

アルバニアといえば、世界史をひと通り学んだ人であれば「（第二次大戦前の）イタリアのアルバニア占領」という教科書の記述を見たことがあるかも知れない。とはいえ、アルバニアが欧州のどこに存在し、どのような歴史を経て、どういう理由でイタリアに占領され、大戦後にどのような運命を辿ったかについて、ぱっと答えられる人は少ないのではないだろうか。

現在のアルバニアはバルカン半島南西部に存在する人口約300万の国家である。西はアドリア海に面し、北はモンテネグロ、東はマケドニアとコソボ、南はギリシアと国境を接する。東ヨーロッパでもかなりの小国で、日本に照らし合わせると北海道の3分の1の大きさしかない。国土の大半は山がちの地形で、海岸部にのみ平野が広がり、そこに人口が集中している。首都はアドリア海から32㎞ほど内陸のティラナ。

主な産業は農業で、山岳地帯からは鉱物が産出されるが、インフラの貧弱さゆえに生産は低調となっている。後述する歴史的経緯から国民の半数がイスラム教徒で、残りはキリスト教徒か無神論者。ヨーロッパ有数のイスラム教徒の割合が高い国家である。

日本とアルバニアとの分かりやすい接点は皆無といってい

独ソ戦開戦前夜のヨーロッパ方面とアルバニア

第二次大戦の開戦前の1939年4月、アルバニアはイタリアの侵攻を受けて国王ゾグが亡命、ヴィットリオ・エマヌエーレ三世を国王としてイタリア王国と同君連合となった。アルバニアはイタリアと合わせて国際連盟を脱退、イタリアの英仏、米への宣戦布告にも歩調を合わせ、枢軸国の一国として第二次大戦に参加した。

い。唯一、日本でも名の知られている修道女、マザー・テレサがアルバニア系（マケドニア出身で、母親がアルバニア人）であることが挙げられる。

アルバニアは中世以降、オスマン帝国の支配下となっていた。現在のアルバニア人の半数がイスラム教徒なのは、このオスマン帝国時代に地主など支配階級にキリスト教からイスラム教への改宗が相次いだためと言われている。ただし、19世紀には西欧の風潮が流れ込んだことでアルバニアでも民族意識が高揚し、アルバニア人の間に独自のアイデンティティが形成された。また、アルバニア人の本来の領土として、本土に加えてコソボ全域やマケドニア、ギリシアなどの一部を含むとする「大アルバニア主義」も民族主義者の間で台頭した。

1912年、第一次バルカン戦争をきっかけにイスマイル・ケマルらがアルバニアの独立を宣言、1914年にドイツ帝国の貴族ヴィート公ヴィルヘルム・ツー・ヴィート（スカンデルベグ二世）を公に迎えてアルバニア公国が成立したものの、当時のアルバニアは氏族社会だったゆえにその統治は脆《ぜい》弱《じゃく》で、各地で反乱が勃発、さらに第一次大戦ではギリシャが南部から侵攻、アルバニア公が亡命したため、アルバニアは無政府状態に陥った。

1920年、アルバニアは君主不在のまま摂政を置く形で再建されたが政権は不安定で、1925年に内相のアフメト・ゾグが政権を掌握、憲法を改正して王位につき、国名をアルバニア王国とした。

ゾグは君主政治によって近代化を推し進め、アルバニアの産業を発展させたが、その一方でイタリアへの経済的依存を強めた。イタリアにとってアルバニアは中世末期からバルカン半島に対する橋頭堡として戦略的に重要な位置にあり、当時のイタリアを指導していたファシスト党のムッソリーニも、アルバニアを領土拡張のための標的と考えていた。アルバニアのゾグ政権も君主政治を進めるためにはイタリアの後ろ盾が必要で、両国の利害は一致していた。ただし、ゾグは強烈なアルバニア民族主義者で、イタリアによる完全な支配は望まなかった。1930年代、アルバニアはイタリアの経済的植民地と化していたが、ゾグはアルバニアの主権喪失だけは拒み続け、1934年には隣国ユーゴスラヴィアと国交を樹立し、ムッソリーニを激怒させた。

1939年、ムッソリーニはドイツのチェコスロヴァキア併合に触発され、アルバニア占領を決断。同年4月に侵攻を開始した。

当時のアルバニア軍は陸軍の9個軍管区12個大隊を主力とし、これを少数の海軍と空軍が支援していた。総兵力数は4万名。しかし、装備はいずれも旧式で、兵力は各地に分散しており、2万の兵力でアルバニアに上陸したイタリア軍に対して劣勢だった。アルバニア軍はティラナに兵力を集結して防衛に当たるも敗北、ゾグはイギリスに亡命し、アルバニアはイタリアの占領下となった。

同年、アルバニアはイタリアとの同君連合となり、イタリア国王のヴィットリオ・エマヌエーレ三世がアルバニア王に即位した。ただし、実質の支配はアルバニア総督となったガレアッツォ・チャーノによって行われ、彼の下に傀儡政権、アルバニア・ファシスト党が置かれた。

チャーノはムッソリーニ政権末期、イタリアとドイツの同盟関係に勇気をもって反対し国王を助けた人物として知られているが、アルバニア総督としてはその立場を利用してアルバニアの富を吸い上げ、個人資産を増大させたと言われている。

イタリア占領下のアルバニア

イタリアの占領下となったことで、アルバニア軍も再編を余儀なくされた。アルバニア軍はイタリア国防省の指揮下に移され、1940年には正式にイタリア陸軍に編入された。また、各地のイタリア人入植者を集めて黒シャツ隊4個軍団(4個連隊)が編成された。

1939年9月に第二次大戦が勃発、翌年10月にイタリアはアルバニアを橋頭堡としてギリシアに侵攻を開始した。イタリア軍を補助するために各地でアルバニア人部隊が創設され、アルバニア・ファシスト党もこの戦いを大アルバニアの実現のための戦いとして国民を鼓舞し、国民の多くもそれを信じた。しかし、イタリア軍の戦力は山岳地帯に立て籠もるギリシア軍を撃破するには全く不十分であり、イタリア軍は各地で粉砕され、逆にギリシア軍が戦線を押す形でアルバニア南部に侵攻した。イタリア軍を手助けするはずだったアルバニア人部隊は士気の低さから役に立たず、ギリシア軍に投降したり、パルチザンに加わったりとイタリア軍の負担を増やしただけだった。

結局、イタリア軍のギリシア侵攻はドイツによるユーゴスラヴィア侵攻、それに続くブルガリア経由でのギリシア侵攻によって形だけは成功に終わり、イタリア占領下となったギリシア領、マケドニア領などの一部がアルバニアに編入され、大アルバニア主義はあっさりと実現した。

1943年、アルバニア・ファシスト党はイタリアの降伏が近いことを感じ、自らを「大アルバニア防衛」と改称し、イタリアと距離を取るようになった。コソボではドイツ軍がアルバニア人1000名で構成される準軍事警察組織と、ヴァルネターラと呼ばれる同数の準軍事組織をドイツ軍に編入、セルビア周辺での民族浄化に参加させた。また、ドイツ軍はイタリア降伏を見越して「コンスタンティン」作戦を立案、ユーゴスラヴィアやアルバニアの占領と現地のイタリア軍の武装解除を目論んでいた。

　一方、イタリアに対抗する勢力として、アルバニア南部にはエンヴェル・ホッジャ率いるアルバニア共産党が、北部ではアルバニア民族主義者の王党派(ゾグ派)に指揮された国民戦線がイタリアへの抵抗運動を行っていた。両者は共闘の姿勢を見せていたが、政治思想的に相容れない存在であるのは明らかだった。

【アルバニア 現実ver.】
アルバニアで組織された武装親衛隊師団、第21SS武装山岳師団「スカンデルベグ」の兵士。左袖のシールドは双頭のワシで、現在のアルバニア国旗に描かれているものと同様、スカンデルベグの紋章から取られている。部隊名にもなっているスカンデルベグは中世アルバニアの君主で、15世紀にオスマン帝国に対する抵抗運動を繰り広げたアルバニアの国民的英雄である。

ドイツ占領下のアルバニア

　1943年9月、イタリアが連合国に降伏すると、アルバニアに展開していたイタリア軍やイタリアの警察部隊は半身不随の状態に陥った。このチャンスにアルバニア共産党と国民戦線は一斉に蜂起、それぞれアルバニア南部と北部を占領したものの、政治的姿勢の相違から交戦状態に陥った。しかし、ドイツ軍は事前の計画に従って「コンスタンティン」作戦を発動、首都ティラナに空挺部隊を降下させて政治機能を奪取するとともに、ギリシアに展開していた第100猟兵師団やセルビアの第297歩兵師団、さらに第1山岳師団を送ってアルバニアを占領した。

ドイツの占領政策はイタリアよりも巧みだった。ドイツはコソボの併合とアルバニア独立を条件に現地政権である「大アルバニア防衛」（後にアルバニア国家社会主義党に改名）と北部の国民戦線の恭順を要求、双方ともにこれを受け入れ、パルチザンへの攻撃を継続した。ドイツによるアルバニア支配も緩やかで、ユダヤ人の追放や殺害を拡大しなかった。

また、親衛隊長官ハインリヒ・ヒムラーは、ボスニアのイスラム教徒からなる第13SS武装山岳師団「ハントシャール」に続き、アルバニア人による武装親衛隊師団、第21SS武装山岳師団「スカンデルベグ」（アルバニア第一）の編成を進めた。これはヒムラーが、イタリア人ファシストの人類学研究家が唱えた「アルバニア北部とコソボ・メトヒアの住民、ゲグ人は『アーリア人』である」という説を真に受けたことが原因と言われている。

ドイツとの約束に従い、1944年7月、アルバニアはドイツの庇護《ひご》下に独立を達成した。だが、独立アルバニアの運命はこの時すでに風前の灯となっていた。ドイツ軍は東部戦線で本土に向けて敗走を続けており、このままではバルカン半島全域のドイツ軍が退路を失いかねなかった。このため、ドイツ軍は同年夏からギリシアやアルバニア、ユーゴスラヴィアからの撤退を開始。これに伴って、パルチザン勢力も勢いを増しつつドイツ軍を追撃した。

アルバニアではアルバニア共産党がドイツ軍と国民戦線に反攻を開始、11月に首都ティラナを占領した。なお、アルバニア共産党のパルチザン部隊には、本国から見捨てられ、ドイツ軍の下に降ることを是としなかったイタリア軍兵士たちや少数のドイツ国防軍脱走兵が加わっていた。

親衛隊の肝いりで編成された第21SS武装山岳師団「スカンデルベグ」も、同年4月に編成が発令され、8500から9000名の兵力でまとまり、アルバニアとモンテネグロの国境付近でのパルチザン戦に投入された。しかし、目立った戦果は挙げられず、逆にパルチザンの反撃で包囲されて大量の装備を失う、数百名の脱走者を出すなどの失態を続けた。さらに8月末になると、アルバニア兵士がドイツ兵士を射殺してパルチザンに投降する事件が続き、10月までに師団兵力は5000名以下となった。原因はもちろん士気の低下で、ドイツ軍はこれを受けて師団を解体、縮小した上でギリシアからの海軍歩兵4個大隊3800名を編入してSS戦闘団「スカンデルベグ」を形成、再び前線に投入した。

その後、ドイツ軍は海軍歩兵を本土に引き上げさせ、アルバニア兵士を解放、残余を他の部隊に編入し、SS戦闘団「スカンデルベグ」を消滅させた。最後までドイツ軍に従ったアルバニア人たちはオーストリアまで辿り着いたものの、そのほとんどがドイツ降伏後にパルチザンに処刑された。

ドイツ軍撤退後、アルバニア共産党は北部に残っていた国民戦線の抵抗を排除、アルバニア全土解放の悲願を達成した。1946年、アルバニア共産党はホッジャの指導の下、アルバニア人民共和国の樹立を宣言した。

【アルバニア 妄想 ver.】

受難は続く……戦後のアルバニア

ホッジャの独裁の下、ようやくのことでアルバニアは安定するように見えた。しかし、ホッジャがユーゴスラヴィアやソ連と対立し、中国と接近したことからアルバニアは欧州の共産圏の中で孤立、1980年代までに鎖国状態に陥った。アルバニア経済の低迷は続き、冷戦体制の崩壊によって非共産政権が誕生し、国際社会に復帰した現在も、アルバニアの市民はその後遺症に苦しんでいる。

イタリアとドイツ、二人の主人に仕えることになったアルバニアの受難は、いまだ続いているのである。

(※)… アルバニアでは市場主義経済導入後、1990年代にネズミ講や出資金詐欺が横行し、97年のネズミ講破綻とともに国全体の経済が破綻状態となった。国民を保護できなかった政府に対する大規模な抗議行動が起こり、市民が暴徒化、政権が転覆して一時無政府状態に陥っている。

ギリシア

〝エーゲ海を血に染めて〟

ドイツ軍侵攻までのギリシア

ギリシアの現代史は苦難の歴史である。

1832年に成立したギリシア王国は、1900年代に入り戦乱の時代を迎えていた。1911年、イタリアとオスマン帝国の間で伊土戦争が勃発、そのあおりで翌年には第一次バルカン戦争が開始された。ギリシア王国はフロリナ、カストリア(現ギリシャの北西部)を占領、エーゲ海の制海権も掌握した。

しかし、第一次バルカン戦争の結果、マケドニア地方の処遇を巡ってブルガリアと対立、1913年に第二次バルカン戦争が開始された。この戦いはルーマニアとトルコの参戦によりブルガリアが降伏して終わり、ギリシアは国土を90パーセント、人口を80パーセント増加させた。

さらに1914年に第一次大戦が勃発、ギリシアは紆余曲折の末に連合国側として参戦して戦勝国となった。その後、ギリシアは小アジア(アナトリア半島)方面へ侵攻し、さらなる領土拡大を目指したものの、トルコ側の反撃を受けて敗退した。これが引き金となって王政が崩壊し、改革派のヴェニゼロス派が政権を掌握、第二共和制が成立する。

この体制は「八月四日体制」と呼ばれ、長期間続くことになった。しかし国内では派閥争いが続き、1936年、国王ゲオルギオス二世から首相に任命されたイオアニス・メタクサスがクーデターを実行、共和制は崩壊し、メタクサスによる独裁体制が成立した。

メタクサスはドイツと接近しつつイギリスとも友好的な関係を続け、両国の間のバランサーとなることで、迫り来る第二次大戦に巻き込まれるのを回避しようとした。しかし1940年、アルバニアへ侵攻し、版図を広げんとするイタ

第二次大戦前夜のヨーロッパ方面とギリシア

ギリシアは19世紀初頭までオスマン帝国領だったが、独立戦争の結果、1832年に中央ギリシアとペロポネソス半島等を領土とするギリシア王国が成立する。その後、20世紀に入ってからのバルカン戦争でマケドニアや西トラキア地方を獲得し、現在のギリシア共和国と同等の領土を得るに至った。

リアとの関係が悪化、10月にはイタリアがギリシアに宣戦布告した。

当時のギリシア軍は21個師団の兵力を保有していたが、国内に軍需産業はほとんどなく、装備は旧式な上、弾薬・燃料ともに不足していた。しかし、兵士たちの多くは第一次バルカン戦争や第二次バルカン戦争などを経験したベテランで、かつ、山岳地帯の多いギリシアの地勢を熟知していた。

これに対してアルバニアのイタリア軍は10万の兵力を擁してギリシアへと侵攻したが、装備や訓練は不十分で、指揮官であるセバスティアーノ・ヴィスコンティ・プラスカ将軍も最初からギリシア軍を弱小と侮り、現実的な侵攻計画を立案しなかった。

28日、アルバニアからギリシアに向けてイタリア軍が侵攻を開始した。しかし、ギリシア軍はアルバニア方面に15個師団を投入、山岳地帯で巧みな防御戦を行い、イタリア軍の侵攻を阻止し、逆にアルバニア領へと侵攻した。イタリア軍は多数の増援を投入してギリシア軍の攻勢をなんとか食い止め、翌年春に再度の攻勢を行ったが、ギリシア軍はまたも頑強に抵抗し、戦線は膠着した。さらにイギリス軍の兵力6万が到着し、イタリアのギリシア征服の夢は潰えようとしていた。

イタリアとの戦争は有利に進んでいたものの、ギリシアは依然として危機的状況にあった。イタリア軍の不利とイギリス軍の到着を見て、遠からずドイツ軍が侵攻してくることが予見できたからである。現状でのドイツ軍の参戦はギリシアの崩壊に直結する。ギリシアは早期にイタリア軍を撃破し、兵力を対ドイツ戦用に振り向けるため、アルバニアへの攻勢を継続した。

しかし4月、ユーゴスラヴィアでの政変をきっかけに、ドイツ軍はユーゴスラヴィア、ギリシアへの侵攻を開始した。ドイツ軍の攻勢を受け、ギリシア軍とイギリス軍は総崩れになり、4月末までにはギリシア領土の大部分がドイツ軍とイタリア軍、そしてブルガリア軍の占領下となった。さらにドイツ軍は空挺作戦でクレタ島にも侵攻、死闘の末、5月末までにこれを占領した。国王ゲオルギオス二世と政府要員はカイロに亡命した。

ギリシア国の成立

枢軸軍のギリシア占領に伴い、ギリシアはドイツ、イタリア、ブルガリアの三国に分割されることになった。それぞれの占領区域は以下の通り。
ドイツ：アテネ、マケドニア中部のテッサロニキ、クレタ島を含むエーゲ海の島々
ブルガリア：ギリシア北東部(マケドニア東部、トラキア西部)
イタリア：イオニア島、ギリシア南部

ギリシア政府は国外に亡命したため、ドイツはギリシア国を成立させ、西マケドニア軍司令官のゲオルギウス・ツォラコグロウ将軍を首相とする政権を発足させた。無論、事実上の傀儡政権である。ギリシアの全国家機能はギリシア国の政権に移り、全土は10州に分けられたが、警察機能は占領軍の完全な支配下に入った。

ツォラコグロウはドイツとイタリアの間をふらつき、矛盾した政策を命じることも多かった。その後、首相の座はドイツと密接な関係にあったコンスタンディノス・ロゴセトプロス、イオアニス・ラリスに受け継がれていった。

戦時下のギリシアの様相は占領国によって全く違った。ドイツ占領下では経済的収奪が進み、イタリアとの戦争で弱体化していたギリシアの財政をさらに弱めた。また、ドイツは軍の占領費用をギリシアに負担させ、国家収入の九割がこれに当てられたため、激しいインフレーションが発生する。ギリシアは元々食料輸入国だったが、戦争のために輸入が途絶え、さらに1941年から42年の厳しい冬の寒さもあり、約30万人のギリシア人が餓死することになった。ドイツ軍はこれにまったく手を貸さず、ギリシアやドイツの要人たちも、中立国や赤十字からの援護を中抜きして懐を暖めたという。

ドイツはギリシアのユダヤ人もホロコーストの対象とした。また、ドイツ軍は各地でパルチザン掃討作戦を実施、多数の民間人が巻き添えになって虐殺されている。

一方、イタリア軍の占領地域ではドイツ軍占領地域よりも緩やかな行政が行われ、ユダヤ人への迫害も起こらなかった。しかし、1943年夏のイタリア降伏後、ギリシアのイタリア軍占領地およびイタリア軍の装備はドイツ軍とパルチザンの争奪の対象となった。

枢軸国とギリシア国による統治はギリシア市民に大きな反感を抱かせた。このため、多数の市民がパルチザンに身を投じることになる。ギリシアは山岳地帯が多く、パルチザンの活動しやすい条件も揃っていた。

ギリシアにはいくつものパルチザン組織が成立する。このうち戦中の最大派閥となったのは、ギリシア共産党(KKE)の影響下にある民族解放戦線(EAM)とその軍事組織であるギリシア人民解放軍(ELAS)だった。また、これに相反する組織として、共和主義を標榜するギリシア民族共和同盟(EDES)も出現した。

ギリシア警護大隊

1943年、激化するパルチザンの抵抗を抑え込むため、ギリシア国首脳のイオアニス・ラリスはギリシア人による治安維持部隊、警護大隊の編成を開始した。22個大隊、2万2000名がこの兵力に参加し、その中には地元のファシスト、囚人、強制徴募された人々が多数含まれていた。

大隊の指揮は当時の「ギリシア」親衛隊及び警察高級指導者、ヴァルター・シーマナ親衛隊中将に掌握された。なお、シーマナの前任はワルシャワ・ゲットー蜂起の鎮圧者として悪名の高いユルゲン・シュトロープ親衛隊中将であり、シーマナ自身もギリシアのユダヤ人迫害に積極的だった。

ギリシア警護大隊はドイツ軍とともにパルチザンの制圧とユダヤ人追放を行い、ギリシアの各地で残虐行為に加担した。例えば1944年の春と夏、警護大隊はアテネ周辺の共産主義者たちの一斉追放に参加、自宅を出ることに従わなかった市民をその場で殺害した。警護大隊は暴力と恐怖の代名詞となり、警護大隊の兵士たちはパルチザンの標的となった。

また、これを補佐する治安維持組織として、ギリシア志願憲兵隊もあった。ギリシア志願憲兵隊は戦前のギリシア憲兵隊を基礎とし、1941年4月に編成された。ギリシア志願憲兵隊はドイツ親衛隊の秩序警察の監督下にあり、約1600名で構成され、共産主義者やユダヤ人への弾圧、食料の収奪などに関わった。

【ギリシア 現実ver.】
ギリシア警護大隊は1943年から編成が開始され、最終的に9個の〝エヴァゾンズ〟大隊と22個の志願兵大隊が編成された。エヴァゾンズはギリシア軍の伝統的な精鋭歩兵部隊で、軍装にスカートを採用しているのが特徴的。イラストのギリシア警護大隊の兵士は女の子だが、現実の男性兵士もスカートを着用した。

血みどろのパルチザン戦 ギリシア内戦への序曲

ギリシアにおける二大パルチザン組織、ELASとEDESはイデオロギー的に相容れず、1942年夏まで共闘を行わなかった。また、カイロに亡命していたギリシア政府は共和派、反王党派への対処に忙殺されており、パルチザンを統率する余裕はなかった。市民の多くも、カイロというあまりに遠い場所へ逃げた亡命政府に諦観《ていかん》を抱いていた。

1942年9月、イギリス軍の呼びかけでELASとEDESは初めて共闘、イギリス特殊部隊とともにギリシア国内のドイツ軍補給路を破壊している。

1943年9月、ギリシアの戦況は劇的に変化した。ギリシアの3分の2を支配していたイタリアが降伏したのだった。ドイツ軍は事前に準備していた「枢軸」作戦に従い、ギリシア全土のイタリア領の制圧とイタリア軍の武装解除を行った。イタリアの降伏で生じた戦力的空白を狙う、イギリス軍やパルチザンにイタリア軍の武器や占領地帯を奪われるわけにはいかなかったからだ。結果、ギリシア全土がドイツの支配下となったものの、ドイツ軍の強引な武装解除に反発したイタリア軍と各地で小競り合いが発生、多数のイタリア人捕虜が殺害された。

また、将来のバルカン半島侵攻の拠点としてエーゲ海の島々を欲していたイギリス軍は、イタリア降伏と同時にコス島、レロス島、ドデカネス諸島、ロードス島への侵攻作戦を実施、ドイツ軍が先手を打って占領したロードス島以外の制圧に成功した。だがドイツ軍はこれらの島々へすぐさま上陸作戦を開始し、イギリス軍を撤退に追い込んだ。

この頃、ELASはイタリア軍の武器を大量に確保、さらに勢力を拡大していた。ELASの勢力拡大はEDESに危機感を与え、EDESはドイツ軍と交渉して、お互いを攻撃しないという約束を取り付けた。これによりELASとEDESは交戦状態となり、ギリシアは二つのパルチザン組織にドイツ軍を交えての三《み》つ巴《どもえ》の戦いの舞台となった。

ドイツ軍は1944年夏までに9回の掃討作戦を実施し、自身の20倍の損害をパルチザンたちに与えた。パルチザンとの戦いは次第に陰惨な報復合戦となり、パルチザンの手によってドイツ軍の協力者と見なされた多数の一般市民が殺戮《さつりく》された。事態を重く見たスターリンとチャーチルはELASとEDESにそれぞれ圧力を加え、なんとかこの諍いを抑え込んだ。

1944年夏、ドイツ軍はギリシアから総撤退を開始。9月、ギリシア全土でELASが蜂起し、同時にイギリス軍がギリシアに上陸した。新政権を担うことになったヴェニゼロス派のゲオルギオス・パパンドレウ首相はギリシア共産党を脅威と見なし、パルチザンを制御するためにかつてのギリシア警護大隊の人員を投入、武装解除に乗り出した。この方針は当然のようにELASの反発に遭い、1944年12月にELASとEDESの内戦が勃発した。

EDESは壊滅寸前まで追い込まれたが、イギリス軍の支援によって息を吹き返し、反撃に転じてアテネを確保した。1945年1月、共産党は合法化され、ELASは武装解除に応じる。国民投票の実施も決まり、内戦は一時的に終結した。

しかし、平和は長くは続かなかった。１９４６年になって冷戦が始まると、ギリシア共産党は政府との対決姿勢を強めた。１９４６年３月、ＥＬＡＳの後釜であるギリシア民主軍（ＤＳＥ）がユーゴスラヴィア、マケドニア領内からギリシアに侵入したことでギリシア内戦が勃発、ギリシアは再び戦場となった。戦いはＤＳＥが壊滅する１９４９年まで続き、ギリシアの経済をさらに低迷させた。その後は軍事政権が長期間続き、ギリシアの民主化が果たされたのは１９７４年になってからだった。

民主化された後の政権は国民の歓心を得るために公務員ポストをばらまき、国家財政を無視して賃金を高く引き上げ、税金を抑えて手厚い社会保障を行った。こうした方策は財政の悪化を招き、後に債務危機（２００９年のユーロ危機）を招く。

第二次大戦でギリシアは全人口の４・５パーセントに当たる約32万人を失い、うち30万人が一般市民の餓死者だった。しかも、その後の内戦でさらに5万人が命を落とすことになった。

【ギリシア 妄想ver.】

スペイン

“結果よければケセラセラ？”

あんまり筋が通っていない前史

スペインという国名を聞いて、皆さんは何を思い浮かべるだろうか。比較的メジャーなこの国のことだから、いろいろ思いつくと思う。闘牛の本場、フラメンコの本場、スペイン料理の本場（当たり前です）……なにやら本場ばかりだが、それだけスペインは世界中に自分の文化を普及させた国、といえるだろう。それもそのはず、今でこそスペインは、欧州の端っこに位置するイベリア半島のみが国土のほとんどであるものの、一時期は「太陽の没することなき帝国」と称されるほどの、世界全域に植民地を持つ覇権国家であったのだ。

もっとも第一次大戦後の時点で、スペインは没落しきっていた。領土はスペイン本土とモロッコの一部だけとなり、国政は共産主義を信奉する左派と、ファシズムを信奉する右派が激しく対立していた。1936年7月、左派の政権奪取に反対する軍部が反乱を起こしたことにより、スペイン内戦が勃発。スペイン国内は、左派の共和国軍（人民戦線）と右派の反乱軍が争う戦場となった。ソ連やドイツは戦争に義勇兵を派遣し、自身に都合のいい政権を支援した。1939年4月、最終的にフランシスコ・フランコ将軍率いる反乱軍が共和国軍を破り、スペイン全土を統一した。第二次大戦が勃発したのはそのわずか5カ月後だった。

第二次大戦前夜のヨーロッパ方面とスペイン

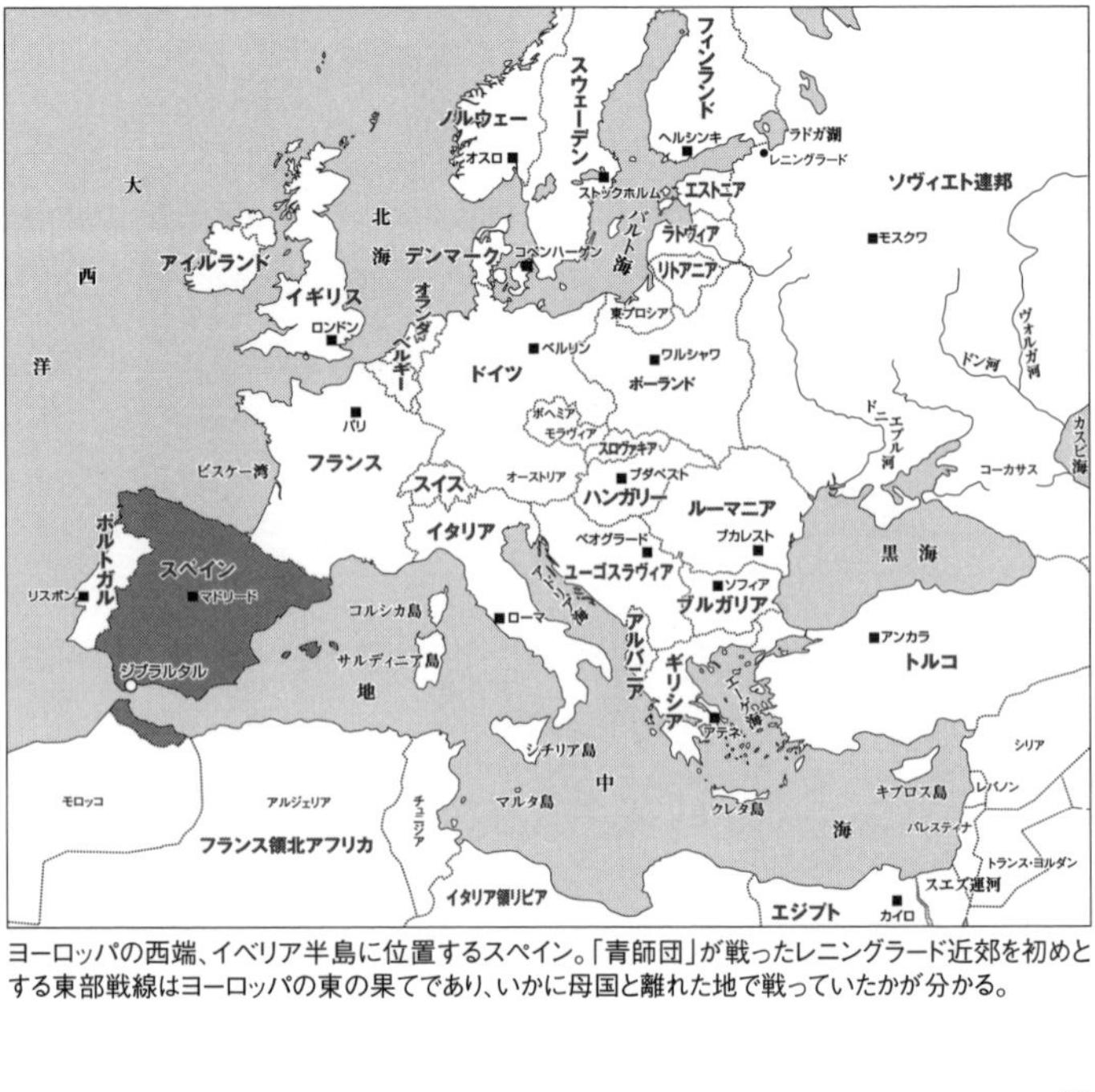

ヨーロッパの西端、イベリア半島に位置するスペイン。「青師団」が戦ったレニングラード近郊を初めとする東部戦線はヨーロッパの東の果てであり、いかに母国と離れた地で戦っていたかが分かる。

内戦の終了後、フランコによる独裁政権がスペインの国政を担うこととなったが、その内実は苦しいものだった。3年に渡る内戦によって国土は荒廃しきっており、特に食糧事情が危機的となっていた。

このため、スペインは大戦勃発と同時に中立を宣言する。1940年6月、イタリアがイギリスに宣戦布告を行うと、フランコは「中立」を取り下げて「非戦闘」宣言を行ったが、その裏ではイギリス・フランスと食料の援助協定を結んでいた。フランコは、連合軍とドイツを両天秤にかけ、そのどちらが勝ってもスペインが生き残りを果たせるように舵を切っていた。1940年10月、フランスを屈服させたヒトラーはフランコと面談、スペインに参戦を促したが、フランコは首を縦に振らなかった。

とはいえ、フランコとしても、内戦時に支援を行ってくれたドイツに対する義理を果たさなければならないと考えていた。スペイン国民もまた、義勇兵を派遣して内戦を長引かせたソ連に対して怒りを抱いていた。

1941年6月23日、すなわちドイツ軍がソ連に侵攻を開始した翌日、スペインは自発的に東部戦線へ、「反共十字軍」の派遣を決定した。

かくしてスペインは、「非戦闘」国という微妙な立場で、第二次大戦に参加することになったのだった。

東部戦線のスペイン軍「青師団」の戦い

派兵の決定はスペイン全土を熱狂させた。この派兵はフランコにとってもローコスト・ハイリターンの方策だった。もしドイツがソ連を打倒すれば……東部戦線に派兵したスペインは自動的にその重要な同盟国になる。

6月末、義勇兵団のための人員はあっという間に集まり、1万8000名の「義勇スペイン師団(DEV)」が編成された。スペインは国際的非難を避けるため、兵員をすべて一般の義勇兵で充足させ、少尉以上の将校だけを正規軍から選んだ。もっとも兵員の多くは、内戦で実戦を経験した者たちである。彼らは党から与えられた衣服の色から、「青師団」という歴史に残る愛称を授けられた。

7月23日、ドイツ側から「第250歩兵師団」の正式名称が与えられた「青師団」の人員は、ドイツ・バイエルン州の陸軍訓練センターに到着し、ドイツ軍による教練を受けた。1カ月後、「青師団」は1000km先の東部戦線の最前線へ徒歩行軍を開始した。1カ月に渡る行軍はスペイン人たちにとって最初の試練となり、師団の士気は大きく乱れた。「スペイン人は進撃中に鶏を盗む。ユダヤ人と友人になる。行軍の際の規律に欠ける。軍馬、兵器、装備を大事にしない。なによりも下級将校や下士官は部隊に命令を守らせることができないように見える」。師団と行動を共にしたドイツ軍連絡将校はそう評した。

こうした「青師団」のだらしなさは、師団長の指導と、東部戦線における実戦で即座に鍛え直された。1941年10月、「青師団」はドイツ軍北方軍集団戦区に到着、第18軍第38軍団の所属となり、イエリメニ湖の北、ノヴゴロド周辺でソ連軍との戦いを開始した。「青師団」はレニングラード近郊の都市ティフヴィンへの攻撃とそこからの退却に参加し、零下40度という過酷な冬季戦の中で1942年の年明けを迎えた。

スペイン人たちはプライドの高さからドイツ側に嫌われたが、戦意はきわめて高かった。例えば、クリスマス・イヴにスペイン1個小隊がソ連兵によって虐殺された際には、2個中隊で敵の1個大隊に突っ込み同様に虐殺した。その後、「青師団」はヴォルホフ森林におけるソ連第2突撃軍の包囲戦で活躍、春以降は再編成のため後方に下がることになった。9月、ソ連軍は再びヴォルホフ河で攻勢を仕掛けたが、「青師団」は頑強に陣地を守り、突破を許さなかった。

1943年1月、「火花」作戦によってシュリッセルブルクを奪還し、レニングラードをドイツ軍の完全包囲から解放したソ連軍は、モスクワに直結するキーロフ鉄道を奪うべく、再び攻勢を開始した。「北極星」作戦と呼ばれるこの攻勢の矢面に立ったのは、ムガ西方のクラズヌイ・ボルに展開していた「青師団」2個連隊4500名だった。2月10日から3日間、「青師団」はソ連軍1個軍3万3000名の猛攻を受けながらも戦線を維持し、攻勢を頓挫させた。この戦いでソ連軍は7000名を失ったが、「青師団」も2200名以上を失うという大損害を被った。

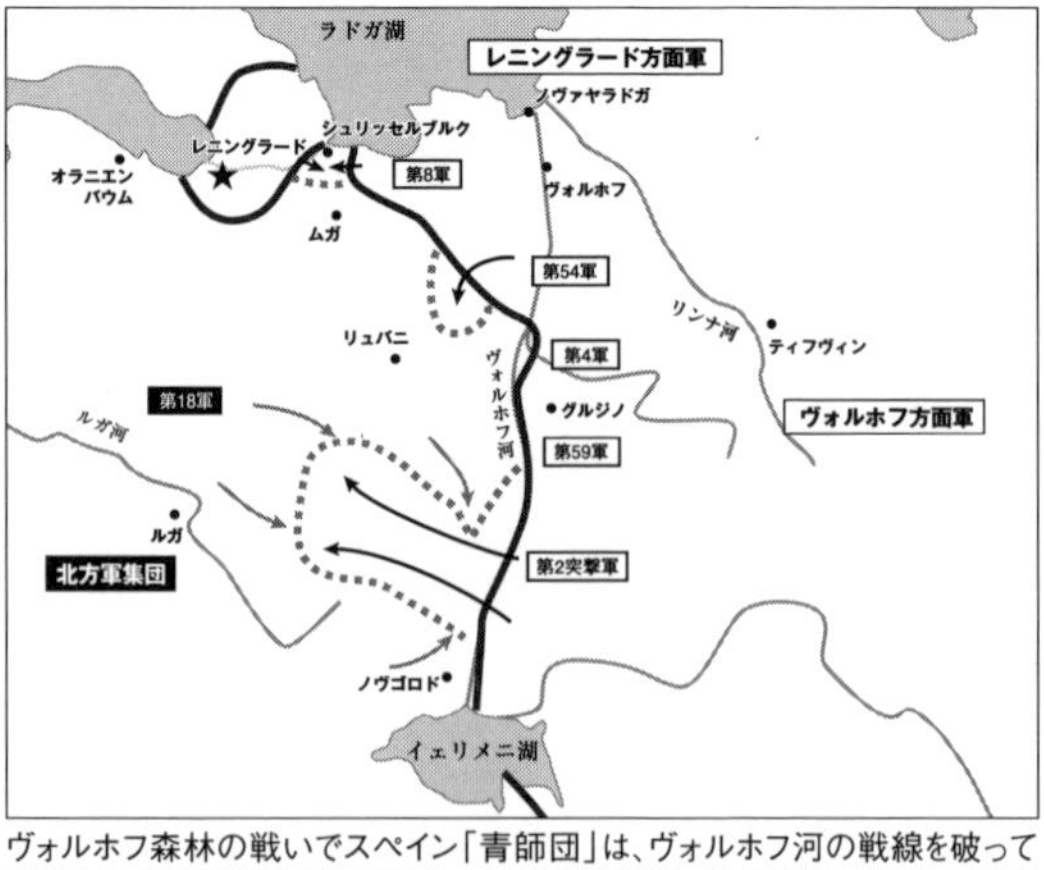

ヴォルホフ森林の戦いでスペイン「青師団」は、ヴォルホフ河の戦線を破って突出したソ連軍第2突撃軍に対して防衛戦を展開。他の部隊と協同して突出部の根元を切断し、第2突撃軍の大部分を包囲殲滅した。

10月4日、悪化する枢軸陣営の情勢を鑑み、フランコはドイツ側に許可を得て「青師団」の帰還を命じた。しかし、そのうちの1500名の強硬な反共主義者たちは東部戦線から離れることを拒み、戦場に残った。

東部戦線で戦った「青師団」のスペイン人は概算で4万7000名。そのうち、1943年の解散までに6000名が死亡し、1万5000名が負傷した。実に44・6パーセントもの消耗率であった。

東欧からベルリンまで武装SS所属のスペイン人志願兵部隊

「青師団」が解散したことにより、戦場に残留した人員はスペイン人志願兵部隊「青兵団」としてまとめられ、ドイツ軍の指揮下で戦うことになった。しかしこの部隊も1944年3月に解散となり、多くの兵がスペインに帰還を命じられた。それでも残留を希望したごくわずかな人員は、東部戦線の第3山岳師団、第357歩兵師団、ユーゴスラヴィアの第121歩兵師団、ブランデンブルク特殊部隊などへ小隊ごとに配属された。

一方、「青師団」が帰国の途上にあっても、スペインからは多くの反共主義者や労働者がドイツに流れ込んでいた。彼らのうち550名は武装親衛隊に編入され、第101、第102SSスペイン義勇兵中隊として編成された。また、ウクライナで戦っていた第28SS義勇擲弾兵師団「ヴァロニエン」にも、1個中隊のスペイン人部隊が編成された。

第101中隊はルーマニアで、第102中隊はイタリア、ユーゴスラヴィアで戦い、「ヴァロニエン」はドイツ本土

【スペイン 現実ver.】
ベレー帽は赤、シャツは青、上着とズボンはカーキ色のスペイン「青師団」の軍装。この軍装は「青師団」がドイツ国防軍へ編入された際、派手すぎるとして国防軍のものに改められた。この娘もいずれ、着てる服を引き剥がされて、国防軍のを着せられるんでしょうな。

で1945年を迎えた。戦局はドイツにとって絶望的な状況だったが、東部戦線のスペイン人義勇兵たちは望んで戦いを続けた。

1945年、「青師団」の古参兵で、ブランデンブルク特殊部隊に参加していたミゲル・エスケッラ大尉は、来るべき最終戦に向けて生き残りスペイン兵で1個大隊を編成することにした。第101、第102中隊、そして他の雑多な部隊のスペイン人がかき集められ、3個中隊が編成された。この部隊は「エスケッラ」大隊として第11SS義勇装甲擲弾兵師団「ノルトラント」に編入され、1945年4月末から開始されたベルリン戦に参加、市街地中心の帝国航空省、宣伝省の守備に当たり、敗戦のその日まで死闘を展開した。

ベルリン陥落後、エスケッラ少佐は無事に脱出(!)して本土に帰還したが、他の生存者たちはソ連軍の捕虜となり、1954年まで強制労働に就くこととなった。

スペインの対独協力
大戦を生き残ったスペイン軍

以上のように、東部戦線のスペイン軍は「反共十字軍」の一員として十分な働きを示した。「青師団」を初めとする地上兵力の他には、「青飛行隊」と呼ばれたスペイン人戦闘機パイロットたち(1個中隊程度)も、5度に渡って派遣された。

また、本土のスペイン海軍も、様々な活躍を見せた。大西洋のカナリア諸島など補給拠点をドイツ海軍に提供し、Uボート用のタンカーを駐在させてその活動を支援した(「モーロ」作戦)。戦艦「ビスマルク」沈没後には、スペイン海軍唯一の重巡「カナリアス」が生存者救出に向かい、水兵たちの遺体を丁寧に水葬した。ドイツ海軍の潜水艦「U-573」がカルタヘナ軍港に逃げ込んだ際は、イギリスの抗議(戦時国際法では、戦争当事国の艦艇が中立国に寄港した場合、24時間以内に退去しなければならない)にも関わらずこれを3カ月間もかばい、最終的には自国の潜水艦とすることで問題を決着させた。これらの恩義に応えるため、ドイツ軍はスペインにBf109戦闘機やHe111爆撃機などの近代兵器を供給、ライセンス生産を認めている。

だが、フランコは最後までにドイツ側に立って参戦しようとはしなかった。ドイツ軍はイベリア半島のイギリス軍の拠点・ジブラルタルへの侵攻計画「フェリクス」作戦を立案し、スペインに協力を要請したが、フランコはその提案を拒否した。1943年以降、ドイツ軍の劣勢が確実となると、フランコはドイツに見切りをつけた。

1945年5月、彼の読み通りドイツは連合軍に降伏。戦後、スペインは「枢軸国」として扱われて不遇の数年間を過ごすが、米ソ冷戦が始まり、アメリカと利害の一致が生まれたことで西側陣営に転身することに成功した。フランコもまた、1975年に没するまで独裁体制を存続させた。フランコの死後、スペインは民主主義国家となり、北大西洋条約機構（NATO）への加入をもって国際社会への完全復帰を果たしている。

スペインは、東部戦線に派兵しながらも国土を蹂躙されることなく戦後を迎えるという幸運な歴史を歩んだ。それは一重に、指導者フランコの（意図せざるかどうかはさておき）絶妙な舵取りのおかげであった。

最後に余談を一つ。戦後、スペインは多数のドイツ製兵器を抱えていたことから、『パットン大戦車軍団』や『バルジ大作戦』といった名作戦場映画のロケ地に選ばれた。また、『空軍大戦略』で飛んだBf109戦闘機やHe111爆撃機はスペイン空軍が保有していた「ホンモノの」ドイツ機であり、また『U47出撃せよ』に出演したスペイン海軍の潜水艦「S-1」は、前述のスペインが手に入れた「ホンモノの」Uボート、「U-573」であった。

スペインは、ドイツ兵器の「本場」でもあったのである。

【スペイン 妄想ver.】
スペインには自国開発の兵器は少なく、基本的に他国からの輸入やライセンス生産に頼っていた。女性闘牛士が持つのは、ドイツの拳銃モーゼル・C96をアストラ・ウンセタ社がコピーして製造したM900。

ハンガリー

〝戦は道連れ世は世知辛し〟

気持ちはよくわかる前史

　第一次大戦(1914〜18年)はドイツ帝国とオーストリア＝ハンガリー帝国の敗北に終わった。結果、ハンガリーは独立国家としての道を歩むこととなった……が、その始まりはなかなか悲惨だった。戦後、ハンガリーの最初の指導者で共産主義者のカーロイ・ミハーイはハンガリーの主権を守るべく連合国と様々な交渉を開始したが、その試みはことごとく失敗。続いて共産主義者による無血革命が起こるが、これもまた崩壊。さらには進駐してきたルーマニア軍が暴虐の限りを尽くし、ハンガリーは事実上の無政府状態となった。

　ルーマニア軍の撤退後、新たに国民軍のホルティ・ミクロス提督(元オーストリア＝ハンガリー帝国海軍の海軍軍人)が政権を奪取し、ようやくハンガリーは連合国と講和した。だが、その講和条約はチェコ、ユーゴスラヴィア、ルーマニアによるハンガリー領土の占領を合法化したもので、ハンガリーは多くの資源地帯や港を失ってしまう。ハンガリー経済は崩壊し、工業生産は戦前の二割にまで落ち込むという悪夢のような状況となった。

　第一次大戦後、ハンガリーが枢軸国に接近したのは、この領土問題と経済問題を解決しようという必死の働きかけゆえだった。元首ホルティはナチズムも共産主義も嫌いだったが、何よりもルーマニアが嫌いだった。そしてルーマニアにはフランスが味方しており、フランスはハンガリーに比較的近いイタリアと敵対していた。

　1927年、ハンガリーは「敵の敵は味方」の理論で、イタリアのファシスト政権と友好同盟条約を結んだ。また、国家社会主義者の首相ゲンベシュ・ジュラの働きかけもあり(「枢

独ソ戦前夜のヨーロッパ方面とハンガリー

1920年6月10日、ハンガリーと連合国との間に第一次大戦の講和条約であるトリアノン条約が締結された。この条約の結果、ハンガリーは周辺の戦勝国であるルーマニア、チェコスロヴァキア、セルビアに領土を奪われることとなる。1930年代後半、ドイツの後ろ盾を得たハンガリーは、二度のウィーン裁定の結果、これらの領土の一部を取り戻した。

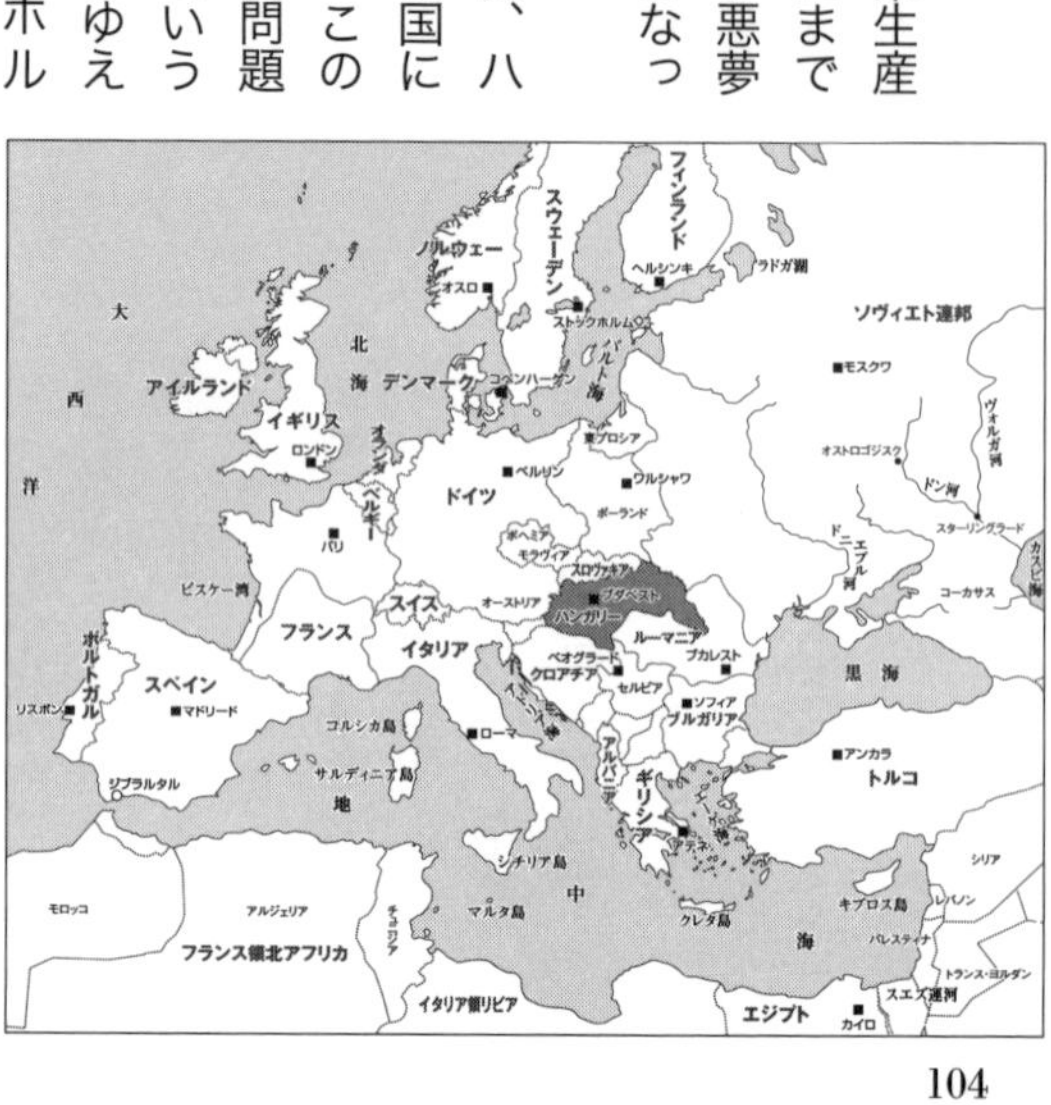

軸」という呼び名は、彼の発案と言われている)、ハンガリーはナチス政権下のドイツとも接近していった。

1940年、ルーマニアはドイツの圧力に屈し、旧ハンガリー領土である北部トランシルヴァニアをハンガリー政府に返還した。領土の復旧とそれにともなう好景気により、よりよい生活を期待できるようになった国民も、政府の政策を肯定した。

だが、平和は長くは続かった。ハンガリーは位置的にソ連と近接しており、そしてドイツ軍はソ連侵攻作戦「バルバロッサ」を発動しようとしていたのだ。ドイツとしてはこの大作戦に、同盟国ハンガリーを参加させない手はない。ハンガリーはドイツの圧力に負けた。「バルバロッサ」作戦開始から一週間後の1941年6月27日、ハンガリーはソ連に宣戦を布告した。

東部戦線のハンガリー軍

「バルバロッサ」作戦への参加を決定したハンガリーだったが、彼らは全力を投入するつもりは全くなかった。彼らの主敵は相変らずルーマニアであり、なんの恨みもないソ連に望んで侵攻する理由はなかったのである。しかしルーマニアはドイツの盟邦でもあり、ここで参戦しなければドイツに「領土をルーマニアに返せ」と言われかねない。

第二次大戦時、ハンガリー軍は陸海空の三軍編制で、その主力はハンガリー陸軍(ホンヴェドと呼ばれた)であった。ハンガリー陸軍は第1〜3軍の3個軍で成り立ち、このうち第1軍はルーマニア戦、第2と第3軍はチェコスロヴァキア戦のための兵力だった。装備、編制、火力のいずれもドイツ軍に比べて脆弱であり、1個師団あたりの戦闘能力はドイツ軍1個師団の半分と言われていた。

ハンガリー軍が「バルバロッサ」作戦期間中に送り込んだ兵力は、2個機械化旅団と2個騎兵旅団、1個戦車連隊を中心に編成された「機動軍団」、そして第8歩兵軍団所属の2個旅団と後方警備用の3個旅団だった。軍の大半はルーマニアに対抗するために本国に留め置かれていた。

「機動軍団」はドイツ南方軍集団に組み込まれ、ルーマニア軍と進撃路がかち合わないよう黒海北方のニコラエフを経由して1000㎞という長距離侵攻を行い、10月28日にはドネツ河畔に到着した。年末までに「機動軍団」は人員の50パーセント、戦車の90パーセントを失い、冬の訪れとともに一度本国へ撤退した。

しかし翌年、ハンガリーは再び前線への兵力派遣を求められた。戦争の長期化を覚悟したドイツは、まずソ連の資源地帯を潰すべく、コーカサス油田地帯への侵攻を計画していたのだ。ホルティは渋々、グスタフ・ヤーニ大将率いるハンガリー第2軍を東部戦線に派遣することを承諾した。

1942年、「ブラウ」作戦が発動すると、ハンガリー第2軍はドイツ軍、ルーマニア軍とともに戦線北翼で攻勢を開始した。そして11月、スターリングラード包囲戦が開幕。このときハンガリー第2軍は、ソ連軍の反攻（「天王星」作戦）の矢面に立って大損害を受けた哀れなルーマニア第3軍、その左翼のイタリア第8軍が守る戦線の、さらに北であるヴォロネジにあった。直接的な被害を受けることはなかったものの、南北150kmに及ぶ戦線は質・量・士気全てに不安のあるハンガリー第2軍にとって、荷の重過ぎるものだった。

1943年1月12日、それまでハンガリー軍と対峙するだけに留まっていたソ連軍ヴォロネジ方面軍の第40軍は、マイナス35℃という猛烈な寒気をついて、ドン川西岸へ攻勢に出た。オストロゴジスクとロッソシを奪還し、ハンガリー第2軍を殲滅。ロストフ付近で展開している機動戦を支援するための作戦であった。

消耗し、疲労しきっていたハンガリー第2軍にとってこの攻勢は破滅的だった。ハンガリー第1戦車師団が反撃するも、2月14日、イタリア第8軍（の残余）の戦区で第3戦車軍および第18狙撃兵軍団が新たに攻勢を開始したことで戦線は崩壊、ハンガリー第2軍は大損害を被ってオスコル川に撤退した。

さらに2月2日に開始されたヴォロネジ方面軍による攻勢（「星」作戦）によってクルスク、ベルゴロドを失い、2月18日にはリゴフ～ハリコフまで引き下がらなければならなかった。

彼らの受難の総仕上げは、ドイツ軍の名将フォン・マンシュタインによってもたらされた。マンシュタインは南方におけるすべての補給部隊を自分の南方軍集団（ドン軍集団より改称）の維持、補強に用いたのである。ハンガリー第2軍は突然、徴発のみで食いつながなければならなくなってしまった。さらに、後退時における道路交通網はただでさえ降雪で限定されているというのに、使える道路はすべてドイツ軍によって

「オストロゴジスク＝ロッソシ」攻勢

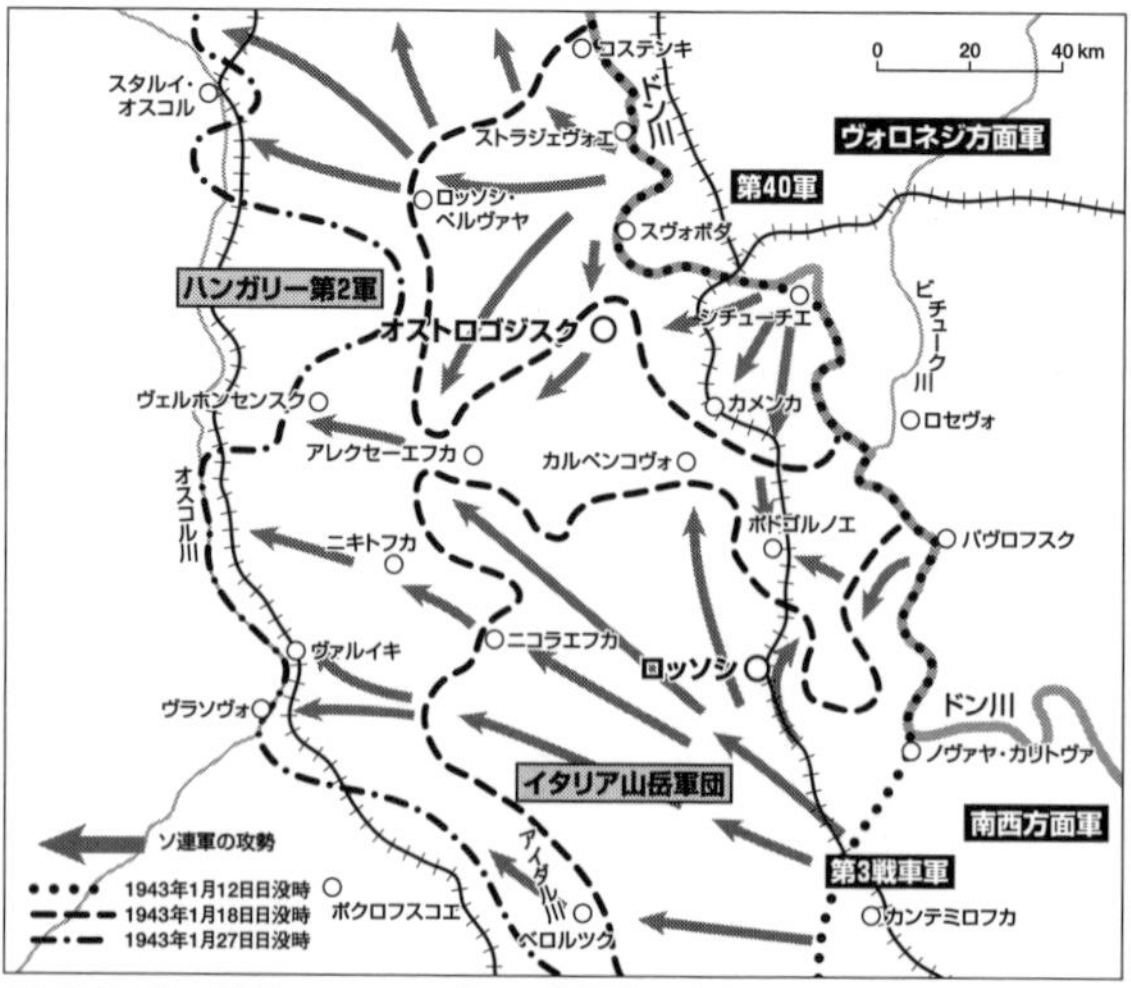

1943年1月、ソ連軍はスターリングラード包囲戦に勝利しつつあり、さらに「小土星」作戦をはじめとする冬季攻勢によってドイツ軍および同盟国軍の守る長大な戦線を各所で破った。「オストロゴジスク＝ロッソシ」攻勢はこの冬季攻勢の一環として実施されたもので、ドン川を越えたヴォロネジ方面軍はオストロゴジスクとロッソシを攻略、ハンガリー第2軍などに壊滅的打撃を与えた。

使用されてしまっており、道を閉ざされた多くの者が凍死した。

戦局が安定した3月、ハンガリー第2軍はようやく戦闘から離脱し、本国へ帰還した。結局、彼らはこの戦いによって20万人の編成人員のうち、14万7000人以上にもおよぶ死傷者を出し、重火器の75パーセントを失った。

【ハンガリー 現実ver.】
イラストはハンガリー軍兵士と41MトゥラーンⅡ重戦車。同戦車は40Mトゥラーン中戦車の火力を強化したもので、「重戦車」とはいうものの総重量は19・2トンしかない。トゥラーンは、チェコ製の35(t)戦車を拡大発展させたT-21試作中戦車をハンガリーでライセンス生産したもの。41Mやさらに火力を強化した43M、車台を流用したズリーニィ突撃榴弾砲（105㎜砲搭載）などの開発はすべてハンガリー国内で行われている。

ホルティの誤算 ――戦争離脱、かなわず

ハンガリー第2軍の壊滅とドイツの対ソ戦早期終結の希望が絶たれたことにより、ホルティは戦争から離脱する考えを持ち始めた。彼は西欧諸国のハンガリー政府の反ソヴィエト活動を評価し、戦後においてハンガリーに対する意志、つまり、領土要求を認める意志があるのか？ ということを調べさせた。ハンガリー政府の関心は、この時点でも自国の領土問題にあったのだ。

3月17日、ホルティはヒトラーに呼ばれ叱責《しっせき》を受けた。ヒトラーは、彼の「同盟国」が勝手に戦争から抜け駆けすることを許さなかったのだ。そしてヒトラーは、ホルティにドイツ軍がハンガリーに「進駐」することを認めさせてしまう。3月19日、ドイツ軍は以前から計画されていた作戦案に基づき、8個師団をハンガリーに「進駐」させた。それは実質的な占領だった。

1944年の春、ドイツ南方軍集団

がウクライナを撤退し、圧倒的な兵力のソ連軍がカルパチア山脈に迫ると、ハンガリー軍が見物人を決めこむ余地はなくなった。ホルティは対ルーマニア用のハンガリー第1軍をカルパチア前面に移動させ、ドイツ南ウクライナ軍集団に指揮権を預けた。

8月にルーマニアがソ連軍に寝返り、ハンガリー本土へ進撃を開始すると、ついにハンガリーは祖国防衛と領土問題解決のために全力を投入し始めた（なにしろルーマニアと戦えるのだ！）。ルーマニアで苦闘するハンガリー第1軍に続き、（再編成後の）第2軍、第3軍が前線へ投入された。彼らの奮戦は目覚しく、トランシルヴァニアへと侵攻したルーマニア軍を敗退させるほどの戦い振りを見せた。だがその努力も、新たに駆け付けたソ連軍の前では虚しかった。10月、ソ連軍はドイツ・ハンガリー軍を圧迫しつつ、カルパチアを越えた。

ホルティは再び選択を迫られた。ここでハンガリーは休戦を宣言するか、ドイツと一緒に心中するか。ホルティの望むのは、もちろん前者で、彼はソ連と講和すべく、モスクワへ極秘に休戦使節を派遣していた。

だが、ホルティはここで大きな誤りを犯す。ハンガリーの政治を握っている、事実上の元首である彼は、ドイツとの絶交が彼の権力基盤を揺るがす運動に繋がることを恐れ、あくまで自分自身の手で休戦をまとめようと、軍部などの諸機関を計画に関わらせなかったのだ。つまり、ハンガリーとソ連の休戦協定は、国内における政治的備えはおろか軍事的備えすらないままに進められてしまった。ドイツ軍はこの隙を見逃さなかった。

ハンガリーの戦争離脱の兆候をつかんだドイツの行動は素早かった。ヒトラーは歴戦の特殊作戦指揮官であるオットー・スコルツェニーSS中佐と、ワルシャワ蜂起を鎮圧したフォン・デム・バッハ・ツェレウスキーSS大将をブダペストに派遣した。また、それだけではなく、親ナチの右翼政党「矢十字党」にクーデターを起こすための協力を持ちかけた。

10月15日、ドイツ軍によるクーデターが開始された。まず、スコルツェニーの第600降下猟兵によるホルティの息子の誘拐作戦「ミッキーマウス」が実施され、成功。16日、それでもラジオ放送でドイツとの同盟解消を宣言したホルティに対して、第503重戦車大隊を主力としたドイツ軍部隊によるブダペスト王宮の占領作戦「パンツァーファウスト」と、矢十字党のクーデターが電撃的に行われ、こちらも成功。さらにはハンガリー軍までもがドイツ側に付くことを表明した。す

「パンツァーファウスト」作戦時、ブダペスト市街で行動中の第503重戦車大隊のティーガーII

べてを失ったホルティは、矢十字党を率いるサーラシ・フェレンツへ政権を移譲。ホルティはこの後、ドイツに連行され、幽閉された。

ハンガリーの崩壊

矢十字党に政権が移ったことで、ハンガリーは完全にドイツの属国となった。ハンガリー軍はドイツ軍の実質的な指揮下に入り、ハンガリーでの本土決戦を継続することになったのだ。

ハンガリー軍は、同年のクリスマスから開始されたドイツ第9SS山岳軍団によるブダペスト市街の包囲戦や、その救出を目指したドイツ第4SS装甲軍団を主力とする反撃作戦「コンラートⅠ」「同Ⅱ」「同Ⅲ」、1945年3月に実施されたドイツ第6SS装甲軍によるドイツ軍最後の攻勢「春の目覚め」作戦において、ドイツ軍と共闘した。

同作戦の失敗後、ドイツ軍とハンガリー軍は雪崩を打って西方へと敗走。5月、両軍はオーストリア〜ハンガリー国境で終戦を迎えた。

結局、戦争離脱に失敗したハンガリーは、ドイツにとっての「最後の枢軸国」として運命をともにすることとなったのである。ある意味、欧州でもっともワリを食った枢軸国といえるかも知れない。

【ハンガリー 妄想ver.】

おなじみの立方体パズル「ルービックキューブ」は、1978年にハンガリーの建築学者エルノー・ルービック(ルビク・エルネー)が発明したもの。東部戦線に部隊を送り込みながらも、いち早くドイツに見切りをつけたスペイン、ソ連軍の侵攻を受けて(ドイツから見れば)寝返ったルーマニアやブルガリアと、終戦前に枢軸同盟を離脱した国は多くあるが、ハンガリーは結局、最後までドイツに付き合って破滅を迎えることとなった。

ルーマニア

〝野望の王国〟

ルーマニアってどんな国?

ルーマニア。イタリアやドイツなどの中欧と、ロシアの狭間にある東欧の一国である。地理的にはブルガリアやハンガリー、ウクライナ、そして黒海に囲まれている。一般の日本人に分かりやすく説明すると……あの有名な吸血鬼、ドラキュラ伝説発祥の地といえば分かりやすいだろうか。ドラキュラ(ワラキア)公ゆかりの古城もある。

かのように、知名度の点では誉められたものではないルーマニアだが、そんな東欧の片隅にある国が、なぜ第二次大戦に身を投じ、ナチスドイツと手を組むことになったのか。その理由は純粋な領土問題だった。

第一次大戦の戦勝国だったルーマニアは、産油国という強みもあり、その後の戦間期を平穏に過ごしていた。

だが、第二次大戦が勃発すると同時に、ルーマニアは試練に立たされることとなった。1940年6月、独ソ不可侵条約での密約に従い、ソ連がルーマニア北部のブコビナ、ベッサラビアの割譲を迫ったのだ。この2つの領土は、元はそれぞれオーストリア領、ロシア領であり、ルーマニアは第一次大戦後の講和条約でこれらを獲得していた。ルーマニアはソ連の軍事力を背景としたこの恫喝《どうかつ》に屈せざるを得なかった。

この軍事恫喝がルーマニアにとっての災厄の始まりだった。これに乗じ、やはり第一次大戦でルーマニアに領土を奪われ

独ソ戦前夜のヨーロッパ方面とルーマニア

第一次大戦の結果、ルーマニア王国はトランシルヴァニア、ベッサラビア、ブコビナを獲得、ルーマニア領は史上最大となった(大ルーマニア)。だが、1940年までにソ連にベッサラビアと北ブコビナ、ハンガリーに北部トランシルヴァニアを割譲、さらに黒海沿いの南ドブロジャをブルガリアに割譲することとなり、その領土面積を大きく減じた。

たハンガリーとブルガリアが、ドイツ軍をバックにちらつかせながら、あいついで領土返還を求めたのだ。ルーマニアに選択肢はなく、彼らは再び領土割譲の要求を呑むしかなかった。

3度の領土割譲はルーマニアの経済に大打撃を与え、そして国民のプライドを傷つけた。国難の解決に失敗した国王は民衆の不満をまともに受けることになり、国外へ亡命。結果、ルーマニアは1941年までにイアン・アントネスク将軍を首班とする独裁国家へと変貌、（当時の）勝ち馬であるドイツとの関係の強化に乗り出した。

かくして、戦争への道は固定された。同年6月、ルーマニアはドイツの要請を受け、ソ連に宣線を布告、失われた領土を奪還すべく、ドイツ軍の「バルバロッサ」作戦に乗じるようにルーマニア軍はソ連領へ侵攻を開始した。

バルバロッサ作戦発動！ルーマニア軍のソ連侵攻

史上最大の作戦として名高いドイツ軍のソ連侵攻計画、「バルバロッサ」作戦。この作戦におけるルーマニア軍の役割は決して小さなものではなかった。ルーマニアは領土奪還を果たした後に、ウクライナや黒海沿岸への進撃を任されていたのだった。ルーマニアは3個軍で組織された「アントネスク」軍集団を編成、ドイツ南方軍集団とともに進撃した。なお、彼らの側面には、同じく東欧の一国であるハンガリーも追随していた。両国は犬猿の仲ながらも、ドイツとの関係強化と領土の奪還・保持のため、ともに対ソ戦へと身を投じたのだった。

この「バルバロッサ」作戦の初動こそ、ルーマニア軍最良の日々だった。彼らは電撃的に旧ルーマニア領を奪還、ソ連軍の捕虜8万を得るとともに、ソ連領へなだれ込んだのだった。国民は未曾有《みぞう》の大戦果に熱狂し、ルーマニア軍の士気も最高潮に（早くもこの時点で！）達した。ただしアントネスクはこの時点で戦争からの足抜けを願っていたが……ヒトラーと手を組んだ以上、それは無理な相談だった。

アントネスクの考えは、後の視点から見れば正解と言えた。この後、ルーマニア軍の威光は急速に翳《かげ》り始める。

その最初の出来事は、ルーマニア第4軍によるオデッサ包囲戦だった。オデッサは黒海沿岸の要所であり、なんとしてでも確保すべき

ナチスの大物ヘルマン・ゲーリング（右）と談笑するアントネスク（左）

場所だった。8月9日、数倍の兵力差で、ルーマニア軍は攻勢を開始した。

だがここでルーマニア軍は、圧倒的劣勢下にあるソ連軍に対し、散々に叩き返された。もともとルーマニア軍の装備はソ連軍よりもはるかに旧式であり、さらに領土奪還を成し遂げた反動で士気が低下していた。一方、ソ連軍は海上からの支援を受けながら奮戦、11万もの損害を敵に与えた後、見事に撤退を成し遂げた。これに対してルーマニア軍は、ただただ弱兵ぶりを露呈しただけだった。

この後、ルーマニア軍は冬の到来までに、その兵力をドニエプル河とクリミア半島にまで推し進めた。しかし、もはや彼らに勢いはなかった。友邦であるドイツ軍でさえも、彼らを足手まといとして見るようになっていた。

スターリングラードの惨劇!「ブラウ」作戦

1942年夏、ドイツ軍は東部戦線で二度目の大攻勢を開始した。作戦名は「ブラウ」。南方軍集団を主力とするこの作戦は、コーカサスへ侵攻、ドン河以西を制圧するとともに、バクー油田の占領を目的としていた。ルーマニア軍もこの作戦に参加することとなり、一部の部隊をクリミアに残したまま、主力を「ブラウ」作戦に投入した。

「ブラウ」作戦はドイツ軍五度目の電撃戦として知られているが、ルーマニア軍も(彼らなりに)奮戦していた。特に尖兵を任されたルーマニア騎兵軍団は、(南方軍集団の片割れである)ドイツA軍集団とともに秋までにコーカサス山脈までを走破したのだった。東欧の小国ルーマニアが、なんとアジアの西端にまで進出したのである。

だがドイツ・ルーマニア軍にとって、このコーカサスこそが攻勢限界点であった。両軍の進撃はストップ、ヒトラーはその代わりにドン河屈折部の工業都市スターリングラードの攻略をドイツB軍集団に厳命した。この命令によって、ルーマニア軍もスターリングラード方面に兵力を投入。彼らの役割は、ドイツ軍の側面援護、つまりはスターリングラード両翼の防衛だった。ドイツ第6軍が包囲を完成させた10月、同市周辺のルーマニア軍は、戦線北翼に展開する第3軍と、増援として戦線南翼に布陣した第4軍の2個軍、合計18個師団にも上っていた。

しかし、彼らの実情は厳しかった。士気、装備ともに依然として劣悪、特に対戦車装備がほとんどなかった。ルーマニア第3軍の北方には、イタリア第8軍、続いてハンガリー第2軍が展開していた。要するに、ドイツ軍は自身の側面を同盟国軍ばかりに任せていた。

この隙をソ連軍が見逃すはずがなかった。11月19日、ソ連軍は「ウラヌス（土星）」作戦を発動、スターリングラードのドイツ軍を両翼包囲すべく、ルーマニア第3軍、第4軍へ突破攻勢を開始した。

ソ連軍の両翼包囲作戦は、ルーマニア軍にとって破滅的な衝撃だった。数日のうちにルーマニア第3軍、第4軍は敗走、ドイツ第6軍も包囲された。スターリングラードにはルーマニア将兵約1万名が押し込められ、その外縁の残存兵力も、ソ連軍の連続した攻勢と第6軍の救援作戦ですりつぶされた。

第6軍は翌年2月に降伏した。捕虜となったルーマニア人はわずか3000名だった。3月、第3軍・第4軍は再編成のために本土へ帰還したが、彼らはそれまでに全て師団を殲滅され、15万以上の兵力を失っていた。

終わらぬ死闘 ルーマニア本土決戦

スターリングラードで大損害を被ったルーマニア軍だったが、彼らの戦争は終わらなかった。1943年初旬、ルーマニア騎兵軍団を主力とする兵力はクリミア半島のタマン半島へ撤退した。彼らはこの後、攻守を入れ替えたかたちで二度目のクリミア攻防戦に参加、セヴァストポリ要塞に立て篭もり、1944年5月まで戦い続けた。

一方この間、ルーマニア本土にも危機が迫りつつあった。

【ルーマニア 現実ver.】
カーキ色の上下に半長靴&革製短ゲートルというルーマニア軍兵士の軍装。ルーマニアの紋章が入ったヘルメットを被り、手にはチェコ製ZB26軽機関銃を持っている。背景は同じくチェコ製の38（t）戦車。戦車兵は黒ベレー帽を被った。

1943年8月、米軍陸軍航空軍によるプロイエシュティ油田への爆撃作戦「タイダルウェーブ」が開始されたのだ。

170機あまりのB-24爆撃機が投入されたこの戦略爆撃作戦に対し、ドイツ・ルーマニア空軍の迎撃戦闘機隊（Bf109G、LAR-80C）は果敢に反撃、奮戦を見せている。

だが、この戦いはさらなる死闘の序曲でしかなかった。ルーマニア軍が本土で再編成を開始して1年半後の1944年8月、ドイツ南方軍集団と幾度もの激戦を繰り広げ、ウクライナを奪還したソ連軍が、ついにルーマニア本土へ侵攻を開始したのだ。この時、ソ連軍はドイツ中央軍集団の壊滅を狙った大攻勢「バグラチオン」作戦を同時に開始していた。独ソ戦開始から3年目、ソ連軍は質・量ともに、枢軸軍を圧倒するまでに成長していた。

この攻勢に対し、ドイツ南ウクライナ軍集団（旧南方軍集団）はベッサラビアの西方にヴェーラー作戦集団（ルーマニア第4軍、ドイツ第8軍）、東方にドミトレスク作戦集団（ルーマニア第3軍、ドイツ第6軍）をそれぞれ布陣させていたが――鋼鉄のスチームローラーと化したソ連軍を押しとどめることはできなかった。数日のうちに戦線は崩壊、アントネスクは全軍を第2次防衛ラインに撤退させようとしたが、それも叶わず、ルーマニア軍は各地で包囲殲滅されていった。ここに至り、ルーマニア政府の国王派は枢軸陣営離脱を図るべく、以前から秘密裏に計画していたクーデターを実施、アントネスクを退陣に追い込んだ。

このクーデターが戦局に影響を及ぼすことはなかった。クーデターを察知したドイツ軍は首都ブカレストを爆撃、これに対して新政府はすぐさまドイツに宣戦布告したが、ソ連軍もまたルーマニアの情勢をなんら気にすることなく攻勢を継続、戦意を失ったルーマニア軍を武装解除しつつ、その全土を席巻した。ソ連軍はそのまま独ソ戦に参加していなかった（ドイツの同盟国だが中立国であるはずの）ブルガリアにまで侵攻した。

8月20日、ソ連軍はルーマニア人捕虜で編成された赤色部隊「チュードル・ウラディミスク」師団を先頭にブカレストへ入城した。

高すぎた代償 ルーマニアの赤色化

対ソ戦の敗北はルーマニアにとっての戦争終結を意味しなかった。新政府は生き残りをかけ、ソ連への寝返りを選んだのだ。ルーマニアがソ連軍に制圧された時、ドイツ・ハンガリー軍はトランシルヴァニア山脈に撤退していた。

この後、ルーマニア軍はドイツ降伏のその日まで、ソ連軍とともに枢軸軍と死闘を繰り広げた。ある意味その半年間は、ルーマニア軍にとってこれまでと変わらぬ過酷な日々だった。ソ連軍はルーマニア軍の独自性を尊重せず、彼らを完全に便利な駒として利用した。また、敗勢にあるといってもドイツ軍はいまだに強大であり、ルーマニア軍は戦争終結までにスターリングラード戦に匹敵する16万以上の人員を失った。これは一日平均650人ずつを失った計算となる。また、その間にブカレストの新政府はソ連軍によって排除され、今度は左翼政党がルーマニアを支配することとなった。ルーマニアは共産化——赤色化したのだ。

【ルーマニア 妄想ver.】
敗色濃厚なルーマニア軍は吸血鬼娘による特殊部隊を編成し、彼女たちを戦線後方に隠密投入。赤軍要人を誘い出して吸血するなど後方撹乱を図った（作戦名はアルカード作戦）。しかし赤軍が銀製の銃弾を使うなど対抗措置を講じたため、作戦は失敗に終わった。（全部ウソです）

　戦後、寝返りの代償としてルーマニアに与えられた領土は、旧ハンガリー領の北トランシルヴァニアだけだった。以後、ルーマニアはソ連の衛星国として戦後を歩んだ。彼らが第二次大戦の軛《くびき》から解放されたのは、その35年後、悪名高いチャウシェスク政権が民衆暴動によって打ち倒された1990年のことだった。

　ルーマニアの第二次大戦における戦いは、戦略なき国家が分不相応な野望を抱いた場合、どのような結末を迎えるかを如実に示しているといえるのかもしれない。

ブルガリア

〝ドイツが主敵の『枢軸国』?〟

ブルガリアの歴史

ブルガリアは東欧諸国の一つである。バルカン半島の東に位置し、現在の領土は、北はルーマニア、西はセルビアとマケドニア、南はギリシア、トルコと隣接し、東は黒海に面している。首都はソフィアにあり、現在の住民はスラブ系のブルガリア人が83・9パーセント、トルコ人が9・4パーセント、ロマが4・7パーセントである。

ブルガリアといえばヨーグルト。ロシア人の微生物学者でノーベル生理学・医学賞受賞者、イリヤ・メチニコフがブルガリアのヨーグルトに長寿の効果があるとの説を唱え、以後、ブルガリアのヨーグルトはヨーロッパ中に普及することとなった。日本でも明治(明治乳業)がブルガリアヨーグルトのブランド名で各種プレーンヨーグルトを発売しており、おなじみとなっている。

ブルガリアの国家形成は1878年であった。それまでブルガリアは、ロシアの主要民族であるスラブ系が住民の大半を占めていたにも関わらず、オスマン帝国の支配下に置かれた。しかし、同年の露土戦争でオスマン帝国が敗北したことから、自治公国である大ブルガリア公国となった。だが、同国は事実上ロシアの保護国であったこと、領土がマケドニアの一部まで拡大、エーゲ海まで達していたことから、ロシアの南下政策を懸念する欧州列強が牽制、ベルリン条約により

独ソ戦前夜のヨーロッパ方面とブルガリア

第一次大戦で多くの領土を奪われたブルガリアは、第二次大戦期、失地回復のためドイツに接近することとなる。ルーマニアからは黒海沿岸の南ドブロジャを取り戻し、ドイツ軍によるユーゴスラヴィア、ギリシア侵攻後は、マケドニアの一部とギリシア東部を領土とした。その領土は一時期、大ブルガリア公国の領土に迫るものとなった。

領土を縮小された。その後の1908年、ブルガリア王国が成立し、君主としてドイツ諸侯が迎えられた。

ブルガリアにとって、ベルリン条約での領土縮小は大きな損失と受け取られた。特にマケドニアの喪失はエーゲ海、つまりは地中海への出口を閉ざされたことを意味していた。また、マケドニアにはスラブ系とギリシア系住民が数多く住んでおり、ブルガリアにとっても民族的な統合を図る上で確保したい領域だった。マケドニアの反オスマン帝国勢力もマケドニアの独立を果たすためにブルガリアの力を借りようと同国と接近し、「内部マケドニア革命組織」の名で活動を開始していた。

その後もマケドニアは第一次バルカン戦争、第二次バルカン戦争、第一次大戦に参戦、マケドニアの占領を図った。だが、結果的にその目論見は果たせず、マケドニアはユーゴスラヴィアの一部となり、ブルガリアは第一次大戦で同盟国側についたため敗者となって、自国の領土の一部もルーマニア、ギリシア、ユーゴスラヴィアに奪われることになった。このため第一次大戦後、ブルガリアの目標はこれらの領土の復帰、そしてマケドニアの確保となった。

第二次大戦の嵐が近づくと、ブルガリアはドイツ、ソ連の双方と繋がりを深めていった。ブルガリアにとってドイツはマケドニア問題から味方となりうる国家であり、ソ連もまた同じスラブ系の国家として親しみがあった。1940年、ルーマニアとハンガリーの領土問題にドイツが介入してルーマニアに領土割譲を迫った「第二次ウィーン裁定」に、ブルガリアも口を挟み、ルーマニアに奪われていた領土(南ドブロジャ)を奪還することに成功する。

1941年、ブルガリアは三国同盟に参加、枢軸国となった。しかし、ドイツ側にはユーゴスラヴィア侵攻の際に必要な自国領内の通過を認めただけで、本格的な共闘は行わなかった。独ソ戦が開始された後も、ドイツの参戦要求を拒絶、ソ連との連絡も絶ち切らず、枢軸国で唯一のソ連大使館が置かれた国家となった。

なお、同年におけるブルガリア軍の兵力は以下の通りであった。

■**陸軍**
野戦師団：16個
予備師団：4個
自動車化歩兵師団：2個
山岳旅団：1個

■**海軍**
旧式駆逐艦：5隻
巡視船：5隻
元オランダの掃海艇や魚雷艇：6隻(ドイツ軍が鹵獲)

河川砲艦：6隻

■空軍

保有機580機。このうちB534複葉戦闘機73機、Bf109戦闘機18機、P.24B戦闘機11機

ブルガリアには枢軸国加入の恩恵として多数のドイツ軍兵器が供与されたが、全体的に第一次大戦からあまり進歩のない旧式の装備ばかりであった。

ブルガリア軍は1944年8月までに45万人の勢力となった。

マケドニアの占領と連合軍との戦い

1941年4月、ドイツ軍のユーゴスラヴィア、ギリシアへの侵攻は電撃的な成功を収め、両国は崩壊した。これを受け、ドイツ軍に協力したブルガリアはその報償としてセルビア領マケドニア、ギリシア領マケドニア、そしてギリシア領トラキア、テッサロニキを得た。獲得した領土は5万㎢に上り、ブルガリアはこれらの領土を「新ブルガリア」と呼称した。

マケドニアの住民は、ブルガリア軍の進駐を大いに歓迎した。マケドニア住民はユーゴスラヴィア政府の中核を握るセルビア人の圧政にあえいでおり、このままユーゴスラヴィア政府に取り込まれるよりは、とブルガリアによる占領を支持したのだった。それまでマケドニアでブルガリアと連携を取っていた内部マケドニア革命組織は、現地を統治するブルガリア人活動委員会に加わった。

「新ブルガリア」の統治には、ブルガリア第1軍（6個歩兵師団）と第2軍（3個歩兵師団）が充てられた。これはドイツ軍が東部戦線に転出する必要が生じ、それを肩代わりしたものだ。また、マケドニアでは内部マケドニア革命組織によって義勇兵が集められて統治に協力し、ギリシア領の各地でもオフラナと呼ばれる親ドイツ武装勢力が組織された。後者の構成員たちはドイツ支配下でマケドニア国家が建国されることを望んでいた。

当初は歓迎されたブルガリアのマケドニア進駐だったが、ブルガリアが同地に行った苛烈な「ブルガリア化」政策によって、市民は次第にブルガリアを敵視するようになっていった。こうした状況の反動を受け、マケドニアでもチトー率いるパルチザンが跳梁するようになり、ブルガリア軍はその鎮圧作戦に従事するようになった。パルチザンの活発化に伴って、ブルガリア軍の対パルチザン作戦はマケドニア領の外部まで拡大、ブルガリア軍はユーゴスラヴィアでの枢軸側による第五次対パルチザン攻勢（「黒」作戦）、第六次対パルチザン攻勢（「球電」作戦）においてパルチザン包囲のための戦力として参加した。

パルチザンとの戦闘の一方で、ブルガリアはパルチザンた

ちと繋がるソ連との関係を維持していたが、実際にはブルガリア海軍の一部がソ連黒海艦隊と小競り合いを起こしている。また、ブルガリアのマケドニア領はイタリア占領地の西部マケドニアとアルバニアに接していたが、天然資源を巡る対立で両国の確執が深まり、1942年8月には占領地境界線において両国軍の戦闘が生じている。これは第二次大戦でも数少ない〝枢軸国同士の〟戦闘と言えるだろう。

ブルガリアは1941年12月13日、アメリカとイギリスに宣戦を布告、連合国と交戦状態となった。ただし、ブルガリアとしては三国同盟に従って致し方なくという感覚であり、米英と本格的な戦闘になるとは深刻に考えていなかった。

しかし1943年8月、ルーマニアのプロイエシュティ油田を破壊するために開始された連続爆撃作戦（「タイダル・ウェーブ（津波）」作戦）に参加したB-24の大編隊をブルガリア空軍が迎撃したのを皮切りに、連合軍はブルガリアの首都ソフィアへの爆撃作戦を開始、ここにブルガリアの本土防空戦が開幕した。

ブルガリア空軍はドイツから供与されたBf109Gを主力とする戦闘機部隊で米軍の爆撃機を迎撃したが、圧倒的多数の戦爆連合で押し寄せる敵に抗するのは難しく、戦果はあったものの迎撃のたびに大きな損害を受けた。

ソフィアへの空爆は10回を数え、その中でブルガリア側は航空機27機を失い、パイロット23名が戦死した。爆撃による被害で民間人1828名が死亡し、2372名が負傷した。ブルガリ

【ブルガリア 現実ver.】
偵察行動を行うブルガリア軍兵士。ブルガリア軍にはドイツからⅣ号戦車やⅢ号突撃砲といった装甲戦闘車両、Bf109のような航空機が供与されたが、それらはドイツ軍が期待したように、ソ連軍相手に用いられることはなかった。そしてあろうことか、大戦末期にはハンガリー～オーストリアへの進撃でドイツ軍を相手に使用されたのである。

ア側の戦果は56機とされている。

　1943年8月、ブルガリアの国王で親独派だったボリス三世がヒトラーとの会見後に謎の急死を遂げた。王位は幼少のシメオン二世が継いだが、実際の政治は弟のキリル（プレスラフ公）が執り行った。しかし、ボリス三世の死によってブルガリアの政権内では親ソ派が台頭し、ドイツ軍が望んでいたブルガリアの対ソ参戦の芽は完全になくなった。また、東部戦線での戦況は日々悪化しており、爆撃による市民の厭《えん》戦《せん》気分の蔓延《まんえん》もあり、ブルガリアは次第にドイツと距離を置くようになった。ブルガリアは連合国やソ連との交渉を通じて戦争からの離脱を模索し始めたが、双方ともに「枢軸国」となったブルガリアとの講和は望まず、交渉は遅々として進まなかった。

　なお、ドイツの同盟国の多くにとって汚点となったホロコーストについて、ブルガリアはほとんど関わっていない。1943年、ドイツはブルガリアにユダヤ人の送致を強く求め、両政府の協定によってギリシア・マケドニア在住の1万2000名のユダヤ人が送られることになったが、ブルガリアの知識人による反対キャンペーンが行われ、政府が協定を取り下げたために実行されなかった。結局、ブルガリア国内でのユダヤ人口は戦前より増加したと言われている。

流血の遠征——対ドイツ戦

1944年8月、ルーマニア方面で行われたソ連軍の大攻勢により、ドイツ軍南ウクライナ軍集団はハンガリーに敗走し、ルーマニア軍もソ連側に寝返り、ドイツに対して宣戦布告を行った。

　これを受け、ソ連軍のブルガリア侵入を予想したブルガリア政府は三国同盟からの離脱と中立を宣言、さらにドイツに対して宣戦を布告した。しかし、こうしたブルガリアの努力にも関わらずソ連はブルガリアに一方的に宣戦を布告、9月8日にブルガリア本土へと侵攻した。ブルガリア軍は抵抗せず、ソ連軍は無傷でブルガリアを占領した。また、首都ソフィアでは共産主義者たちがクーデターにより政権を掌握した。

　その後、ブルガリア軍はソ連の同盟国として対独戦に参加、遠征軍を編成してオーストリアまでの進撃を図った。大戦終盤とはいえ、旧式の装備で戦意も高くないブルガリア軍にとってドイツ軍は強大な相手であり、遠征は多大な流血が伴った。特に1945年3月のドイツ軍最後の攻勢「春の目覚め」作戦では、ブルガリア軍がドイツ第91軍団の攻勢の矢面に立つことになり、奇襲を受けたブルガリア軍は恐慌状態となって敗走、しかも、敗走したブルガリア軍をソ連軍がドイツ軍と誤認、攻撃を受けるという悲劇も発生している。

その頃ドイツでは、同国で働いていたナチス体制を支持するブルガリア人数百人が国防軍での軍務を申し出、これらの人材が中核となってSS武装擲弾兵連隊「ブルガリア第1」が編成された。ドイツ軍はこの連隊を中核としてSS武装擲弾兵師団「ブルガリア第1」の編成を望んだが、兵員不足のため果たせず、同部隊は1945年4月にSS戦車駆逐連隊「ブルガリア」と改称され、いくつかの戦闘に参加したと言われている。

最終的にブルガリア軍はオーストリアまで達し、ユーゴスラヴィアやギリシアに展開するドイツ軍の撤退を妨害する成果を得た。しかし、それまでに全体の13パーセントに当たる1万7000名を失い、3万1000人の行方不明者を出している。また、ブルガリアも戦後は他の東欧諸国と同じようにソ連の衛星国としての道を辿らざるを得なかった。

チェコスロヴァキア

〝偽りの平和の犠牲者たち〟

ミュンヘン会談とチェコスロヴァキアの崩壊

第一次大戦まで、チェコとスロヴァキアはともにオーストリア＝ハンガリー帝国の一部だった。第一次大戦の終結によってオーストリア＝ハンガリー帝国が崩壊すると、チェコとスロヴァキアで独立の気運が高まった。

チェコ人の政治指導者トーマシュ・マサリクは、現実的な観点から、両国が独立を維持しつつ強国となるには連立国家となる他ないと判断。スロヴァキア人の自治を将来的に保障することを条件にスロヴァキア代表団の了解を得て、1918年10月18日にチェコスロヴァキアを独立させた。

戦間期、チェコスロヴァキアは目覚しい発展を遂げた。これは、チェコスロヴァキアが共和的な政治体制にあり、安定した政局の下、経済交流が活発に行われたからである。後にドイツで用いられる38(t)戦車(チェコ名ではLT-38)を生産したシュコダ社も、この時期に躍進している。ただし、スロヴァキアに与えられた自治権は限定されたもので、同地では自治の拡大を目指すスロヴァキア人民党が支持を集めていた。また、ハンガリーはマジャール人が多く住むスロヴァキアのルテニア地方、ドイツはドイツ系住民の多いチェコのズデーテン地方の自治を求めていた。

世界恐慌による経済発展の停滞と、アドルフ・ヒトラー率いるドイツ第三帝国の隆盛は、こうした民族問題に火を着けることになった。1931年以降、ズデーテン地方ではドイツ人の自治拡大運動が激化、さらに1938年3月のドイツのオーストリア併合により、チェコスロヴァキアはドイツに三方から包囲されてしまった。そして同年8月、ヒトラーは

第二次大戦前夜のヨーロッパ方面とチェコスロヴァキア

第二次大戦の開戦に先立ち、チェコスロヴァキアは周辺国への領土割譲とチェコの保護領化によって崩壊していた。スロヴァキア(独立スロヴァキア)はドイツの傀儡国家であり、軍はポーランド侵攻や独ソ戦に参加している。

予備動員を実施、軍事恫喝によってチェコスロヴァキアにズデーテン地方の割譲を迫った。

9月、欧州各国は戦争を食い止めるべくミュンヘンで首脳会談を実施、チェコスロヴァキアの意向を無視してドイツへのズデーテン地方の割譲を決めた。欧州各国がこのような決断を下したのは、ヒトラーが「ドイツの領土要求はこれが最後」と明言していたからだった。チェコスロヴァキアの大統領、エドヴァルド・ベネシュはこれにより職を辞任してイギリスに亡命、後にチェコスロヴァキア亡命政府の大統領に就任することになる。

もちろん、ヒトラーに約束を守るつもりはなかった。彼の最終目的はチェコスロヴァキアそのものの解体だった。ミュンヘン会談後、ヒトラーはスロヴァキアの完全な独立を求めるスロヴァキア人民党と接触、その活動を積極的に支援した。さらに、ハンガリーとポーランドもドイツという後ろ盾を得てチェコスロヴァキアに領土割譲を要求、チェコスロヴァキア政府はこの要求に屈する形で南スロヴァキア地方とテッシェン(チェシン)を失った。

翌年39年3月、ヒトラーはベルリンにスロヴァキア人民党の指導者ヨゼフ・ティソを呼び寄せ、今すぐスロヴァキアを独立させなければ、ハンガリーとポーランドがスロヴァキアを分割するだろうと恫喝した。当初ティソは拒否しようとしたが、スロヴァキア議会がこれを認め、ティソも追従した。14日、スロヴァキアは独立を宣言、同時にチェコスロヴァキアからの分離を目指していたルテニア地方もカルパト・ウクライナ共和国として独立した。

かくしてチェコスロヴァキアは崩壊、スロヴァキアはスロヴァキア共和国（独立スロヴァキア）の名でドイツの傀儡国家となり、チェコはベーメン・メーレン保護領としてドイツの支配下となったのである。

チェコスロヴァキアの崩壊

1938年9月のミュンヘン会談の結果、ズデーテン地方はドイツ、テッシェンはポーランドに併合された（同年12月）。ハンガリーも領土要求し、39年3月15日のスロヴァキア共和国およびカルパト・ウクライナ共和国の独立後、両国へ侵攻した（スロヴァキア・ハンガリー戦争）。戦闘の結果、ドイツの調停により、ハンガリーはカルパチア・ルテニアを併合することとなった。

最初の試練 ハンガリー、ポーランドとの戦い

独立早々、スロヴァキアは国家存亡の危機に直面することになった。ハンガリー軍の侵攻を受けたのである。

原因は、スロヴァキアとともに独立したカルパト・ウクラ

イナ共和国。同国はハンガリーがチェコスロヴァキアに要求していた領土の一部だった。3月17日、ハンガリーはカルパト・ウクライナへの侵攻を開始、数日で全土を制圧した。さらに3月23日、ハンガリーはスロヴァキア全土の制圧を目指し、スロヴァキアへの攻撃を開始した。

この時、スロヴァキアにはチェコスロヴァキア軍として6個歩兵師団と1個機械化師団が駐留していたが、独立後の混乱とチェコ人兵士の母国への帰還のために、動ける部隊はほとんどなかった。辛うじて3個歩兵連隊を主力とした陸軍部隊と40機の空軍部隊が出撃、ハンガリーを押し止めようと防御戦を展開した。

結局、この紛争はドイツによって調停され、スロヴァキアは独立を維持したものの、ハンガリーにルテニア地方を割譲することになった。

ハンガリーとの戦争の後、スロヴァキア軍はスロヴァキア人のみで再編を開始、第1～第5歩兵連隊、第1～第4独立歩兵大隊が創設された。機械化部隊としては、LT-35軽戦車を主力とした2個独立大隊が編成された。

国内政治はスロヴァキア人民党による一党独裁体制が敷かれ、これに反対する各政党は再起を図るべく地下に潜った。ドイツからの兵器の発注により経済は潤ったが、民衆の反独感情は大きかった。

スロヴァキアの次なる試練はポーランド侵攻だった。4月、ヒトラーはポーランドへの侵攻を決意、スロヴァキア軍をこの作戦に参加させることを決めた。スロヴァキアでは動員が開始され、第1～3歩兵師団と1個快速部隊が編成されている。

9月1日、ドイツ軍はポーランドへの侵攻を開始した。スロヴァキア軍はドイツ第14軍とともに南ポーランドを攻撃し、ドイツ軍の行動を支援した。この戦いでスロヴァキア軍は戦死者37名・負傷者114名の損害を受けたが、その代償としてポーランド兵捕虜1350名を得て、さらにはポーランド領の一部がスロヴァキアに割譲された。しかし、全体的に見てスロヴァキア軍の戦果は少なく、ドイツ軍からの信頼は得られなかった。

東部戦線のスロヴァキア軍

1941年6月22日、ドイツはソ連に宣戦を布告、300万の兵力でもって侵攻を開始した。史上最大の地上戦、独ソ戦が幕を開けたのである。

スロヴァキアもこの戦いに参加することになっていた。開戦後、スロヴァキアは動員を行い、第1、第2歩兵師団および1個快速旅団を編成、これらをスロヴァキア軍団として東部戦線に派遣した。総指揮官はフェルディナント・カルロス大将である。

6月30日、スロヴァキア軍団はドゥクラ峠を越えてソ連領内に入り、ドイツ軍と進撃を開始した。各部隊はソ連軍の前線を突破した後、ドイツ軍の補給路の警備に当たっている。これは、スロヴァキア軍団の機動力が車両不足のため予想以上に低く、ドイツ軍の進撃に追随できないと判断されたためである。これを受け、スロヴァキア軍団は本国に戻り、機械化兵力を集結させた快速師団と、後方警備を行う保安師団の2個師団に再編された。これらの師団の戦歴は以下の通りである。

【チェコスロヴァキア 戦前ver.】
チェコは工業が盛んで、小国ながら1930年代は世界で7番目の工業国だった。兵器産業も興隆を極め、数々の名兵器が生まれている。手前はZB26軽機関銃で、故障の少なさを評価されて多くの国で採用された。中華民国にも輸入され、これを鹵獲した日本陸軍も「チェッコ機銃」と呼んで使用していた。奥の戦車はLT-35で、チェコ併合時、LT-38とともにドイツ軍に接収され、それぞれ35(t)、38(t)として運用されている。

〈快速師団〉

1941年9月からドイツ軍の南方軍集団第1装甲集団(クライスト装甲集団を改組)の第2装甲軍団に配備され、キエフ、クレメンチューク、ロストフを巡る戦いに参加した。冬季はSS師団「ヴィーキング」などとともにミウス河の防衛に当たり、さらに42年7月、「ブラウ」作戦の発動によりドイツ第125歩兵師団とともに第57装甲軍団を編成、ミウス河を渡河してコーカサスへの進撃を開始した。この作戦で快速師団はドイツ軍とペースを合わせて進撃、9月までに黒海沿岸のトゥアプセに到達し、同市の攻略に当たった。

その後、スターリングラードの敗北を受けてクバニ橋頭堡まで後退、クラスノダールを防衛した後、クリミア半島へと渡り治安維持任務についた。この時までに師団は重装備のほとんどを失ったため、第1歩兵師団へと改称されてドニエプルでの防御戦に参加、数々の撤退戦の末、1944春までにルーマニアへ撤退した。6月、第1歩兵師団は第1技術師団に改編され、ルーマニアでの陣地構築作業に投入されている。

〈保安師団〉

保安師団はウクライナのジトミールに派遣され、パルチザン制圧任務を行った。しかし、スロヴァキア兵士たちの士気はかなり低く、スターリングラードの敗北後はよりパルチザンの跳梁が少ないベラルーシのミンスク周辺に移動したが、ミンスクに到着した後も士気は低いままで、脱走者が相次いだ。

こうした状況を受け、1943年11月に師団はイタリアへ移動し、快速師団より一足早く技術師団に改編され、同国での陣地構築作業に当たった。

この2個師団の他にも、スロヴァキアは本土防衛部隊として1943年に3個師団を編成、2個師団をカルパチア戦線に、1個師団を国内のパルチザン制圧任務に投入した。

また、東部戦線にはスロヴァキア空軍も参加した。その主力となったのはBf109E型およびG型を装備した第52戦闘航空団第13(スロヴァキア)中隊で、同中隊は1942年初頭から1943年夏にかけてクリミア周辺でソ連空軍と戦い、その後はスロヴァキア本国で米重爆群の迎撃任務を担った。

スロヴァキア軍の反乱

1944年夏、ソ連軍がカルパチア山脈の玄関に当たるドゥクラ峠に到達、スロヴァキアへのソ連軍の侵攻が現実的となった。

これを受けて、地下に逃れていた反ファシズム政党および軍の反ドイツ勢力は、ドイツ軍に対する蜂起を決定した。スロヴァキア本土に展開していた3個師団を利用してスロヴァキア全土を短期間に制圧、ソ連軍への門戸を開くためである。しかし、ドイツ軍は事前にチェコでの反乱を予期して鎮圧部隊を編成しており、スロヴァキアで蜂起が起こっても、この兵力を転用すればよかった。

8月、スロヴァキア国内でパルチザンがドイツ人将校30人を殺害したことを受け、ドイツ軍は「賞金付のジャガイモ掘り」作戦を発動、各スロヴァキア人部隊の武装解除を行ったほか、鎮圧部隊でもってスロヴァキアに侵攻した。これを受けて蜂起軍は各地で蜂起を開始、一時的にスロヴァキアの過半を支配下に置いた。しかし、各勢力の連携の乱れとソ連軍のドゥクラ峠突破の失敗によって決定的な行動とはならず、10月までに完全に鎮圧されてしまった。ドイツ軍はこの報復として100近い村落を壊滅させ、5000人以上を処刑した。

蜂起の失敗後、スロヴァキア軍の残余はスロヴァキア国内やハンガリーで後方警備と陣地構築作業に従事した。

スロヴァキアの終焉

スロヴァキア蜂起軍の鎮圧は、ドイツ軍の寿命をわずかに延ばしただけだった。ソ連軍は10月にチェコスロヴァキアへと侵攻、翌年5月9日にチェコの首都プラハを解放し、チェコスロヴァキア全土の制圧を完了した。ティソはドイツに亡命したが捕らえられ、1947年に絞首刑に処された。戦後、ソ連はチェコスロヴァキアを復活させた。

新生チェコスロヴァキアの大統領には亡命政権のベネシュが復帰、共産党が一党独裁体制を固める1948年まで政権を担った。ソ連にないがしろにされたポーランドの西側亡命政権と異なり、ベネシュの亡命政権は戦時中からソ連と接近を図っており、復帰もスムーズに行われた。その背景には、ミュンヘン会談におけるイギリスやフランスの裏切りに対する憤りや、戦後のソ連の影響力の増大があったと言われている。

チェコスロヴァキアは1989年11月、ビロード革命により共産党一党独裁を打破し、大きな流血もなく民主化を達成した。1992年にはチェコとスロヴァキアが連邦解消に合意、翌93年1月1日をもって両共和国は分離し、現在に至っている。

【チェコスロヴァキア 戦後ver.】

戦後、ワルシャワ条約機構に加盟するなど東側に組み込まれたチェコスロヴァキアだが、独自の兵器開発は戦前と変わらず行われていた。アサルトライフルも、AK47と外見が似るが全くの独自設計、しかもより性能が良いVz58を国産・採用している。他にもサブマシンガンVz61「スコーピオン」や拳銃Cz75など、世界的に知られる名銃が生まれた。

ポーランド

〝抵抗と恭順のはざまで〟

ポーランドの運命

第二次大戦前夜、ポーランドはポーランド第二共和国に統治されていた。ポーランド第二共和国は第一次大戦後の1918年11月11日、ヴェルサイユ条約で謳《うた》われた民族自決の原則により、旧ドイツ帝国とロシアから領土が割譲され、ユゼフ・ピウスツキを国家元首として成立した。1919年には、ロシア革命に対する干渉戦争の一環としてロシアに侵攻(ポーランド・ソヴィエト戦争)、一時はキエフにまで迫るが、逆に赤軍の反撃を受けワルシャワ近郊まで攻め込まれ、最後にはピウスツキの機動作戦により赤軍を撤退させることに成功、独立を守り通した。

その後、ポーランドはピウスツキの独裁の下に置かれた。1923年にピウスツキはいったん政界から引退するも、1926年に「五月革命」と呼ばれるクーデターで政権を再び掌握した。ピウスツキは再度独裁体制を敷き、ピウスツキ本人が死去する1935年までそれが続いた。1930年代以降、ポーランドはドイツとソ連という二つの強国に挟まれることになったが、ピウスツキはヒトラーの『我が闘争』に記された内容から、ドイツがいずれポーランドとの戦争を望むと考え、ドイツに敵対的な姿勢を取り続け、米英やソ連との連携を重視しようとした。

ピウスツキの独裁はポーランドの経済発展を促し、国力を

第二次大戦前夜のヨーロッパ方面とポーランド

ポーランドは18世紀末、プロイセン、オーストリア、ロシアに領土を分割されて国家が滅亡したが(ポーランド分割)、第一次大戦後、米国の提唱により復活を遂げていた。ポーランドに海への出口を与えるため、バルト海沿岸地方もポーランド領とされたが(いわゆるポーランド回廊)、これによりドイツ領は本土と東プロイセンが分断されることとなった。この失地回復が第二次大戦におけるドイツのポーランド侵攻の動機となっている。

増大させた。反面、ピウスツキの死後に跡を継いだユゼフ・ベックを中心とした部下たちは集団指導体制で政権を運営しようとしたものの、内政、外交で失敗を繰り返し、ドイツとソ連に付け込まれることになった。

第二次大戦直前のポーランドの人口は2320万人で、このうち300万人がユダヤ人だった。戦前のポーランドはヨーロッパでも特にユダヤ人の多い国であり、たとえば首都ワルシャワのユダヤ人は35万人を超え、市民の三人に一人はユダヤ人だった。ポーランド人のユダヤ人への感情は複雑で、一部ではユダヤ人へのポグロム(迫害)が行われていた。

1939年9月1日、ドイツはポーランドに侵攻を開始。ポーランドと同盟を結んでいたイギリスとフランスはドイツに宣戦を布告し、ここに第二次大戦が始まった。ドイツ軍の攻勢を前にしてポーランド軍は果敢に防衛戦を展開したものの、ドイツ軍の勢いを止めるには至らず、9月13日にはワルシャワを包囲されてしまった。その後、ワルシャワの陥落、不可侵条約を結んでいたソ連軍の奇襲侵攻などの事態が起こり、ポーランド軍の組織的抵抗は10月はじめまでに完全に潰えた。

ポーランドという国家は消滅し、国土はドイツとソ連によって分割され、政権はイギリスに亡命した。国内には元陸軍兵士たちを中心としたポーランド国内軍と呼ばれる抵抗組織が組織され、イギリスの亡命政権の指揮下に置かれた。

地獄の幕開け——ドイツのポーランド支配

ポーランド戦の終了後、ヒトラーはドイツに隣接する旧ポーランド領の一部をドイツに併合した。また、残りのドイツに併合されなかったポーランド領はポーランド総督府と呼ばれる統治機関の下に置かれた。ポーランド総督府は純然たるナチスドイツの行政機関であり、ポーランド人による傀儡政権ではなかった。

総督府を統率する総督には、元弁護士で党司法全国指導者やバイエルン州法相などを歴任したハンス・フランクが就任した。フランクは法律家としての良心を残した人間だったが、そうであるがゆえに党内での政治的影響力は低く、本人もヒトラーに抵抗する意思を持っていなかった。フランクは総督府首都のクラカウ(クラクフ)のヴァーヴェル城に入って行政を行ったが、本人はポーランドを「ヴァンダル(蛮地)」と呼んで軽蔑しきっていた。

ヒトラーをはじめとする党幹部にとって、ポーランドは国家社会主義のイデオロギーを実践するのに最適な場所だった。ナチ党はその25カ条綱領で「我々は、我が民族を扶養し、過剰人口を移住させるための土地を要求する」としており、まさしくそれはポーランドを含めたドイツの東方の領域と考えられていた（生存圏構想）。このため、ナチ党はポーランドを将来ドイツ人が入植するべき場所と考え、現地のポーランド人は農奴の状態に引き下げ、最後にはドイツ入植者に取って代わらせることを政策としていた。ナチ党はこの政策を実行するために「東部統合計画」と呼ばれる計画を策定、ポーランド占領後に実行に移した。計画の実行に当たってはヘルマン・ゲーリングを長官とする四カ年計画庁によって設立された東部信託公社が大きな力を持った。

結果、ポーランドには恐るべきドイツの支配体制が敷かれることになった。ポーランド総督府ではポーランド市民に対し、初等教育以外のすべての教育が廃止され、文化、科学、芸術におけるポーランド文化のすべてが失われた。大学は閉鎖され、教師や弁護士、聖職者、知識人その他のエリート階級の人々もレジスタンス予備軍として扱われて逮捕され、処刑された。ドイツ人の入植が行われた場所では多数の人々が追放され、ポーランド総督府に移住を強制された。工場や農場での強制労働のために150万以上のポーランド人がドイツ本国に送られ、過酷な生活を強いられた。食料、暖房のための燃料、医療備品なども極度に不足し、全土に飢餓が蔓延《まんえん》した。

一般市民の過酷な境遇は必然的にポーランド国内軍の怒りを誘い、抵抗運動が行われたが、無論ドイツ軍はポーランド国内軍の行動を押さえ込むために対パルチザン掃討作戦を遂行した。ポーランド国内軍の補給は市民からの供与によって賄《まかな》われていたため、膨大な数の市民が掃討作戦の標的となって殺戮された。T4作戦と呼ばれた計画にのっとり、精神病患者も皆殺しにされた。

ポーランド国内のユダヤ人の状況はより絶望的だった。ユダヤ人たちは各地のゲットーに収容され、その後、ポーランド各地に設けられた強制収容所に送られて、ガス室などで効率的に殺害されていった。ユダヤ人の残した莫大な資産はすべてドイツによって没収され、ドイツの欧州統治の重要な財源となった。

各地のゲットーではユダヤ人によって組織されたユダヤ人評議会による自治が行われたが、自治権は無きに等しく、ゲットー内では食糧不足と劣悪な衛生環境によって飢餓と疫病が広まった。

ポーランド国内では、ユダヤ人の悲惨な境遇を救おうと「ジェゴダ」と呼ばれる秘密組織が発足し、多数のユダヤ人を救出、保護した。しかし同時にポーランド人によるユダヤ人迫害も起こり、たとえば1941年のイェドヴァブネ事件では約300人のユダヤ人がポーランド人たちによって虐殺されている。

……このような地獄さながらの状況でも、ドイツの統治に協力した、あるいは協力せざるを得なかった人々は存在した。

総督府ポーランド警察

ポーランド総督府はドイツの行政機関だったが、総督府の治安維持のすべてをドイツ人でこなすことは不可能だった。このため総督府内の警察組織として、総督府ポーランド警察が設置された。総督府ポーランド警察は、青い襟章と紺の制服から「青い警察」と呼ばれた。

　その人員はハンス・フランクの命令によって、戦前に存在したポーランド警察から動員された。命令に従わないポーランド警察官たちは死刑に処された。また、人員には地元の志願者や、総督府東部から来たポーランド語を話すウクライナ人も含まれた。

　ドイツの当初の計画では1万2000人ほどの規模になる予定で、1943年には総督府内の治安の悪化から1万6000名にまで膨れ上がった。

　総督府ポーランド警察の指揮権はドイツ側にあり、自立的な活動はほとんど行われなかった。警察幹部は全員がドイツの刑事警察から来た。当初、総督府ポーランド警察の任務は刑事犯罪の取り締まりだけとされていたが、後にゲットー内のユダヤ人の密

【ポーランド人部隊 現実ver.】
〝青い警察〟こと総督府ポーランド警察の警察官。ポーランド国内軍に通じていると見なされた家に踏み込むべく、準備をしている。手にしているのはザウアー・アンド・ゾーンM1938で、第二次大戦期のドイツで二線級部隊や警察組織に多く配備された拳銃。後ろにいるのはポーランド原産の犬、ポリッシュ・ローランド・シープドッグ

輸取締りなどにも動員された。

事実上、戦前のポーランド警察を引き継いだ組織のため、総督府ポーランド警察の存在はドイツ当局とイギリスのポーランド亡命政府がともにその存在を認めていた。また、警察たちの多くは国内軍に属し、ドイツ側の動向を国内軍に知らせる役割を果たした。

一方で、ゲットー内での犯罪やユダヤ人の殺戮に関与した警察官も多数存在したと言われており、現在でもその評価について論争が続いている。

ユダヤ人ゲットー警察

前述したユダヤ人ゲットーの中にも警察組織が存在した。ユダヤ人評議会の下に置かれたユダヤ人ゲットー警察がそれで、ゲットー内の治安維持に当たった。ユダヤ人警察はユダヤ人の強制収容所への移送が始まると、その狩り立てに協力した。同胞を死地に送り出すことを拒否して警察を辞する者もいたが、自らの生存のために積極的に同胞の狩り立てを行った者もいた。ワルシャワ・ゲットーでは、隠れた住民たちの潜伏先が暴かれるケースの9割にゲットー警察が関与していたという。しかし、ゲットーが解体されるとゲットー警察も不要になり、警察官たちも強制収容所に移送されていった。

また、ユダヤ人ゲットーには、ゲシュタポに金で雇われたユダヤ人たちが多数活動し、ゲットー内のユダヤ人抵抗組織についての情報提供をドイツ側に行っていたとされている。

第202、第107シューマ大隊

1942年3月27日、不安定化が進むポーランド領内の治安維持のため、ポーランド総督府はポーランド人よる補助警察部隊、いわゆるシューマ大隊の編成を行った。しかし、志願したポーランド人は二人だけで、仕方なく部隊人員は総督府ポーランド警察から供給され、第202シューマ大隊が編成された。大隊は約350名の人員で、士官はすべてドイツ人だった。

第202シューマ大隊はウクライナのヴォルィーニに置かれた。ヴォルィーニは長年ポーランド人によるウクライナ人の支配が続いてきた場所で、独ソ戦によってドイツの占領下となった後、その反動としてウクライナの民族主義者による武力組織、ウクライナ蜂起軍(UPA)によるポーランド人への虐殺事件が相次ぎ、治安が極端に悪化していたからである。ポーランド人の生き残りは国内軍の一部隊として第27師団を編成、森林地帯に展開し、自らの力で市民を守ろうとしていた。ドイツ側としてもこれらの動きは無視できず、ウクライナ蜂起軍、国内軍双方の抵抗に備えなければならなかった。だが、第202シューマ大隊の運用はお粗末なものとなった。1943年11月、大隊の半数以上が脱走、国内軍の第27軍に合流してしまったのだった。さらに60人以上の警察官が反乱を起こそうとしてドイツ側に処刑された。大隊はリヴォフに移された後、正式に解隊された。残された人員は総督府ポーランド警察に復帰したと思われる。

【ポーランド人部隊 妄想ver.】

これと前後して、1943年後半に第107シューマ大隊が編成された。大隊は第202シューマ大隊と同じくヴォルィーニでの鉄道路線の警護を任務としていたが、やはり問題が多かったようで、1944年1月に武装解除され、人員は第27師団に流れていったという。

第二次大戦において、ポーランドではドイツの占領が原因で、非ユダヤ人300万人、ユダヤ人300万人、合計600万人以上が失われたと言われている。これは当時のポーランド人口の22パーセントに当たり、単純計算で五人に一人が命を失ったことになる。

戦後、ポーランドはソ連の衛星国となり、今度は逆に多数のドイツ人やウクライナ人が迫害され、国外に追放されることとなった。

ベラルーシ

〝こんなの絶対おかしいよ〟

歴史のない国、ベラルーシ

読者の皆さんはベラルーシという国をご存知だろうか……名前くらいは聞いたことがあるけど、何をやっているのか分からない国というイメージを持つ方が大半だと思う。

現在のベラルーシ共和国は、バルト三国、ポーランド、ウクライナ、そしてロシアに囲まれた国家である。国名の語源は「ベーラヤ・ルーシ」で、「白ロシア」という意味。ドイツ語では「白ルテニア（ヴァイスルテニア）」と称し、日本でもソ連崩壊時までは「白ロシア」と呼ばれていた。この「白」の意味は現在でも諸説あって定かではない。首都はミンスクで、戦前の人口は650万前後。国土のほとんどが低地で、20パーセントが湿地、45パーセントが森林で覆われている。宗教は正教会が主である。

ベラルーシのルーツは9世紀に勃興したポロツク公国だといわれている。しかし、ポロツク公国はモンゴルやドイツ騎士団との戦いを経て13世紀までにリトアニア大公国に併合され、このリトアニア大公国も1385年のクレヴォ合意によってポーランドと合同、ベラルーシではポーランド化が進

第二次大戦前夜のヨーロッパ方面とベラルーシ

白ロシア・ソヴィエト社会主義共和国は1919年1月に成立するが、同年2月にはポーランド・ソヴィエト戦争が勃発した。21年に締結されたリガ平和条約により、ベラルーシは西半分をポーランドに割譲、図中の東半分を領土とした。22年にはソヴィエト連邦が成立し、ベラルーシはウクライナとともにソ連邦構成国となった。

んだ。

ポーランド・リトアニア共和国は1795年までにプロイセン、オーストリア、ロシアの3国に分割され、ベラルーシはロシア帝国の支配を受けた。ベラルーシの民衆に「自分は（ポーランド人ではなく）ベラルーシ人である」という自覚が生まれたのは、19世紀、ロシア帝国支配下でのことである。

その後、第一次大戦によるドイツ軍の侵攻とロシア帝国の崩壊により、ベラルーシ人による最初の独立国家・ベラルーシ人民共和国が成立。しかし、この政権は短命に終わり、1919年、ボリシェヴィキ・ロシアの後押しを受けて白ロシア・ソヴィエト社会主義共和国が誕生した。このように、ベラルーシは近代まで複数の国家の支配を受けてきており、現在でも「歴史のない国」と呼ばれる場合がある。

ソヴィエト連邦に組み込まれた後、ベラルーシではスターリン体制化における社会主義教育と農業集団化、強行的な工業化が断行され、それに伴って60万から100万人の一般市民が反共主義者のレッテルを貼られて処刑された。

ドイツ軍の占領とベラルーシ人の対独協力

1941年6月、ドイツ軍はソ連に侵攻、同年8月までにベラルーシの全土を支配下に置いた。ドイツ軍は得意の電撃戦でソ連野戦軍の主力を包囲殲滅し、大量の捕虜を得たが、生き残ったソ連兵たちはドイツ軍の包囲を破ってロシアへ撤退するか、ベラルーシの森林に避退してパルチザンとなった。ソ連の圧政に苦しんでいたベラルーシ市民の多くは、ドイツ軍の到来を歓迎したという。

ドイツ第三帝国総統のアドルフ・ヒトラーは、ベラルーシを「ボリシェヴィキ打倒後の東方植民のための予定地」程度にしか考えていなかった。ドイツはベラルーシを支配するため、オストラント国家弁務官区下の白ロシア行政委員とベラルーシの代表者たちで組織されたベラルーシ中央評議会を置き、相互理解と治安の安定に努めた。白ロシア行政委員には元マルク・ブランデンブルク大管区指導者で、ダッハウの強制収容所にも務めた経験があるヴィルヘルム・クーベが就任した。ベラルーシ評議会はベラルーシの自治独立と国軍の設立を望んだが、クーベはこれに取り合わなかった。

ベラルーシの民衆にとって、ドイツ軍はすぐさま解放者からソ連以上に恐ろしい圧政者となった。ドイツ人はベラルーシ人を「アーリア人」に劣る二級市民としか扱わなかったし、ドイツ軍の後方には複数の特別行動隊が付いており、ベラルーシに侵入すると同時にユダヤ人やロマの虐殺を開始していた。クーベはユダヤ人抹殺の監督を任されていたが、特別行動隊の残虐行為には腹を立て、親衛隊長官ヒムラーに「これではベラルーシ人の反感が募るだけだ」と書面で抗議している。一方、親衛隊はベラルーシの正教会をベラルーシ独立正教会として独立させ、聖職者たちの支持を取り付けている。

また、ベラルーシに展開していたドイツ軍中央軍集団は、兵力不足を少しでも解消するため、現地の対独協力者を後方業務を担当する「ヒーヴィ」と前線で戦う「東方大隊」に分けて指揮下に編入した。また、親衛隊はベラルーシ統治のために補助警察部隊、いわゆる警察大隊を編成した。ベラルーシで編成された警察大隊は50個以上で、その多くが治安維持任務やパルチザン狩りに投入されている。さらに国家行政委員長のクーベも、ベラルーシ郷土防衛軍（BKA）の創設を提案し、約20個大隊を編成した。しかし制服や武器の調達が難しく、43年4月までに解体され、大隊ごと警察部隊や鉄道警備部隊などに再配置された。

43年9月にクーベが現地人メイドの仕掛け爆弾で爆殺（!）されると、新たな行政委員にクルト・フォン・ゴットベルクSS中将が、評議会議長には元ベラルーシ人民共和国官僚のラドスラフ・オストロフスキが就任した。ゴットベルクは「中央ロシア」親衛隊および警察高級指導者（※）代理であり、厳しいパルチザン戦の実情を理解していた。ゴットベルクはすぐさまベラルーシ人による新たな兵力の編成を命令。この結果、ベラルーシ郷土防衛軍が再建されて34個大隊が編成され、さらに5個の警察大隊がこれに加わった。

また、ロシアのブリャンスクで編成されたブロニスラフ・カミンスキー少将率いるロシア人の自警組織、「ロシア国民解放軍」（カミンスキー旅団／後の第29SS義勇擲弾兵師団「RONA」）をはじめとする諸部隊にも、強制徴用されたベラルーシ人が投入された。

44年6月22日、ソ連軍は「バグラチオン」作戦を発動、圧倒的な兵力でベラルーシへの攻勢を開始した。5日後、ドイツ側とベラルーシ代表側との会合が持たれ、独立政府の設立とベラルーシ国民軍の編成が約束された。ドイツ占領下では画期的な決定であったが、「バグラチオン」作戦によって中央軍集団は急速に崩壊しつつあり、両者は共にポーランドへの撤退を余儀なくされた。

地獄はここに ベラルーシのパルチザン戦

多数のベラルーシ人がドイツ軍に協力する傍らで、ドイツ軍はベラルーシに想像を絶する荒廃をもたらした。

前述した通り、ベラルーシは特別行動隊の暴虐に晒された国のひとつである。「中央ロシア」親衛隊および警察高級指導者であるエーリッヒ・フォン・デム・バッハ＝ツェレウスキーSS大将は、己のユダヤ人虐殺任務の後ろ暗さにノイローゼ

（※）…「親衛隊および警察指導者」とは親衛隊指導者ヒムラーが全ドイツ警察長官に任命されたことをきっかけに設けられた職で、管轄地域において親衛隊と警察組織の指揮権を有するものとされた。最高級指導者、高級指導者、指導者の3ランクがある。

となるくらい気の弱い性格であると同時に職務熱心な人物であり、容赦なくユダヤ人を狩り立てて強制収容所送りにしていった。

一方、フォン・デム・バッハ＝ツェレウスキーはベラルーシにおける対パルチザン戦にも、過酷そのものの態度で挑んだ。ベラルーシはロシアで戦う中央軍集団の重要な補給路であり、ベラルーシの治安が維持できるかどうかは中央軍集団の死命に関わる問題だった。

フォン・デム・バッハ＝ツェレウスキーはベラルーシに多数の部隊を集結させ、41年から44年の3年間で多数のパルチザン掃討作戦を実施した。

ドイツ軍によるパルチザン掃討作戦は、ベラルーシの民衆にとって悪夢そのものだった。ド

【ベラルーシ　妄想ver.】
第二次大戦が勃発すると、ソ連はドイツとの密約に従ってポーランドへ侵攻、その東部領土を白ロシア、ウクライナに編入した。一時的に白ロシアは全ベラルーシ領を回復したが、2年後の独ソ開戦によりドイツ軍の占領下となってしまう。ドイツ軍に占領された国の例に漏れず、ベラルーシもあくまで抵抗するか、対独協力者となるかの選択を迫られた。

イツ軍はパルチザンの根拠地を襲うだけでなく、パルチザンの居場所を知っていたり、匿ったりした一般市民を村や街ごと虐殺した。例えば、中央軍集団によるパルチザン掃討作戦で最大規模となった43年5月の「コットブス」作戦では、オスカール・ディルレヴァンガー率いるSS特別大隊「ディルレヴァンガー」が1万5000〜2万人のパルチザンおよび一般市民を殺害した。また、前述のロシア国民解放軍も、ミンスク周辺における3度のパルチザン掃討作戦で2万人以上のパルチザンと一般市民を殺している。なお、パルチザン掃討作戦には親衛隊の部隊だけでなく、通常の国防軍部隊も参加している。ドイツ特別行動隊の暴虐を描いた有名な映画『炎628』の舞台となったハティニ村もベラルーシにあり、1943年3月22日、第118警察大隊により子供75名を含む149名が殺され、村は焼き払われた。

だが、ベラルーシ国内のパルチザンは殺戮によって損害を受けながらも粘り強く戦い、ドイツ軍に出血を強いた。

ベラルーシが終戦までに被った損害の実体は判然としないが、同政府の公式統計によれば死者は223万に及び、これはベラルーシの人口の3分の1(!)に当たる。また、209の都市が破壊され、9万2000の村が焼き払われ、1万以上の企業が破壊され、300万人以上が家を失った。

ベラルーシのドイツ軍の蛮行がいかなるものだったかについては、スヴェトラーナ・アレクシエーヴィチが執筆した『ボタン穴から見た戦争　白ロシアの子供たちの証言』(群像社または現代岩波文庫)に詳しい。

第30SS武装擲弾兵師団「ロシア第2」とベラルーシ政府の終焉

「バグラチオン」作戦によって中央軍集団が崩壊した後、ドイツ軍の指揮下にあったベラルーシ義勇兵たちは、祖国を失ったままソ連軍との戦いを継続することになった。

中でも過酷な運命をたどったのが、ベラルーシ人を主体に編成された警察旅団「ジークリング」を母体に編成された第30SS武装擲弾兵師団「ロシア第2」だろう。同師団はポーランドで編成を完了した後、祖国であるベラルーシとは全く逆の方向、すなわちフランスに輸送され、そこで西側連合軍およびフランス国内のレジスタンスと戦うことを命じられたのである。このあまりの処遇に師団の将兵たちの士気は地に落ち、数度の戦闘を経て戦闘不能に陥り、44年12月に解体された。一部の兵士は第30武装擲弾兵師団「ベラルーシ第1」に編入されることになったが、編成は中止されて終戦となり、大部分が米軍の捕虜となった。

一方、ポーランドへと撤退したベラルーシ中央評議会は、ドイツ軍と交わした独立の約束にのっとってベラルーシ共和国政府に格上げされたが、戦況を考えれば有名無実の存在であり、できることは何もなかった。しかし、ベラルーシ共和国大統領に就任したオストロフスキは、あくまでベラルーシ人による国軍編成の夢を諦めず、ロシア国民解放軍司令官のアンドレイ・ウラソフとの会談で、同軍への編入を拒んでいる。

終戦後、ベラルーシ義勇兵はソ連軍に引き渡され、ほとんどが処刑されるか、シベリアでの長期にわたる強制労働に就いた。なお、ベラルーシ共和国大統領のオストロフスキはアメリカへの亡命に成功している。

戦後、ポツダム会談での取り決めによりポーランドとソ連の国境はオーデル・ナイセ線とされ、白ロシア共和国は西半分の領土を回復した。ソ連崩壊前の91年に独立し、国名をベラルーシ共和国に変更、現在に至っている。

【ベラルーシ 現実ver.】
武装親衛隊「ロシア第2」師団のベラルーシ人兵士。同師団はウクライナ人大隊の反乱などもあって44年12月に解体された。その後、ベラルーシ中央評議会と師団長ハンス・ジークリングSS中佐の間で協議が行われ、「ベラルーシ第1」師団の編成が決まったが、これも45年4月にキャンセルされている。イラスト右上は両師団共通のインシグニアで、ベラルーシのシンボルのひとつである複十字が描かれている。

ウクライナ

〝失われた未来を求めて〟

東欧の大国ウクライナ

ウクライナと聞いて何かを思い浮かべられる人は少ないと思われるが、知って損でないことはいくつもある。例えば、「コサックダンス」で有名なコサックはウクライナで出現した勢力だし、一般にはロシア料理として知られているボルシチはウクライナが発祥と言われている。

ウクライナは広大な領土を持つ国である。土地のほとんどは肥沃《ひよく》な平原や草原で、ドニエプル川やドネツ川、ドニエストル川などが国土を南北に分断している。山地は南部のクリミア半島や西部のカルパチア山脈のみだ。気候は温暖だが、冬の寒さは日本より厳しく、雨季や雪解けの季節には大地が泥濘《でいねい》と化す。また、肥沃な黒土(チェルノーゼムと呼ばれる)のおかげで古くから「欧州の穀倉地帯」と呼ばれるほど農業が盛んであり、鉄鉱石や石炭などの天然資源も豊富である。

ウクライナという土地の歴史は古く、紀元前10世紀ごろから様々な民族が到来、興亡を繰り返した。9世紀頃、ルーシ族と呼ばれる北方のヴァイキング(ヴァリャーグ)によってキエフ大公国という国家が建設されたが、1240年のモンゴル帝国の侵略で荒廃、その後はポーランド・リトアニア共和国の領土となった。18世紀、ロシア帝国が勢力を増大させ、ウクライナはポーランド支配下の西部、ロシア支配下の中部・

第二次大戦前夜のヨーロッパ方面とウクライナ

ソ連邦の構成国であるウクライナ社会主義ソヴィエト共和国は、ドニエプル川を中心に、東西に広大な領土を持つ国家だった。ウクライナ人が多く住んだガリチア地方は、ポーランド・ソヴィエト戦争の結果、1921年に締結されたリガ平和条約により、ポーランドに割譲されている。

東部に分割された。19世紀に入ると、ロシア・ポーランド両国による抑圧政策への反感と欧州で流行した民族主義の高まりによって、知識人の間でウクライナ人の独立が叫ばれるようになった。

最初の独立とソ連による圧政

1917年2月のロシア革命は、独立を望むウクライナ人にとって絶好の機会だった。3月にはキエフを本拠地にウクライナ中央ラーダ（ラーダ＝評議会）が成立し、11月にはウクライナ人民共和国の樹立が宣言された。ドニエプル周辺のウクライナ地方で初の近代国家である。

しかし、ウクライナの分離独立を良しとしないロシアのボリシェビキ政府は赤軍を差し向け、中央ラーダとの戦いに突入する。中央ラーダとその流れを汲む勢力はドイツ帝国やポーランドと結んで赤軍と戦ったが、ポーランド・ソヴィエト戦争（1919年2月〜21年3月）でポーランドがボリシェビキと講和。裏切られたウクライナの独立は夢と消え、残存勢力は国外へ逃れた。

そして22年12月、ウクライナ社会主義ソビエト共和国は、ロシア、白ロシア（ベラルーシ）とともにソビエト連邦を結成する。

ソ連によるウクライナ支配は過酷だった。ソ連はウクライナ人への懐柔策としてウクライナ語の使用や教育、ウクライナ文化などの研究を奨励したものの、政治的自由はほとんど与えなかった。また、32年から33年には、ロシア人による強引な食糧収奪によって大規模な飢餓（ホロドモール）が発生、400万人から1450万人が死亡した（※1）。

ソ連の抑圧に対し、ウクライナ民衆は反感を募らせた。また、革命期に国外に逃亡した旧中央ラーダ勢力は各地に集結し、ウクライナ独立のための活動を再開した。最大勢力となったのは20年にチェコスロヴァキアで結成されたウクライナ民族主義者組織（OUN）（※2）である。OUNは反ソヴィエト・反ポーランドを掲げ、ポーランドで政治活動を行った。しかし、内部抗争も激しく、アンドリーイ・メーリヌィクとステパン・バンデーラの二派に別れた。このうち、主流となったのは武闘派のバンデーラだった。

こうした情勢を、ドイツ第三帝国の識者たちが目を付けないわけがなかった。ドイツ国防軍の一部はOUNのバンデーラ派と接触、ソ連侵攻のための兵力としてウクライナ人2個大隊を編成した。「ローランド」「ナハチゲル（英語だとナイチンゲール）」と名付けられた両大隊は、第800特殊任務教導連隊「ブランデンブルク」に編入された。バンデーラはドイツ軍と協力することでソ連を打倒し、ウクライナに独立国家を打ち立てるつもりだった。ドイツ軍にとってもウクライナ

（※1）…現在ではソ連政府による、ウクライナ人に対する計画的なジェノサイド（大量虐殺）だったと認定されている。
（※2）…当初の組織はウクライナ軍事組織（UVO）。後に他勢力が合同して、1929年にOUNが結成された。

人の自治は、戦線後方の安全を確保するためにも都合が良かったのである。

だが、ナチス首脳部では、ソ連打倒後のウクライナをどうするかについては意見が分かれていた。東部占領地域大臣のアルフレート・ローゼンベルクは、ウクライナ人の反ソ感情を利用してウクライナにドイツ影響下の独立国家を立て、ボリシェビキに対する緩衝地帯とすることを構想していたが、ヒトラーはウクライナやベラルーシを将来の植民地、および戦争遂行のための資源地帯としてしか考えておらず、意見が合わなかった。さらに、ローゼンベルクの下でウクライナを統治することになっていた元プロイセン大管区指導者のエーリヒ・コッホは、ヒトラーの思想を忠実に実現しようとする職務熱心かつ残忍な性格の人物で、ウクライナ人を「ドイツ第三帝国に奉仕させるべき農奴」としか認識していなかった。

再起を賭してドイツ軍への協力と抵抗

41年6月22日、ドイツ軍は「バルバロッサ」作戦を発動、ウクライナへ侵攻を開始した。ウクライナ人2個大隊も、OUN幹部たちとともにウクライナへと入る。ドイツ軍はソ連の圧政からの解放者として、各地で歓迎された。

国防軍、そしてローゼンベルクの主張によってナチス首脳部の思惑を誤って解釈していたバンデーラたちにとり、ドイツ軍のウクライナ侵攻は待ちに待った機会だった。6月30日、「ナハチゲル」大隊が解放したリヴィウで、バンデーラはドイツ側の了解を得ないまま、ウクライナの独立とヤロスラフ・ステツコを首班とする組閣を宣言した。

だが、バンデーラの行為はヒトラーにとって許しがたいものだった。一週間後にウクライナ新政府は解散され、OUNのリーダーたちはゲシュタポによって逮捕された。バンデーラとステツコはドイツのザクセンハウゼン収容所に投獄され、他のメンバーの大部分は処刑された。

一方、ドイツ軍は順調に進撃を続け、41年冬までにはクリミアを除くウクライナの全土を制圧、首都のキエフも11月までに占領、同地を東部占領地域ウクライナ国家弁務官区とした。

ドイツ軍のウクライナ侵攻は、ひとつの巨大な悲劇の始まりを意味していた。ユダヤ人やジプシー、共産主義者の抹殺を命じられた特別行動隊の活動が開始されたのだ。もっとも大規模な殺戮が行われたのはキエフで、ユダヤ人は近郊のバビ・ヤールの丘に集められて、そこで金目のものをすべて奪われた上で処刑された。ユダヤ人の虐殺には、ドイツ軍が編成したウクライナ補助警察やドイツ側の手元に残った「ナハチゲル」大隊、他のウクライナ人部隊も参加した。

また、ウクライナ国家弁務官となったエーリヒ・コッホは、ヒトラーの理想を実現するべくウクライナ人への圧政を開始した。ウクライナ人をドイツ人、ドイツ系外国人の次に位置する三流市民として、言論の自由を厳しく統制し、逆らうものを容赦なく殺害した。さらにコッホは、ウクライナの農民たちから作物を強制的に徴収、現地のドイツ軍やドイツ本国へと供給したため、ウクライナの農村や都市部は深刻な食糧難に陥った。コッホの方針に抵抗したことで、地図上から消された村落は280以上と言われている。

ウクライナ人の歓迎ムードは一瞬で消え去り、ドイツに対する恐怖と憎悪が取って代わった。

一方、ドイツ軍は東部戦線での兵力不足を補うために、自ら協力を申し出たウクライナ人を積極的に戦力化した。彼らの多くは実戦部隊の「東方大隊」、後方部隊の「ヒーヴィ」、あるいは警察補助部隊として編成された警察大隊に参加した。反ポーランド感情の強かったガリチア地方では、さらに5個のガリチアSS義勇警察連隊が編成されている。この他にも、多数の国防軍・武装親衛隊の部隊にウクライナ人が組み込まれた。

ドイツの圧政に対し、生き残ったOUN内では意見が分裂した。バンデーラ派はドイツとソ連双方への抵抗を主張したが、メーリ

【ウクライナ 現実ver.】
第14SS武装擲弾兵師団「ウクライナ第1」の兵士とウクライナ民族衣装に身を包んだ女の子。実際、「ウクライナ第1」の元となった第14SS義勇師団「ガリーツィエン」(ガリチアのドイツ語読み)の結成式では、民族衣装の女性たちによるパレードが行われている。なお、〝美人過ぎる〟と話題になった元首相ユーリヤ・ティモシェンコの例が示す通り、ウクライナは美女の産地としても名高い。

ヌィク派はドイツ軍への恭順を是とした。43年、バンデーラ派はウクライナ蜂起軍(UPA)を編成し、ドイツとソ連に対する抵抗活動を開始。この動きに各派閥の反ドイツ勢力も参加し、バンデーラ派UPAは急速に拡大した。その兵力は同年末までに3〜4万となり、UPA、ドイツ軍、そしてウクライナ国内の赤軍パルチザンが土地や農作物を巡り、三つ巴の戦闘を繰り広げた。

なお、ソ連側も戦争が始まると同時に多数のウクライナ人をウラル方面に疎開させ、その人的資源を利用した。ソ連軍の中で祖国奪還のために戦ったウクライナ人は約200万と言われている。

第14SS武装擲弾兵師団とウクライナ国民軍の戦い

43年初頭、ウクライナ人の行政機関であるウクライナ中央委員会は、親衛隊と師団規模の部隊編成に合意、これにより5個のガリチアSS義勇警察連隊を母体として第14SS武装擲弾兵師団「ウクライナ第1」が編成された。この師団の設立には、UPAと袂《たもと》を分かったメーリヌィク派も関わっており、師団の幹部にはメーリヌィク派の将校が当てられた。思想的な制約も緩く、師団にはウクライナ東方カトリック教会司祭の従軍も認められた。

44年になると東部戦線の戦況はますます悪化し、ドイツ軍はウクライナからの全面撤退を余儀なくされつつあった。「ウクライナ第1」師団はこれを食い止めるべく、西ウクライナのブロディへ出撃したが、逆にソ連軍に包囲されて戦力の4分の3を失った。その後、師団は再編成のために後方へと下がり、スロヴァキアでの反乱鎮圧に参加した。

同年末、ドイツ軍はウクライナ全土を喪失した。最悪の結末を避けるべく、ドイツ側は手の平を返したようにウクライナ人への態度を軟化させる。彼らはバンデーラたちOUNの幹部を釈放するとともに、将来のウクライナ独立を念頭に置いた行政機関としてウクライナ全国委員会を設置、その下にウクライナ国民軍(UNA)が編成された。「ウクライナ第1」師団はUNAに編入され、ウクライナ国民軍第1師団に改称された。

しかし時すでに遅く、彼らの独立の夢はドイツの敗北とともに消え去った。ウクライナ国民軍第1師団は終戦時にイギリス軍に降伏、「自分たちは1939年のソ連によるポーランド侵攻以前にガリチアに住んでいたポーランド国民であり、祖国の領土回復のためにソ連軍と戦ったポーランド義勇軍」と主張し(!)、これをイギリス軍に認めさせてソ連への送還を免れた(これにはバチカンの介入もあったとされる)。

また、はるか彼方のフランスでは、ベラルーシ人を中心に編成された第30ＳＳ武装擲弾兵師団「ロシア第2」がレジスタンスと戦闘を繰り広げていたが、同師団のウクライナ人2個大隊はこれ以上のドイツ側への加担には益がないと判断、全兵力でフランス軍に寝返った。彼らはフランス軍とともに終戦までドイツ軍と戦った後、ソ連への強制送還を避けるためにフランス外人部隊に編入された。

一方、ウクライナに残ったＵＰＡは戦後もポーランド、ソ連への武力闘争を継続、多数の要人を暗殺した。これに対し、ソ連は圧倒的な力でＵＰＡを締め上げ、積極的な行動を不可能にした。また、ポーランド軍も47年にガリチアでのウクライナ系住民の強制移住を実施、国内のＵＰＡ勢力を壊滅状態に追い込んだ。この結果、ＵＰＡの活動は60年までに終息、ＵＰＡの指導者であるバンデーラも、59年に西ドイツでＫＧＢに暗殺された。

最終的にウクライナでは、第二次大戦によって人口の6分の1に当たる530万人が死亡した。このうち90万がユダヤ人である。さらに、戦後のＵＰＡとソ連の戦いでは13万人が死亡し、20万人がシベリアへと送られた。

独ソ戦という地獄の中で、様々な勢力に別れて独立を目指したウクライナ人たち。彼らの悲願は時を経て、91年8月24日、ソ連崩壊に伴うウクライナ独立により達成された。

【ウクライナ　妄想ver.】
独ソ戦の間のウクライナでは、両正規軍の戦闘とは別に、諸派入り乱れての争いが巻き起こった。ドイツ軍(下)および武装親衛隊のウクライナ人(奥)は、赤軍パルチザン(左)に加え、独ソ両方に反抗するバンデーラ派UPA(右)とも戦ったのである。ドイツ軍が去った戦後もUPAはソ連相手に戦いを続け、60年代まで反抗を続けた。

クロアチア

“野獣たちのバラード”

ちょっとどころじゃなく複雑な前史

クロアチアという国名を聞いて、皆さんは何を思い浮かべるだろうか……何も思い浮かばない人が五人に一人だと思います(汗)。「ネクタイ発祥の地」「キックボクサー、ミルコの出身地」「ジブリのアニメ『魔女の宅急便』の舞台という噂の街がある国」「急にボールが来たので(サッカーネタ。ドイツW杯クロアチア戦での某選手の名言である)」……ともかく、日本人の大半にとって馴染《なじ》みの薄い国であることはご理解いただけると思う。

しかしこのクロアチア、第二次大戦においてはユーゴスラヴィアで唯一の枢軸国だった。そしてそれまでには複雑極まりない道のりがあった。

そもそもの発端は、ユーゴスラヴィアという国家にある。このユーゴスラヴィアはバルカン半島の沿岸部に位置する連合国家で、第一次大戦後に独立した。国土はセルビアやマケドニア、スロヴェニア、ボスニア、クロアチアなどの地方の集合体からなっており、多くの宗教や民族が入り混じっていた。しかし政治はセルビア人を中心に行われていた。

クロアチアは歴史的背景により、ユーゴスラヴィアの中でも特に独立意識と反セルビア感情が高い場所だった。このため1939年、ユーゴスラヴィアはクロアチアの自治を認めている。しかし、それでもユーゴスラヴィア政府はクロアチ

第二次大戦前夜のヨーロッパ方面とユーゴスラヴィア

第一次大戦でオーストリア＝ハンガリー帝国が敗北したのを受けて成立したのが、南スラブ人による連合王国「セルビア人・クロアチア人・スロヴェニア人王国(セルブ・クロアート・スロヴェーン王国)」だった。国王アレクサンダル一世はセルビア人中心の国家体制を築き、1929年には新憲法を布告して国王独裁とし、国名をユーゴスラヴィア王国に改めた。アレクサンダル一世は1934年に暗殺され、ペータル二世が後を継いでいる。

ア独立を目指す急進派を抑えることができず、急進派はバルカン半島の支配を狙うイタリアの支援を受けて幾度もテロ活動を続けていた。その最大の勢力が、ファシズムを信奉する民族主義者アンテ・パヴェリチ率いる「ウスタシャ」と呼ばれる武装組織だった。

こうした状況下、ドイツ軍によって行われたユーゴスラヴィア侵攻作戦は、彼らに絶好のチャンスを与えた。ウスタシャはクロアチアに侵攻したドイツ軍を解放者と迎え、進んで協力した。ドイツ軍も戦後のユーゴスラヴィアの支配権を（イタリアに渡すことなく）握るために、ウスタシャによるクロアチアの支配を容認することとなった。

かくして、ドイツ軍がユーゴスラヴィアを席巻した1941年4月、首都ザグレブにおいてクロアチア独立国の建設が宣言された。もちろんその支配者はパヴェリチである。領土はクロアチアとボスニア・ヘルツェゴビナを統合したものとなり（他の地方は枢軸国に配分）、ドイツとイタリアはそれぞれクロアチアの国土の南北に影響力を及ぼすこととなった。しかしイタリアの支配はいいかげんなものであり、支配の主導権はドイツ側にあった。

つまりクロアチア独立国は「独立国」を名乗りながらも、ナチスの操り人形でしかなかったのだ。もっとも、もともとはテロ組織でしかないウスタシャに国土の統治は無理な相談だった。その代わり、彼らが積極的に推し進めたのは……やはりナチスと同じく、異分子の排斥《はいせき》、つまりは宿敵のセルビア人や、ユダヤ人などの、文字通りの意味での『抹殺』であった。

クロアチア軍の編制

パヴェリチに率いられることとなったクロアチア独立国だったが、当然のようにその軍事力は限られたものだった。なにしろ、パヴェリチの私兵ウスタシャは治安維持にも使えないチンピラ集団であったし、イタリアの支配圏ではまともな徴兵も行われなかった。またドイツとイタリアも、ユーゴスラヴィア全土でクロアチアが反感を持たれていることを察しており、その力を必要以上に大きくしようとは思っていなかった。

第二次大戦中、クロアチア人の兵力は、大まかにいって四つに分けられる。クロアチア軍とウスタシャ、クロアチア人から徴集された武装親衛隊、そしてドイツ国防軍が指揮権を握るクロアチア人部隊である。

まず、最初のクロアチア軍は陸・海・空軍の三軍に分かれており、このうち最大の兵力は「国土防衛軍」とも呼ばれたクロアチア陸軍であった。陸軍は大戦中にいろいろと編制を変えたが、基本的に10～15個の歩兵・山岳師団を中心に編成されていた。ただしその戦力は師団といっても5000名前後の、他国で言えば連隊〜旅団規模であり、またウスタシャとの折り合いも悪く、治安維持にしか用いられなかった。また海軍はイタリアの命令で5000トン以下の艦艇しか持てない沿岸部隊で、空軍も旧式機を中心に編成され、パルチザン狩りの支援に用いられる程度でしかなかった。

次のウスタシャは、前述した通りパヴェリチの私兵であり、20個程度の旅団として運用されていた。しかしこのウスタシャは陸軍以上に使い物にならず、ドイツ人でさえ顔をしかめるほどに残虐な、他民族への迫害にのみ悪名を轟《とどろ》かせた。

三番目の武装親衛隊所属部隊は、1943年春にボスニアのイスラム教徒とクロアチア志願兵を中心に編成された第13SS山岳師団「ハンジャール」と、1944年春に編成された第23SS山岳師団「カマ」の2個師団をはじめとする義勇部隊がこれに当たる。

最後のドイツ軍クロアチア人部隊は、クロアチア人を短期間で精強な兵力として利用するべくドイツが訓練を行った、いわば「ドイツ国防軍の中でのクロアチア人」部隊である。ドイツ軍がもっとも期待していたのはこの部隊だった。クロアチア独立国の成立後、ドイツ軍は手始めに志願兵を第100猟兵師団の第369(増強)連隊に送り込み、さらに同連隊から後送された負傷兵やその後に続いた志願兵によって、1943年前半に第369歩兵師団(別名「悪魔師団」)と第373歩兵師団(「虎師団」)、そして1943年秋に第392歩兵師団(「青師団」)の3個師団を編成した。

同様にドイツ空軍も旧ユーゴスラヴィア空軍のクロアチア人搭乗員を募集、メッサーシュミットBf109E型およびG型を装備する戦闘機中隊をドイツ空軍の第52戦闘航空団(JG52)へ、ドルニエDo17を装備する爆撃機中隊を第53爆撃航空団に送り込み、東部戦線に投入した。このうち戦闘機中隊は三度の前線派遣で300機以上を撃墜、21名のエースを生み出している。

以上のような多種多様のクロアチア人部隊の中で、もっとも戦史に名を轟かせているのが第100猟兵師団に配属された第369(増強)連隊である。この連隊はスターリングラード市街戦に参加、「赤い10月工場」「ママーイェフの丘」「102高地」などの激戦場に投入され、壊滅状態となった末にソ連軍の反撃によってスターリングラードの包囲網の中で降伏した。

しかし、第369(増強)連隊はクロアチア人に関わる最初の悲劇でしかなかった。なぜならば本当の悲劇、いや惨劇は、同じ頃、ユーゴスラヴィアで開始されようとしていた。

パルチザン戦 煉獄のユーゴスラヴィア

1942年中盤、ユーゴスラヴィアは泥沼のゲリラ戦——

パルチザン戦に突入していた。前述したようにドイツ、イタリアのユーゴスラヴィア支配は実効的とはいえず、二つのゲリラ組織――セルビア人による王党支配を目指すミハイロヴィッチ率いる「チェトニク」、そして共産主義者のチトー率いる「パルチザン」が形作られていたからだ。ウスタシャにとって、この二つのゲリラ組織こそが主敵だった。

【クロアチア 現実ver.】
ドイツをはじめ多くの枢軸国で一般的に用いられた小銃Kar98kを装備するクロアチア陸軍兵。女性兵士の手前にあるのはクロアチアの国章「シャホヴニツァ」で、赤と白の市松模様だ。

しかしチェトニク、パルチザンの双方もまた敵対しており（チェトニクは敵であるはずのイタリアと手を組んでいた！）ユーゴスラヴィアにおける戦いは三つの勢力が戦闘を繰り広げるという、まさに「三つ巴」の状況となっていた。むろんドイツ軍もこの状況を座視できず、二線級部隊を用いた対パルチザン戦を開始していた。この戦いがいかに凄惨だったかは……双方ともに捕虜を「取らなかった」という傾向が強かった事実が何よりの証拠だろう。

クロアチア陸軍およびウスタシャは、モンテネグロで行われたドイツ軍の第二次・第三次攻勢、その後のチトー・パルチザンによるクロアチアへの北上に対して行われた迎撃戦に支援役として参加したが、彼らがパルチザンへの大攻勢の表舞台に出ることは一度もなかった（陸軍はウスタシャに「パルチザン補給部隊」と呼ばれていた）。反対に攻勢の表舞台に立ち、パルチザンと対峙したのは、続々と訓練が完了しつつあった武装親衛隊師団とドイツ・クロアチア人部隊だった。

彼らにとって最初の激闘は1942年10月に開始された。ドイツ軍はクロアチア南部に勢力を伸ばし、15万もの兵力を揃えたチトー・パルチザンに対して「白」作戦と呼ばれる大攻勢を開始したのだ。この攻勢にはドイツ軍3個師団、イタリア軍5個師団のほかに、第7SS擲弾兵師団「プリンツ・オイゲン」の協同部隊として第369歩兵師団（クロアチア）が参加、一定の戦果を挙げるもチトーを捕り逃すこととなった。

これに続いて5月には、ドイツ軍は再びモンテネグロに布陣したチトーに対し第5次攻勢「黒」作戦を発動、再び第369歩兵師団（クロアチア）は前線に投入され、パルチザンに打撃を与えながらも大損害を受けた。さらにこの後、ドイツ軍は43年冬から44年春にかけて第六次攻勢「豹《ひょう》」および「球電」、「吹雪」などの作戦を連続的に発動、これらにも第369歩兵師団（クロアチア）をはじめとするクロアチア人部隊多数が参加している。ちなみにこの間、イタリアが降伏、その支配地域を確保するための「枢軸」作戦が行われている。

一方、武装SSとして編成されたクロアチア人部隊、第13SS山岳師団「ハンジャール」もまた（同年9月に公然と反乱を起こしながら！）パルチザン戦に投入されはじめた。彼らの最大の戦いは4月11日にツヴォーニクで行われた「復活祭の卵」作戦であった。師団はこの他にも多数のパルチザン作戦に従事、ドイツ軍最後の攻勢として有名な「春の目覚め」作戦にも参加している。なお、同じ武装親衛隊師団の第23SS山岳師団「カマ」は、兵員の質が悪すぎで訓練があまりに困難だったことから、44年末に解隊されている。

パルチザン戦のクライマックスは、5月に行われた「桂馬跳び」作戦だった。この戦いではスコルツェニーが指揮に関わった第500SS降下猟兵大隊がチトーのパルチザン本部を空から強襲したが、大隊は惜しくも彼を取り逃した。大隊の収容には、ドイツ軍部隊のほかに、新たに実戦投入された第373歩兵師団（クロアチア）が協力した。

かのごとく激しい戦いとなったユーゴスラヴィアのパルチザン戦であったが、その勢いは1944年後半になると急速にしぼんでいった。この時期、チトー・パルチザンはウスタシャ、そしてチェトニクを圧倒する50万以上の勢力となっており、また旧ユーゴスラヴィアの首都ベオグラードがソ連軍によって解放されると、ドイツ軍にもパルチザン戦にかまけている余裕はなくなったからだ。幸いにもその後、ソ連軍は北方のウィーンを目指したが、パルチザンの戦力はさらに強化され、もはや枢軸陣営の退勢は明らかだった。

1945年春、ユーゴスラヴィアに展開していたドイツE軍集団とクロアチア軍は撤退を開始、セルビアを放棄して北へ向かい始めた。

【クロアチア 妄想ver.】
「先輩といると私はスーパー松原美留子になれるんです！」左ハイキックが得意な松原美留子は、今日もパルチザン狩りに大活躍だ。上空をフライパスするのは、クロアチア空軍が大戦後期に用いたBf109戦闘機のG型。

終焉の悲劇——「力は正義よりも強し」

1945年5月、枢軸軍はクロアチアの大部分を確保しながらも「英軍」へ降伏する道を選び、イタリア国境を目指した。

クロアチアに残ったまま残虐なチトー・パルチザンに降伏すればどうなるかなど分かりきっていたからだ。だが様々な手違いによって降伏は彼らの大部分がイギリス軍に接触する前に行われてしまい、E軍集団とクロアチア軍の大部分がチトー・パルチザンの捕虜となった。

両軍の最後は予想通り……いや、最悪のものだった。チトー・パルチザンは積年の恨みを晴らすべく、彼らのほとんどを虐殺したのだった。生き残ったのは15万人の兵士のうち、わずか5万人と言われている。

こうして、ユーゴスラヴィアを舞台に行われたクロアチア軍の血生臭い戦いは終わりを告げた。なお、このウスタシャの暴虐によって殺されたセルビア人は35万人とも70万人とも言われ、クロアチア側もまた多数の民間人をチェトニク、パルチザンの報復によって失った。そしてこの恐るべき民族戦争の怨念《おんねん》は、のちのユーゴスラヴィア紛争において、再び悲劇の原因となるのである。

チェトニク

〝裏切られた正義〟

やっぱり複雑な前史 ユーゴスラヴィアの崩壊

第二次大戦直前、ユーゴスラヴィア王国は多種多様な土地と人種の集合体だった。

ユーゴスラヴィアはその中核となったセルビア王国をはじめ、クロアチア、ボスニア・ヘルツェゴヴィナ、モンテネグロ、マケドニア、スロヴェニアなどが領土として含まれ、そのすべてが多民族地域であった。第二次大戦後のユーゴスラヴィア連邦は「7つの国境、6つの共和国、5つの民族、4つの言語、3つの宗教、2つの文字、1つの国家」と表現されたが、大戦前夜のユーゴスラヴィアにもそれは当てはまる。

国内で特に大きな力を持ったのは、セルビア王国のセルビア人だった。政治的権力はセルビアの首都ベオグラードに集中し、セルビア人のエリートが政治の中心を占めた。

このセルビア人支配にもっとも抵抗したのがクロアチア人だった。クロアチア人はセルビア人の中央集権的な支配に反感を抱いており、クロアチアの独立を主張していた。この動きに対し、ユーゴスラヴィア国王のペータル二世は1939年にクロアチアの自治を認めたものの、クロアチア人の反セルビア感情は収まらず、ファシスト・グループのウスタシャの台頭を招くことになった。

また、ユーゴスラヴィアを取り囲む諸外国、イタリアやブルガリアなどもユーゴスラヴィアに領土的野心を持っていた。

ドイツ軍のユーゴ侵攻後のユーゴスラヴィア

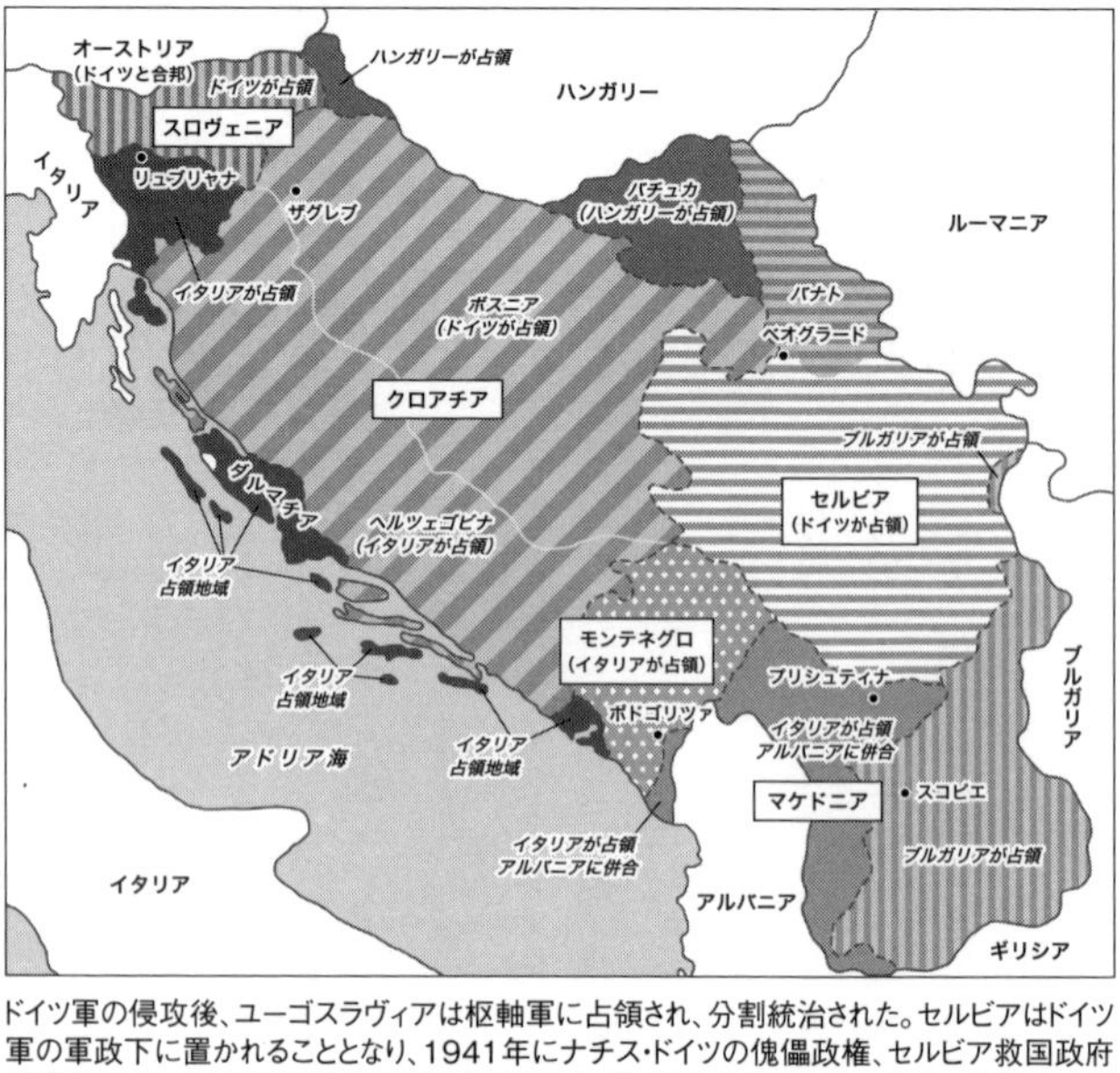

ドイツ軍の侵攻後、ユーゴスラヴィアは枢軸軍に占領され、分割統治された。セルビアはドイツ軍の軍政下に置かれることとなり、1941年にナチス・ドイツの傀儡政権、セルビア救国政府が設立された。クロアチア独立国は独立宣言したが、ボスニアはドイツ、ヘルツェゴビナおよびダルマチアはイタリアの占領下に置かれた。

特に、地中海周辺の領土を得ることで新たなローマ帝国を建設しようとしていたイタリアのムッソリーニにとって、アドリア海に面するユーゴスラヴィアは魅力的な土地だった。

ドイツ軍のユーゴ侵攻は、こうした状況下で引き起こされた。1941年3月、ドイツとの同盟締結を決意したユーゴスラヴィア政府に対し、セルビア人を主体とした軍部がクーデターを断行、反枢軸政権を樹立する。これに応じてドイツはユーゴスラヴィアの打倒を決意、ドイツ軍は「総統指令25号」の下、4月8日にユーゴスラヴィアへの侵攻を開始した。

ドイツ軍の攻勢でユーゴスラヴィアは2週間も経たず敗北した。ユーゴスラヴィアの王族はイギリスに亡命、その領土は枢軸国によって分割された。すなわち、クロアチアとボスニア・ヘルツェゴヴィナ、スロヴェニア南部は「クロアチア独立国」として独立、セルビアにはドイツの占領下で戦前の国防相ミラン・ネディッチ将軍を議長とするセルビア救国政府が設置された。マケドニアはブルガリアが占領、モンテネグロとダルマチア海岸部はイタリアの手に渡り、ユーゴスラヴィアは崩壊したのである。

このうち、独伊双方の支援を受けたクロアチア独立国は、反セルビア勢力のウスタシャと、その首魁アンテ・パヴェリチの指導の元、国内でセルビア人やユダヤ人に対する虐殺……後で言う民族浄化を繰り返していくことになる。

チェトニクの台頭
チトー・パルチザンとの別離

ユーゴスラヴィア全土を短期間で制圧したドイツ軍だったが、その戦後処理はずさんなものとなった。ドイツ軍はその後に予定されていたソ連への侵攻作戦のため、兵力をすぐにユーゴスラヴィアから引き上げてしまったのだ。残された兵力はわずか4個師団程度で、いずれも二線級の部隊だった。

加えて、ユーゴスラヴィアの戦いでドイツ軍が捕虜にしたユーゴ軍将兵は全体の半数にあたる34万人で、残りの30万人以上の将兵（主にセルビア人）がドイツ軍の降伏命令に背《そむ》き、地下に潜伏することになった。

こうした状況で、最初に台頭した反枢軸勢力が旧ユーゴ軍将兵を中心に編成された武装組織、チェトニクであった。チェトニクとは「腕章をした男」という意味で、その由来は、19世紀にトルコ軍を駆逐したゲリラ部隊「チェータ」であると言われている。

チェトニクの指導者は旧ユーゴ軍の大佐、ドラジャ・ミハイロヴィッチであった。ミハイロヴィッチは思慮深い職業軍人で、セルビア人による伝統的支配を維持しようという「大セルビア主義」に基づいた強い信念を持っていた。また、強烈な反共主義者でもあった。

ミハイロヴィッチは、現状のチェトニクの戦力ではユーゴスラヴィアからドイツ軍を駆逐することは不可能と判断し、戦力を温存しつつ小規模な抵抗を頻発させ、ドイツ軍の戦力を疲弊させた後に全面的な蜂起に移るという計画を立てていた。ミハイロヴィッチは大規模な抵抗活動を行って、ドイツ軍の報復で多数の市民を危険にさらすよりも、この戦略の方が犠牲は少ないと判断していた。

彼の考えは、ロンドンに亡命していたユーゴ政府の戦略とも一致していた。1941年夏、チェトニクはイギリスからの支援を受けつつ、ドイツに対する抵抗運動を開始した。

一方、チェトニクと並行するようにドイツへの抵抗を開始した組織がもう一つあった。ユーゴスラヴィア共産党の書記長、チトーに率いられたゲリラ組織パルチザンである。チトーもまた1941年の夏までに戦力をまとめ、抵抗活動を開始しようとしていた。

ミハイロヴィッチにとって、チトー・パルチザンは味方になりえる存在だったが、同時に警戒すべき勢力だった。チトー・パルチザンはチェトニクとは正反対の戦略……ドイツ軍に対する積極的な破壊活動を志向しており、双方の意思統一は望むべくもなかった。

1941年9月から10月にかけて、ミハイロヴィッチとチトーによる会談が何度か行われた。当初は友好的な接触を図った両者だったが、ほぼ同時期にドイツ軍によるチェトニクの抵抗活動への報復……セルビア人への虐殺が激しさを増したことで、ミハイロヴィッチはチトーとの協力を断念、それだけでなく、逆にドイツ軍の激しい報復を誘発しかねないチトーの戦略に懐疑を抱くようになった。

10月末、チェトニクとチトー・パルチザンはチェトニク側が先制攻撃を仕掛ける形で交戦状態に陥り、双方の亀裂は決定的になった。さらにドイツ軍の第一次攻勢が開始され、両者はセルビアからの敗走を余儀なくされた。

チェトニクの〝転向〟血まみれのユーゴ内戦

チトー・パルチザンとドイツ軍との戦いで大きな損害を受けたチェトニクは、方針転換を迫られることになった。今やミハイロヴィッチにとって最大の敵は、セルビア住民の被害を拡大させかねないチトー・パルチザンであり、ドイツ軍との対決は二の次となりつつあった。このため彼は、まずは枢軸側と協力することでチトー・パルチザンの跳梁を抑え込み、同時に武器弾薬を手に入れることによって戦力を再編成、いずれ行われる大規模蜂起に備えることを決めた。

1941年末、チェトニクは二つの勢力との接触を開始した。一つはユーゴスラヴィア沿岸部を占領するイタリア、もう一つは、ドイツ軍の支配するセルビアの行政を任されたセルビア救国政府である。この二つの勢力には、共にチェトニクと手を結ぶメリットが存在した。

まず、イタリアはクロアチアの権益問題でドイツと対立していた。また、クロアチア独立国はイタリアではなくドイツとの関係強化を望んでおり、ウスタシャを用いてイタリア軍の占領地域でセルビア人やムスリム(イスラム教徒)、反ウスタシャのクロアチア人の虐殺を行っていた。

このためイタリアは、ウスタシャを抑え込むと同時にクロアチアでのドイツの力を削ぎ、そしてチトー・パルチザンとの戦いを有利にするため、それらすべてと対立するチェトニクへ大規模な武器供与を行った。このイタリアからの支援により、チェトニクの戦力は1942年春までに急速に回復した。

チェトニクなら俺の横で寝てるよ
な……私たち同盟国ですよね?
しらね
武器のため
武器のため…

【チェトニク 妄想ver.】
反枢軸のセルビア王国の流れを汲む「王党派」チェトニクだったが、対チトー・パルチザンの立場からイタリアやセルビア救国政府と協力関係を持ち、結局は枢軸側に協力することとなる。イラストは武器欲しさにイタリアのちょいワル統領と寝てしまうチェトニク。

一方のセルビア救国政府は、ともにセルビアの共産化を食い止めようとしている点でチェトニクと利害が一致した。セルビア救国政府は国土防衛軍にチェトニクを編入、ミハイロヴィッチをその総司令官に任命し、パルチザンへの攻撃に参加させるとともに、ドイツ軍の動向をチェトニクに知らせた。

イタリアとセルビア救国政府との連携を開始したことで、チェトニクは急速に枢軸側へと取り込まれていった。ドイツはこうしたチェトニクの扱いに不満を持っていたが、チトー・パルチザンに対応する必要から、その行動を黙認した。

1942年1月、枢軸側はボスニアに逃れたチトー・パルチザンに対し、第二次攻勢を開始した。この戦いにはドイツ軍、イタリア軍、クロアチア軍、ウスタシャ、そして今や枢軸軍の一部に編入されたチェトニクが加わり、チトー・パルチザンに撤退を強いた。

だが、こうしたチェトニクの〝転向〟は、枢軸側との連携を望まないセルビア人ほかの反感を買い、結果的に彼らをチトー・パルチザン支持に向かわせる結果となってしまった。いかなる思惑があろうとも、枢軸側に加担している時点で、チェトニクは多くの民衆にとって敵だったのだ。

また、チェトニクはウスタシャと相変わらず敵対しており、各地で衝突を繰り返した。彼らは主にボスニアで、チトー・パルチザンと連携する可能性があるとしてクロアチア人とムスリムの一般市民を虐殺した。一方のクロアチアもセルビア人に対する虐殺を繰り返したため、両者の虐殺合戦はエスカレートの一途を辿った。ただし、一部のパルチザン戦では、チェトニクとクロアチアは共闘している。

第二次攻勢以降も、チェトニクはチトー・パルチザンを抑え込むべく、枢軸側に立って戦いを継続した。チェトニクが参加した最大のパルチザン戦は、1943年1月から4月にかけてボスニアで行われた第四次攻勢「白」作戦で、この戦いには1万8000名ものチェトニクが参加、枢軸軍の包囲を脱出するチトー・パルチザンにとどめの一撃を加えようとしたものの、逆にチトー・パルチザンの奇襲を受けて敗走した(ネレトバの戦い)。

終局の破滅

血で血を洗うユーゴスラヴィア戦の転換点は、1943年後半に訪れた。

9月、イタリアが連合国に降伏したことで、ユーゴ領内のイタリア軍占領地域が空白化したのだ。ドイツ軍とウスタシャ、そしてチトー・パルチザンは一斉に旧イタリア軍占領地に向かい、土地と武器を奪取しようとした。ここで多数の武器を得たチトー・パルチザンの戦力は飛躍的に強化された。

また、11月のテヘラン会談では、ユーゴスラヴィアでの支援対象をチェトニクからチトー・パルチザンに変更する決定がなされ、これにイギリスのユーゴスラヴィア亡命政府も追随、大量の補給物資がアドリア海を通してチトー・パルチザンの元に送られるようになった。装備の充実に伴い、チトー・パルチザンの人員は急増、各地で解放区域を拡大した。これに対して、チェトニクを含めた枢軸側はさらに4度の攻勢を行ったものの、チトー・パルチザンを撃滅することはできなかった。

1945年、50万もの兵力に増大したチトー・パルチザンの攻撃を防ぎきれないまま、枢軸側はセルビアを捨ててクロアチア方面に撤退を開始、約1万名のチェトニクもそれに続いた。

5月、ユーゴスラヴィアの枢軸軍はクロアチアやオーストリアの国境付近でイギリス軍に降伏した。だが、それは悲劇の始まりだった。イギリス軍は彼らをすぐさまチトー・パルチザンに引き渡したのだった。チトー・パルチザンはこの大量の捕虜たちをイギリス軍の目の届かないところまで連れていくと、積年の恨みを晴らすべく虐殺を開始した。同志が残っていることを信じて単身セルビアに戻ろうとしたミハイロヴィッチもチトー・パルチザンに捕縛され、1946年7月の裁判で死刑判決を言い渡されてベオグラードで処刑された。

かくしてチェトニクの戦いは終焉《しゅうえん》を迎えた。チェトニクによって殺害されたクロアチア人やムスリムは28万人以上と言われているが、これに対してウスタシャが殺害したセルビア人の数は35万から70万人と言われている。この陰惨な虐殺合戦の記憶は、後のユーゴスラヴィア内戦の原因の一つとなった。

ミハイロヴィッチはチトーによる裁判の最終弁論の中で、以下のような言葉を残している。

「私は多くのものを望み、多くのことを始めたが、世界の嵐が私と私の仕事をさらっていってしまった」

【セルビア人組織 現実ver.】
セルビア人のうち、ドイツの占領統治に協力した組織としてセルビア国土防衛軍とセルビア義勇部隊（後に義勇軍団）があり、いずれもセルビア救国政府ミラン・ネディッチの指揮下にあった。チェトニクと救国政府の協力が成立して以降は、チェトニクの一部がこれらの組織と合流している。セルビア義勇軍団は（例によって）ドイツの武装親衛隊に組み込まれ、第1～第4セルビア義勇連隊が編成されている。手前の娘の小銃は、ユーゴ軍制式小銃であるチェコ製vz.24（M1924 CZ）。

セルビア

〝生き残る「負の遺産」〟

セルビアってどんな国？

セルビアとはどんな国か？　一応、1990年代末に世界を揺さぶった（今にして思えば、ISISやシリアを巡る紛争よりはマシだったのではないか――まったくの他人事としてそう思うが、まぁそれはさておき）ユーゴスラヴィア紛争の当事国の一つであるのだが、日本での知名度はありていに言って低いだろう。例えば、観光地を紹介するテレビ番組でも、セルビアはほとんど紹介されず、隣国の（そして同じくユーゴスラヴィア紛争の当事者で、後述するがセルビアのライバルでもある）クロアチアの方がより大きく、かつ好意的に紹介されている。

おそらくその原因の根本は、セルビアに観光資源が少ないことだと思われるが、もう一つにはセルビアに対する世間のイメージの悪さもあるだろう。ユーゴスラヴィア紛争の一つであるコソボ紛争において、セルビアはマケドニアやアルバニアを支援するNATOに「敵」として認定され、空爆の標的とされた。また、同じくボスニア・ヘルツェゴビナ紛争でもセルビア人勢力は民族浄化を行い、多数のムスリムやクロアチア人を虐殺し、世界的な批判の対象になった。

内戦で疲弊し空爆で痛めつけられ、さらに西側からの長期にわたる経済封鎖を受けたセルビアの経済が復調したのは2000年代に入ってからで、近年になってようやく領土問題でも解決の目途が立ち、EU加盟に向けて動き出している。

ドイツ軍のユーゴ侵攻後のユーゴスラヴィア

ユーゴスラヴィア時代は同国の主導的役割を占めていたセルビアだったが、第二次大戦におけるドイツの侵攻後はドイツ占領下に置かれ、傀儡政権セルビア救国政府が置かれることとなった。なお、北部のバナト地方はセルビア領とされたが、実質的に現地ドイツ人により自治支配されている。また、東部のティモク川西岸はブルガリアに支配された。

かのごとくイメージの悪いセルビアだが、ユーゴスラヴィア紛争においてセルビア人が(そして実は他の勢力も)民族浄化などの苛烈な行動を行った背景には、セルビアが第二次世界大戦で辿った運命が影響している。

セルビアはバルカン半島の中西部、ユーゴスラヴィアに属した地域の中央部に位置する国だ。現在、セルビアはセルビアという一国でまとまっているが、2006年にモンテネグロが独立するまではセルビア・モンテネグロ連邦を形成しており、また、ユーゴスラヴィアが崩壊する1991年までは同国の中核を担っていた。セルビアの首都はベオグラードで、こちらも1991年まではユーゴスラヴィアの首都でもあった。

現在のセルビアは、北にハンガリーとルーマニア、東にブルガリア、西にクロアチアとボスニア・ヘルツェゴビナ、南にモンテネグロ、コソボ、マケドニアと国境を接する。ただし、セルビアはコソボの独立を認めていない。コソボの独立を承認したのは、日本を含む国連加盟国の半数強であり、その立ち位置はいまだ不透明となっている。

現在におけるセルビアの人口は、コソボを除いて700万。全体の八割を、セルビア正教会を信仰するセルビア人が占め、他にカトリックのマジャール人やクロアチア人、イスラム教徒のボシュニャク人(ムスリム)、ロマが占める。一方、セルビアが自国領土だと主張するコソボではイスラム教徒のアルバニア人が92パーセントを占め、セルビア人は4パーセントにも満たない。このように、コソボを含むセルビアは他人種が入り交じる「モザイク国家」であるが、これは他の旧ユーゴスラヴィア諸国も同様であり、人種間の摩擦がユーゴスラヴィアにおける紛争の元凶となっている。

ユーゴスラヴィア王国におけるセルビア人とクロアチア人の対立

第一次大戦後、それまでオスマン帝国、あるいはオーストリア=ハンガリー帝国の支配下にあったバルカン半島北西部〜中央部の地域は、ユーゴスラヴィア王国として独立を果たした。ユーゴスラヴィア王国の前身となったのはセルビア王国で、これにクロアチア、スロヴェニア、ボスニアなどが加わり、一種の連合国家となった。

ただし、政府は主にセルビア人によって運営され、非セルビア人勢力との対立が続いた。1928年からセルビア人と民族意識の高いクロアチア人の勢力との対立が高まり、政府は1939年にクロアチア自治州を設置し、どうにかクロアチア人との妥協を成立させた。

しかし、クロアチアの一部の過激な民族主義者たちは「大クロアチア主義」を掲げ、クロアチアの完全な独立とクロアチアによるボスニア・ヘルツェゴヴィアの併合などを求めていた。彼らの多くはアンテ・パヴェリチ率いるウスタシャと呼ばれるファシスト政党団体に属し、ドイツとの関係を強化しつつあった。

第二次大戦勃発時、ユーゴスラヴィア王国は親ドイツ路線を採り、1941年3月に同盟を結んだ。この時点で周辺国のハンガリー、ルーマニア、ブルガリアが三国同盟に加わっており、ユーゴスラヴィアは友好国であるギリシア以外の国境を枢軸国勢力に囲まれていた。ドイツ軍はギリシアに展開するイギリス軍の排除を目論んでおり、ユーゴスラヴィアが戦争を回避するにはドイツと同盟するより他手段はなかった。

しかし、この決定にベオグラードでは大規模な抗議行動が展開され、3月27日にはクーデターが起こって政権が転覆。これを見たドイツ軍はユーゴスラヴィア侵攻を決意し、4月8日、ドイツ軍がユーゴスラヴィア全土を占領した。国王や摂政らはイギリスに脱出、亡命政権を樹立した。

セルビア救国政府の成立とユーゴスラヴィア内戦

ドイツの占領後、ユーゴスラヴィアは複雑に分割された。まず、民族主義団体「ウスタシャ」を母体としてクロアチアが独立、クロアチア独立国が成立した。クロアチア独立国はクロアチアの他、スロヴェニア南東部、ボスニア・ヘルツェゴビナ、セルビア北部のヴォイヴォディナを占領した。マケドニアはブルガリア、バチュカはハンガリーに割譲され、スロヴェニア南部やダルマチアを含むアドリア海一帯、南部のモンテネグロおよびコソボはイタリアの領土となった。そして、残されたセルビア地域はドイツ軍の軍政下に置かれることになった。

クロアチア独立国を打ち立てたクロアチア人勢力は、戦前から連絡のあったドイツ軍と密接に繋がっており、セルビアは完全にその風下に置かれることが半ば決定していた。ドイツのバックアップを受けたウスタシャは、占領地における民族浄化を開始、セルビア人やユダヤ人、ジプシー、さらには同胞のクロアチア人の反対派を大量に逮捕、あるいは虐殺した。また、ユーゴスラヴィア内ではユーゴスラヴィア軍残党のドラジャ・ミハイロヴィッチが反独抵抗組織チェトニクを立ち上げてドイツへの抗戦を開始しており、時同じくしてユーゴスラヴィア共産党のヨシップ・ブロズ・チトーを中心とするパルチザンも反独闘争を始め、ウスタシャやクロアチア軍、ドイツ軍と戦っていた。

このような混沌の中、セルビアを統治する傀儡政権としてセルビア救国政府が樹立され、その首魁にはミラン・ネディッチが選ばれた。ネディッチは元々セルビア軍の将校で、1939年8月から1940年11月まで国防大臣を務めていた。

ドイツ軍のユーゴスラヴィア侵攻時には第三軍集団を指揮するが敗北し、投降していた。もっとも、ネディッチに実際の権限はほとんどなく、セルビアの統治はドイツの占領当局に牛耳られていた。

ドイツ軍が直接的な軍政を敷かず、ネディッチの傀儡政権を樹立したのは、当時激化しつつあったソ連との戦争に戦力を取られて、自力でユーゴスラヴィア統治が行えないことが明白となりつつあったためだ。ドイツ軍にはセルビア人からなる戦力を治安維持に当てようという考えがあり、このため、ネディッチには治安維持部隊の編成の権限が与えられた。

ネディッチは反共主義者で、ドイツとの協調を是としていたが、その裏には自分がドイツとの交渉役になることで、ドイツ軍やウスタシャなどの重圧からセルビア人を一人でも守ろうという意志があったとも言われ、「救国政府」との名称はこの考えを反映したものとされている。

セルビア救国政府の首班（議長）を務めたミラン・ネディッチ

セルビアでのドイツの軍政は過酷なものとなった。まず、クロアチアと同じく多数の強制収容所が設立され、ユダヤ人やロマたちのほとんどが逮捕された。チェトニク、チトー・パルチザンおよびその協力者と思われる一般市民もドイツ軍によって殺戮された。もちろん、セルビア救国政府はそれらにほとんど影響力を行使できなかった。ただし、ネディッチは限られた権限を使い、自国に各地のセルビア人やスロベニア人、ごく少数のユダヤ人を受け入れて守ろうとするなど、セルビア民族の存続のために可能な限りの努力は行っていた。ドイツの軍政によりセルビア国内の制度も変革され、セルビア独自の通貨やサッカーチームが創設されるなど、民族色の強い文化が生じた。

セルビアの一般市民は当初、ネディッチの手腕に期待していたが、救国政府の樹立以後もドイツ軍やウスタシャによるセルビア人への暴虐は止まず、次第にネディッチは人気を失い、チトー・パルチザンが期待を寄せられるようになっていった。ただし、ネディッチはセルビア人兵力の東部戦線への移動には断固として反対し、セルビア国土防衛軍の指揮権を奪われそうになった際は、救国政府首相の座を辞任するとドイツ側を脅し、指揮権の移譲を食い止めている。

なお、第二次大戦の間、セルビアのユダヤ人の約九割が殺害されたと言われている。

セルビア救国政府の軍事兵力

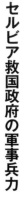

セルビアの統治にはドイツ国防軍の第342歩兵師団と第113歩兵師団、武装親衛隊の第7SS義勇山岳師団「プリンツ・オイゲン」などが当たった。しかし、前述した通り、セルビアの抵抗組織を押さえつけるにはそれでも十分ではなく、足りない部分にはネディッチの枢軸協力組織が当てられることになった。

　ネディッチの指揮下には以下のようないくつかの武装組織があった。

〈セルビア国土防衛軍〉

　1941年9月に設立された治安維持部隊。旧ユーゴスラヴィアの2個憲兵連隊、およびその将校団を母体とした。ドイツ軍占領地の法と秩序の維持を任務とする。ドイツ軍はその兵力を1万7000名に限定しようとしたが、結果的に1万8500名が召集された。ベオグラードやクラリエボ、ニシェなど五つの都市に警察隊として各1個大隊を配置したほか、セルビア全土の村落や国境に人員を展開させている。

　セルビア国家防衛軍は正式な設立以前から、ドイツ軍主導による対パルチザン戦に参加し、パルチザンやその協力者たちの殺戮に関与、また、ユダヤ人やロマ、共産系セルビア人の狩り立ても行った。武装として、ドイツ軍がヨーロッパの占領国から捕獲した装備が渡された。

　セルビア国土防衛軍はネディッチの指揮下に置かれたが、チェトニクに共感する者も多く、ドイツの不興を買っていたが、これが後にチェトニクがセルビア救国政府に近づく接点となった。

〈セルビア義勇軍団〉

　セルビアのファシスト政党、ユーゴスラヴィア国民運動党の人員を母体に設立された武装集団。いわゆる党の軍隊になる。党首であるドミトリエ・リョーテクを中心に編成され、通常は旧ユーゴスラヴィア軍将校によって指揮された。1942年における人員規模は約3700名だった。

　反共主義者を主体としたファシストの集団であるため戦意に不足はなく、セルビア義勇軍団は他のどのセルビア人部隊よりもドイツ側に信頼された。このため、セルビア義勇軍団はドイツ軍の指揮の下、ドイツ軍規格の装備を手渡され、数々の民族浄化作戦に参加、一般市民の虐殺に手を染めた。ユダヤ人の強制収容所への移送や管理にも協力している。

　軍団はチェトニク、チトー・パルチザンとも数々の激戦を

行進するセルビア国土防衛軍の兵士たち

繰り広げ、ドイツ側の称賛を受けた。チェトニクやパルチザンに反感を抱くセルビア人を次々に糾合し、軍団は1943年には3個連隊を擁するまでに成長した。

1944年末、セルビア義勇軍団は武装親衛隊に編入され、SSセルビア軍団に改編された。同軍団はこの時点で5個連隊を主力としていた。このうち、第5連隊はスロヴェニアに展開し、同じく武装親衛隊に編入された第15コサック軍団と協力して対パルチザン戦を行った。

〈チェトニク〉

チェトニクは当初、ドイツ軍やセルビア救国政府の武装勢力と敵対関係にあったが、その後、ネディッチの指揮下に加わった。これは、チェトニクとチトー・パルチザンの共闘が失敗に終わり、チェトニクがチトー・パルチザンに対抗するため、イタリアから武器供与を受けたことがきっかけだった。チェトニクは次第にユーゴスラヴィア解放という名目よりも生き残りの手段を重視せざるを得なくなり、最終的にはイタリア、そしてドイツとの共闘を選ぶことになった。ドイツとチェトニクとの接触には、前述したセルビア国土防衛軍が緩衝材の機能を果たした。

1941年11月以降、チェトニクはセルビア救国政府と協力関係に入り、ドイツ軍とともにチトー・パルチザンと戦いを繰り広げた。

セルビア救国政府の終焉

1944年9月、チトー・パルチザンの攻勢に、ユーゴスラヴィアのドイツ軍はオーストリア、イタリアへの撤退を開始。セルビアはチトー・パルチザンに占領され、ネディッチら救国政府の首脳部はセルビア国土防衛軍やSSセルビア軍団、チェトニクとともにオーストリアに脱出した。ネディッチはイギリス軍の捕虜となったが、後にユーゴスラヴィアに送還され、1946年に獄中で死亡、セルビア人の義勇兵たちも処刑されるなどの過酷な運命を辿った。大戦でユーゴスラヴィアは人口の10パーセント、170万人を失った。

大戦後、ユーゴスラヴィアはチトーの下にまとまり、かつての対立は忘れられたかに見えた。しかし、1990年代にユーゴスラヴィアが崩壊すると、クロアチアとセルビアは再び民族意識をむき出しにして各地で対立、お互いにお互いを民族浄化の標的とした。そこには、第二次大戦での報復の連鎖による恨みの積み重ねが大きく影響していた。

ネディッチについては、戦後は売国奴の評価を受けたが、近年、限られた権限で可能な限りのセルビア人を救おうとしたことが注目され、再評価の動きもある。また、チェトニクについても、セルビア国内では「パルチザンと同じようにドイツと戦った反ファシスト」という評価が高まっている。

白系ロシア人部隊

〝亡命者たちのレクイエム〟

ロシア内戦後の白軍――亡命者たち

「白系ロシア人」とは、第一次大戦後に勃発したロシア内戦の後に国外亡命した白軍とその関係者・家族たちを指す言葉である。

1918年、ロシア革命によってロシアに成立したレーニン率いるボリシェヴィキ政権は、ドイツとブレスト＝リトフスク条約を結び、ドイツとの戦争（第一次大戦）を終わらせることに成功した。しかし、ロシアに厳しい条件が課された同条約と共産主義者による支配に対する反発から、様々な反ボリシェヴィキ勢力が台頭、共産主義政権打倒のための内戦が開始された。これが世に言う「ロシア内戦」であり、反共主義者たちの軍はボリシェヴィキの「赤軍」に対して「白軍」と呼ばれた。

内戦は他国の干渉も手伝って1920年まで続き、白ロシアからシベリアに至るロシア全土が戦場となったが、最終的には民衆の支持を集めた赤軍が勝利を得た。

敗北した白軍の多くはボリシェヴィキの追及を逃れるため、家族を連れて国外に亡命した。彼らの大半はフランスやドイツ、ポーランドなどの欧州各国に亡命したが、中には満州（中国東北部）や日本、そしてこれらの国を経由してアメリカ合衆国に亡命した者もあった。言うなれば彼らは「流浪の民」となったのである。やがて彼らには、レーニンやスターリンに睨まれ、ソ連から亡命もしくは追放された者も加わった。

以上のような経緯で誕生した「白系ロシア人」だったが、彼らの多くは祖国への帰還を願いながら20年近い戦間期を過ごすことになった。この間、世界では様々な事件が発生したが、彼らが表舞台に立つ機会は一度もなかった。ちなみに、日本で最初の外国人プロ野球選手として戦中戦後にかけて活躍した名投手ヴィクトル・スタルヒン（※1）は、この白系ロシア人の一人である。

しかし、1930年代から次第に明確となっていった日独を初めとする枢軸陣営の膨張が、彼らにとっての福音となろうとしていた。日独は共にソ連を仮想敵国としていたからだ。ドイツ国内の白系ロシア人たちは、ナチズムの異質さに気付きながらもヒトラーを支持し、満州の白系ロシア人たちも満州国軍に編成されたロシア人部隊に入隊した。彼らにとって枢軸陣営の反ソ路線は、憎むべき共産主義政権を打倒し、自

（※1）…東京巨人軍（現・読売ジャイアンツ）や大映ユニオンズに所属したプロ野球選手。
1939年に記録したシーズン42勝はプロ野球記録となっている。戦時中は「須田博」と名乗った。

分たちが祖国に帰還するチャンスを生み出せる可能性を伴っていたからだ。

　そして1941年6月、ドイツはソ連侵攻「バルバロッサ」作戦を開始した。

ロシア狙撃兵軍団
ドイツ側白系ロシア人部隊の戦い

　ドイツ国内の白系ロシア人たちは、「バルバロッサ」作戦の開始と同時にドイツ軍への協力を申し出た。彼らは少しでもドイツを手助けし、共産主義政権を崩壊に導きたかったのだ。

　しかし、彼らの申し出はドイツ軍にすげなく却下された。1941年の夏、ドイツはソ連領内で破竹の進撃を見せており、誰の助けも必要としていなかったからだ。ヒトラーは打倒後のソ連を植民地とする考えであり、「亡命ロシア政府」を打ち立てたがっている白系ロシア人に恩を売るつもりはなかった。

　ただし、亡命後ロシア国外で育った若い世代と追放者たちは、正式なドイツ市民としてドイツ軍に入隊している。その多くは出身ゆえにドイツ軍の特殊部隊「ブランデンブルク」部隊に配属され、対ソ戦に参加した。

　こうしたドイツ軍の冷たい態度は1941年末に一変することになった。モスクワ攻略に失敗し戦争の長期化を覚悟したドイツ軍は、一度は支援の申し出を断った白系ロシア人たちと再度接触、彼らの部隊を設立することを決めたのだ。部隊は「ロシア狙撃兵軍団(The Russian Rifle Corps)」と名付けられ、1941年秋から編成が開始されたと言われている。

　ロシア狙撃兵軍団は「軍団」の名が付いているもの、実質的には3個歩兵連隊を主力とする師団規模の部隊だった。主力の3個連隊の支援部隊としては、2個野戦病院中隊、1個通信中隊、3個小隊の栄誉親衛中隊などが付随していた。このうち、最後の栄誉親衛中隊には軍団内でも特に高齢の男たちが所属し、主に行進や催事などに従事した。

　表面上はまとまった兵力として編成されたロシア狙撃兵軍団だったが、その内情は「最貧」の二文字を地で行っていた。なにしろ兵士が20年前のロシア内戦の際にドイツに亡命した高齢者たちであり、戦線を維持するための「張り付け」にしか使えないような人材ばかりだったからだ。また装備品もユーゴスラヴィアやチェコなどの、ドイツ国外で接収されたものを使用していた。

　編成を完了した白系ロシア人たちが送り込まれた戦場は、独ソ戦の主戦場であるロシアではなく、その「裏庭」のユーゴスラヴィア領内のセルビアだった。

　1941年末、ユーゴスラヴィアでは同地を支配する枢軸軍(ドイツ軍、イタリア軍、独立クロアチア軍など)と、セルビア王党派のチェトニク、そしてソ連の支援を受けているチトーのパルチザンが三つ巴の戦闘を繰り広げており、ドイツ軍は同地に二線級の部隊を配備してパルチザンたちの活動を押さえ込もうとしていた。もちろんユーゴスラヴィアは、当のロシア狙撃兵軍団から見ても、彼らの望む「ロシアの共産主義体制の打倒」に繋がる戦果を得られるような戦場ではなかった。また、セルビアは彼らにとって同胞とも言うべき、東方正教会（セルビア正教）が一般市民に浸透する地域であり、白系ロシア人たちはそのような場所を自らの戦場とすることに抵抗を感じていた。

【白系ロシア人部隊 現実ver.】
撃破したT-34中戦車・1943年型の前で、フェンシングのポーズを取るロシア狙撃兵軍団の兵士。チトー・パルチザン相手の戦いを強いられていたが、ソ連軍のユーゴスラヴィア侵攻によって遂にソ連軍との戦いの機会を得た。彼らは1944年10月20日のベオグラード陥落まで頑強に抵抗している。

このため、ロシア狙撃兵軍団はセルビアでの対パルチザン戦にドイツ軍でさえ驚くほどの活躍を示しながらも、その士気を次第に低下させていった。指揮官たちは何度も自分たちのロシア戦線への投入をドイツ側に直訴したが、ドイツ側は取り合わなかった。

1943年になるとセルビアでの対パルチザン戦も激化、これに対応するために、ロシア狙撃兵軍団には1942年に編成された第4連隊に続き、ブルガリアのロシア系住民や「ホワイト・イーグル」と呼ばれた2世・3世の若い白系ロシア人で編成された第5連隊が加わった。しかし士気の低さから脱走兵も相次ぎ、その兵力は1944年末まで4000〜5000名の間を行き来していた。

1944年末に行われたソ連軍のベオグラード（ユーゴスラヴィアの首都）への侵攻作戦は、以上のような待遇を受けていたロシア狙撃兵軍団にとって、待ちに待った機会だった。同年9月、ロシア狙撃兵軍団は、ユーゴスラヴィアに展開していたブランデンブルク第2連隊と第1山岳師団の1個大隊と共にベオグラード北方に布陣、仇敵ソ連軍との戦闘に突入した。ロシア狙撃兵軍団は勇敢に戦い、ソ連軍の突破を許さなかった。しかしドイツ軍は10月5日にベオグラードから撤退、ロシア狙撃兵軍団もこれに伴って戦闘から離脱するほかなかった。

ベオグラードを失ったユーゴスラヴィアの枢軸軍はその後、現地の民衆を取り込んで膨大な戦力となったチトー・パルチザンの追撃から逃れるべく、セルビアを放棄し北方への撤退を開始した。その際、ロシア狙撃兵軍団は連隊ごとに分割され、後方でのパルチザン掃討に奔走《ほんそう》した。ユーゴスラヴィアでは、彼らと似たような境遇の第15コサック騎兵軍団も掃討戦に参加していた。

1945年5月、ロシア狙撃兵軍団はオーストリアでイギリス軍に降伏。コサックを初めとする旧ソ連兵たちがソ連軍、もしくはチトー・パルチザンに引き渡されて悲惨な最期を遂げる中、ロシア狙撃兵軍団の多くの将兵たちは もともとソ連の市民でなかったことから（！）ソ連への引渡しを免れた。彼らの多くは終戦後、ドイツやオーストリア、イタリアへと帰還し、一部はカナダや南米、アメリカへと亡命した。

満州国軍「アサノ部隊」日本側白系ロシア人部隊の戦い

大戦直前、白系ロシア人に対する興味は、ドイツ軍よりもむしろ日本軍（および満州軍）の方が大きかった。1930年代末、日本は傀儡国家・満州国を打ち立て、直接ソ連と国境を接していたからだ。

そんな彼らにとって満州国に亡命した6万名以上の白系ロシア人たちは、来るべき対ソ戦で有用となるだろう人材だった。1934年、すでに満州国のハルビン特務機関（後の関東軍情報部）は、ロシア内戦で活躍し、在満白系ロシア人たちの中心人物となっていたグレゴリー・ミハイロビッチ・セミョーノフ将軍を初めとする要人たちを説得し、白系ロシア人の事務局を設立、白系ロシア人たちの取りまとめに成功していた。

１９３７年、満州の関東軍は、同盟国軍の満州国軍の内部に白系ロシア人部隊「アサノ部隊」を設立した。指揮官は浅野節少校(※2)、副官はナレゴン中尉とコッソフ中尉。２個の騎兵中隊に砲兵隊と通信隊、資材班を付け足した大隊規模の部隊であり、創設当初の人数は３００名程度。各隊長や隊付主計官には日本人士官が付き、他の人員は在満ロシア人で充足された。

「アサノ部隊」編成の目的はその小ぶりな編制からも分かる通り、対ソ戦が勃発した際、敵の後方において諜略や破壊活動を行うことだった。このため「アサノ部隊」は、スパイ小説や映画に出てくるような諜報や破壊工作そのものの訓練を受け、謀略の尖兵として錬成されていった。関東軍はこの部隊に大きな期待を寄せていたが、一部からは「複雑な来歴の彼らは信用できない」として、その効果を疑問視する声も挙がっていた。

なお、同時期の満州軍には「アサノ部隊」とは別に、セミョーノフ将軍率いる「白系ロシア人義勇隊」も存在している。

「アサノ部隊」が最初の実戦を経験したのは、１９３９年６月末に発生した第二次ノモンハン事件の際だった。この時、「アサノ部隊」からは15名の通信班がノモンハンに出向き、最前線での通信傍受に活躍した。「アサノ部隊」の本隊も、その後に発生した満州国内での匪賊《ひぞく》（ゲリラ）との戦いで活躍し、自信を深めていった。

なお、１９４０年には関東軍情報部直属の独立騎兵隊「祖国復興義勇隊」も編成され、シベリアの森林地帯を突破してソ連領内でゲリラ活動を実施するための訓練を開始していた。

このようにドイツの白系ロシア人たちに比べれば、祖国の解放に向けて順調な滑り出しを切った「アサノ部隊」だったが、彼らの存在意義は太平洋戦争の勃発と戦況の悪化によって急速に薄れていった。１９４５年初旬、「アサノ部隊」は１０００名を数えていたが、その実情は「ソ連を刺激しないため」という名目で日本人士官の多くが引き抜かれ、士気こそ高いが部隊としてのまとまりを欠いた状態だった。そして同年7月、関東軍情報部は「アサノ部隊」と「祖国復興義勇隊」の解散に踏み切った。

１９４５年8月にソ連が満州へ侵攻した際、軍事組織としてまとまっていた白系ロシア人部隊は、解散命令を拒んで対ソ戦に挑もうとしていた「祖国復興義勇隊」のみだったと言われている。しかし、彼らを含めた白系ロシア人の幹部たちは

(※2)… 満州国軍における士官以上の階級は次の通りに定められていた。「将」上将・中将・少将（日本軍の将官、大将・中将・少将に相当）、「校」上校・中校・少校（日本軍の佐官、大佐・中佐・少佐に相当）、「尉」上尉・中尉・少尉（日本軍の尉官、大尉・中尉・少尉に相当）。

各地でソ連軍と砲火を交わすことなく捕虜となり、多くがモスクワで死刑となった。「アサノ部隊」指揮官の浅野節中校も、ソ連軍と内通していたナレゴン中尉の手によってハルビンで捕まり、行方不明となっている(一説には自殺したとも)。また処刑を免れ、シベリアの収容所に送られた白系ロシア人の兵士たちにも、日本人以上に過酷な境遇に置かれたと伝えられている。

東西の枢軸陣営の双方で編成され、共産主義政権の打倒という願いを果たすことなく、悲劇的、あるいは幸運な最後を迎えた白系ロシア人部隊。彼らの願いが「ソ連崩壊」という形で実現するのは、ロシア革命から74年後、大戦終結から46年後の1991年のことだった……。

【白系ロシア人部隊 妄想ver.】
ベオグラードで道に迷った同じくロシア狙撃兵軍団の兵士(フィギュアスケート選手)。ロシア革命で国を追われた白系ロシア人には貴族階級だった者も多く、彼らはロシア文化の伝播に貢献している。神戸に洋菓子店「モロゾフ」を創業したのも白系ロシア人だった。

ロシア解放軍

〝幻影を追いかけて〟【前編】

独ソ戦における〝誤算〟

1941年6月22日、ヒトラー率いるナチスドイツは独ソ不可侵条約を一方的に破棄、ソ連への侵攻を開始した。この後、約4年の長きにわたって続けられる独ソ戦の始まりである。

ナチスドイツがソ連との戦いを決意した理由はいくつもあるが、その一つが東方における生存圏の確立だった。ヒトラーはソ連に支配されたウラル山脈以西の区域、いわゆるヨーロッパ・ロシアを「ドイツ民族生存のために不可欠な地域」とし、ソ連を打ち破った暁にはその領土をドイツ第三帝国が併合、ドイツ人の入植先としようとしたのだった。当時、ヨーロッパ・ロシアには多数のユダヤ人を含む数千万のロシア人（スラブ人）が居住していたが、ナチスはロシア人を自分たち「アーリア人」に劣る劣等民族と定義しており、ドイツが勝利した後、これらの人々のほとんどは意図的な飢餓によって減らされ、わずかに残った数百万が奴隷としてドイツ人に奉仕することとしていた。この計画は親衛隊長官ハインリヒ・ヒムラーの下で「東部総合計画」の名でまとめられた。また、ソ連におけるドイツ軍占領地域の行政は、東部占領地域省に任せられることが決定していた。

このようにナチスドイツ上層部の世界観では、一般のロシア市民の価値は無きに等しかった。また、ドイツ国防軍においても、ロシア人がどのような存在かについては、現実的に

独ソ戦開戦前夜のヨーロッパ方面

1941年6月22日に独ソ戦が始まり、ドイツ軍がソ連領内に雪崩れ込むと、スターリンの圧政に苦しんでいた一部のロシア人たちはドイツ軍を「解放者」として迎えた。そうしたロシア人たちの中にはドイツ軍への協力を申し出る者もおり、彼らは「ヒーヴィ（Hiwi:義勇補助員）」あるいは「東方部隊」として独ソ戦に参加した。

はほとんど認知されていなかった。

このため、独ソ戦の勃発後、ドイツ軍は各地で予想外の状況に遭遇することになる。

ソ連領内に侵入すると同時に、スターリンの圧政に苦しんでいたソ連の民衆が、彼らを解放者として迎え入れ、歓待したのだった。また、少なからぬ数の人々がスターリン政権打倒のために、ドイツ軍に協力を願い出た。ソ連軍の捕虜たちからも、同様の主張を口にするものが続出した。

ドイツ軍は独ソ戦勃発と同時に、まったく想定していなかった事態――ロシア人自身による対独協力の姿勢に対処しなければならなくなったのである。

東方部隊とスモレンスク委員会

当初、ドイツ軍はロシア人の協力を認めなかった。ナチスドイツの価値観では劣等人種であるロシア人と手を組むなど言語道断、というわけである。しかし、ドイツ軍は独ソ戦勃発と同時にソ連領内に猛烈な進撃を行った代償として、かつてないペースで損害が積み重なりつつあり、一部の前線将校たちは上層部からの命令を無視して、自分たちに協力を申し出たロシア人を積極的に利用した。このため、ソ連市民からなる志願者の部隊が東部戦線全域で急速に増加していった。

いつ頃からかは分からないが、こうした協力者たちはドイツ軍において大きく分けて二つの種類に分かれていった。

一つは「ヒーヴィ（H・i・w・i）」と呼ばれる義勇補助員。主に後方で運転手や調理人、荷役労働者、建設労働者などとして職務に従事する者で、非常時以外には戦闘に参加しない。もう一つは「東方（オスト）部隊」。こちらは前線部隊であり、ドイツ側から供与された小火器（その多くはソ連で鹵獲されたもの）で武装し、ドイツ軍と共闘した。

最初に創設されたヒーヴィは中央軍集団戦区の第134歩兵師団に協力を申し出たロシア人たちだと言われている。その後もヒーヴィたちは増加を続け、ドイツ軍の後方を支え続けた。

東方部隊には二つの種類があった。ロシア系市民で編成された部隊と、非ロシア系市民で編成された部隊である。このうち、ドイツ側は後者を戦闘部隊として積極的に認め、「東方軍団」としてまとめた。東方軍団はアルメニア軍団、アゼルバイジャン軍団、コーカサス・イスラム軍団、グルジア軍団、トルキスタン軍団、ヴォルガ・タタール軍団など民族ごとに兵団を編成した。総兵力は終戦までに40万以上、98個大隊が編成されている。

一方、ロシア系の市民で編成された部隊も膨大な数が編成されたが、東方軍団のように民族ごとに固まって運用されることはなく、各部隊が連携を取らないまま別個に戦いを繰り広げていた。

1941年秋、ドイツ軍占領下のスモレンスクにおいて、ドイツに協力的な有力者が集まり、スモレンスク委員会が作られた。この組織はドイツ中央軍集団の指揮下にあるスモレンスクの行政機関で、ソ連打倒のために20万人規模のロシア解放軍を結成し、その新政府をスモレンスクに置くことを提案していた。

中央軍集団司令官フェドール・フォン・ボック元帥と陸軍総司令官ヴァルター・フォン・ブラウヒッチュ元帥はこの案を気に入り、参謀たちにロシア解放軍の設立計画を立案させていたが、この動きはドイツ軍のモスクワ前面での敗北とその後のソ連軍の反攻、それに伴うボックとブラウヒッチュの罷免《ひめん》により立ち消えになってしまった。

スモレンスク委員会は、ロシア解放軍の設立が不可能となったことを伝えに来たドイツの連絡将校に失望とともにこう答えたという。

「あなたがたの政府は事態の重大さをいまだ理解しておられぬようですな」

ウラソフの登場と「スモレンスク宣言」

ロシア解放軍の設立はうやむやとなってしまったが、東部戦線では依然として膨大な数のロシア人たちが東方部隊、あるいはヒーヴィとして戦争に協力していた。中にはブロニスラフ・カミンスキー率いるRONA(ロシア民族解放軍)のように、ロシア人による自治区の防衛を担うものも現れていた。

また、東部戦線の現実を目にした現実派将校たちの間にも、強大なソ連を打ち破るためには、ロシア人による協力が不可欠であるという認識が生まれはじめていた。

しかし、スモレンスク委員会が提案したような、ロシア人による大規模な武装兵力を創設するには、かつてのボックやブラウヒッチュのような強力な後ろ盾、あるいはロシア人の指導者が必要だった。しかし、今やボックとブラウヒッチュは前線におらず、ナチスドイツ上層部も戦争の長期化により、ロシア人に対する敵愾心《てきがいしん》を増すばかりとなっている。

こうした状況下、ドイツ軍の現実派将校たちにとって天からの慈雨となる出来事が発生した。

ソ連軍の将校、アンドレイ・アンドレーエヴィッチ・ウラソフ将軍が捕虜になったのである。

ウラソフはソ連のみならずドイツでもその名が知られた将軍だった。冬戦争において、粛清で風紀が乱れていた第99狙撃兵師団を赤軍最精鋭師団に鍛え上げたことで高い評価を得た人物であり、キエフ攻防戦やモスクワ防衛戦でも戦功を挙げたことから、レーニン勲章も受章していた。しかし、1942年の春から開始されたレニングラード救出作戦で指揮下の第2打撃軍がドイツ軍に長期間にわたって包囲され、最終的に壊滅。ウラソフはその最中、上級司令部に補給を要請したが受け入れられなかった。このため、ウラソフは包囲網の中で地獄を見ることになり、それが理由でスターリンへの怒りに燃えている――という話だった。

【ロシア解放軍 現実ver.】
ロシア人の対独協力者のうち、前線部隊として戦闘に参加する者たちは「東方部隊」と呼ばれ、部隊編成された。彼らにはソ連軍との戦いでドイツ軍が鹵獲したソ連製兵器が主に支給されている。イラストの兵士は軍服はドイツ風ながら、装備しているのはモシン・ナガン小銃で、腰のベルトには同銃の弾薬パウチを装着している。

ドイツ軍の現実派将校たちはすぐさま捕虜となったウラソフと接触、ロシア解放軍創設のプランを語った。ウラソフはロシア人とドイツ人の共闘によってスターリンの打倒を目指すという姿勢には共感したものの、ロシア解放軍がただのプロパガンダなら意味がない、正式なロシア政府を作ってその命令で動くロシア軍でなければならないと答えた。

現実派将校たちはウラソフの意見に同意したが、ウラソフの希望を叶えるには、まずは上層部の理解を得なければならない。このためドイツ側は、まずはウラソフの名声を利用して「ロシア解放軍」が存在するように見せかけ、それによってソ連軍からロシア人たちの離反を誘い、その成果を元にロシア解放軍を創設するというプランをウラソフに提示、ウラソフも渋々これを受け入れた。

1943年1月、ドイツ軍は（あくまでプロパガンダの一環として）「スモレンスク宣言」と呼ばれる声明文を記したビラをソ連軍占領地、そして一部のドイツ軍占領地に大量に頒布《はんぷ》した。「スモレンスク宣言」は対ソ戦を「対ボリシェヴィズム戦争」と定義する一方、ロシア人によるスターリン政権の打倒とドイツとの名誉ある講和を訴え、新ロシア国家の建設を約束し、そしてソ連軍将兵たちのロシア解放軍への参加を呼び掛けていた。

効果は即座に現れ、短期間で多数のソ連軍兵士がドイツ側に投降、ウラソフとロシア解放軍について尋ねた。すでにドイツ側についていたロシア人兵士たちも、ウラソフとロシア解放軍への参加を望んだ。ウラソフはこれを機に各地の捕虜収容所を巡り、ロシア人捕虜たちの熱狂的な歓迎を受けた。

この動きはラインハルト・ゲーレン率いる参謀本部東方外国軍課の注意をひくところとなり、夏に予定されていたクルスクへの攻勢に合わせて、より大規模なソ連軍の脱走幇助《ほうじょ》作戦「シルバーシュトライフ」を発動することが決まった。

このまま行けば、「ロシア解放軍」の設立も夢ではない――ウラソフを含め、関係者の誰もがそう思った時、最悪の事態が訪れた。

急転直下――西部戦線への移送

ウラソフと現実派将校たちの動きは上層部の反発を招いた。まず、ヒムラーや国防軍最高司令官ヴィルヘルム・カイテルといったヒトラーに忠実な要人たちが、ウラソフへの文句をヒトラーに口にした。彼ら――特に「東部総合計画」を策定し、ロシアへのドイツ人入植に(夢想的な)意欲を持つヒムラーにしてみれば、ウラソフの行動はまったく許容できないものだった。将来、ドイツに尽くすべき奴隷たちが勝手に独立国家を打ち立て、ドイツ人と対等の立場になろうなど、言語道断というわけだ。これらの〝陳情〟にヒトラーは当然のように同意し、１９４３年６月、カイテルにロシア解放軍設立を認めないことを明確に伝えた。

現実派将校たちは諦めず政治工作を続けたが、１カ月後に行われたクルスクでの決戦がドイツ側の敗北に終わり、その影響で「シルバーシュトライフ」作戦も中途半端な結果に終わったことから、失望が広がった。

そして9月、ウラソフと現実派将校たちに止めの一撃となる決定が下された。同月14日の会議で、ヒムラーがヒトラーに「クルスク決戦の敗北の原因はロシア義勇兵が裏切ったこと」だと報告したのだった。激怒したヒトラーはロシア人の義勇兵を武装解除して炭鉱に送り込めと命じた。

状況の急転に驚いた東方部隊関係者たちは状況を再確認し、クルスク戦でのロシア義勇兵の裏切りはごく少数であり、彼らの大半はドイツ軍に忠義を尽くしていることを把握、上層部に報告した。また、その報告には、もしもロシア義勇兵を前線から引き揚げて炭鉱に送り込めば、戦線後方の１００万以上のロシア人協力者たちがサボタージュに走るだろうという予想も記されていた。

彼らの報告により、ヒトラーの武装解除命令は少数の部隊に限られることになった。しかし、その代わりとしてヒトラーは東方部隊の西部戦線――フランスやイタリア、低地諸国などへの移動を命じた。この命令はカイテルの提案によるもので、東方部隊は国防軍総司令部に管理されるという条件まで付いていた。いまだ戦況の落ち着いているフランスならば、ロシア人義勇兵を治安維持や陣地構築任務に充てられるという思惑だった。

【ロシア解放軍 妄想ver.】

クルスク戦後、いまだ戦場となっていなかったフランスへ送られた東方部隊。POAとはロシア解放軍を意味するロシア語（Русскаяосвободительнаяармия）の頭文字から取られており、彼らが左腕に着けた部隊章にも記されている。なお、POAの部隊章は「POA」の文字の下に赤で囲んだ聖アンドレイ十字（白地に青）のシールドをあしらったもの。

東方部隊の西部戦線への移動命令は、すべての部隊に徹底して行われたわけではなかった。しかし、少なからぬ数の大隊が西部戦線に送られ、その多くが連合軍の侵攻が予想されるフランスの沿岸部に配置された。

かくして、スターリン政権の打倒のために身の危険を冒してドイツ軍に寝返ったロシア人たちは、ドイツ側の無理解により、自分の祖国とは縁もゆかりもない場所に送られることになってしまったのである……。

（後編に続く）

ロシア解放軍

“幻影を追いかけて”【後編】

ロシア国民軍と第一ロシア人民旅団の失敗

ナチスドイツの中央で、ウラソフを中心としたロシア解放軍の創設が頓挫し、ロシア義勇兵と東方軍団の西方への輸送という理不尽な決定がなされる傍ら、前線でも同じような失望が生まれていた。

1942年の春以降、中央軍集団戦区ではドイツ軍とソ連軍のにらみ合いが続いていた。この状況下、ロシア解放軍の設立に向けて動いていた現実派将校の一人である中央軍集団の主席参謀、ヘニング・フォン・トレスコ大佐は、中央軍集団において旅団規模のロシア人兵力を創設する計画を進めていた。トレスコ大佐は1942年3月、炭鉱山オシントルフの収容所で作られたロシア人志願兵による特殊部隊「第203防諜大隊」を核に5個のロシア人大隊を編成、この旅団規模の部隊を「ロシア国民軍」と名付けた。指揮官にはソ連軍第41親衛狙撃兵師団の師団長ウラジミール・ボヤルスキー大佐と元旅団政治委員ゲオルギー・ジレンコフが採用された。人員はみるみるうちに集まり、編成は問題なく進められた。噂は住民の間に広まり、彼らの部隊が姿を現すと、皆が手を振って歓待した。

ロシア国民軍の戦闘準備が整った12月初め、ボヤルスキーとジレンコフは前線投入を待っていたが、トレスコはまずこの部隊を中央軍集団司令官ギュンター・フォン・クルーゲ元帥に紹介し、前線への投入許可を得ようとしていた。元帥の承諾があれば、上層部からの問責があっても切り抜けられる。

12月16日の朝、トレスコはクルーゲにロシア国民軍の戦闘準備の完了を告げ、視察に誘った。国民軍は立派に視察に応えたものの、クルーゲはそれが当然といった態度で、国民軍をドイツ軍各部隊に分散配属させ、ドイツ軍服に着替えさせろと命じた。トレスコは「彼らを分散配置しては何の意味もありません!」と説得を試みたが、クルーゲは譲らず、ロシア国民軍の解散が決定した。

その後、300名の将兵が森に入ってパルチザンと合流、残った5個大隊も第633～第637東方大隊に改称され、個々に前線に送られた。この件でトレスコはドイツ軍上層部に大きな不信を抱いたと見られ、後日、ヒトラー暗殺事件に関与することになる。

ロシア国民軍よりもさらに悲劇的な結果となったのが第一

ロシア人民旅団だった。

1942年春、ナチスドイツの親衛隊情報部(SD)は、ソ連での諜報活動あるいは対パルチザン掃討のため、捕虜収容所から人員を募集して特殊部隊を編成することを決めた。

4月、ポーランドのスバウキ捕虜収容所にて、第229狙撃兵師団の前参謀長、V・V・ギルを中心にロシア民兵部隊「ドゥルジーナ」が編成された。「ドゥルジーナ」の兵力は500名ほどで、ポーランドでのパルチザン掃討作戦で実績を挙げた後、ソ連本土での作戦に投入された。また、これと同時期に前NKVD(内務人民委員部)少佐のE・ブラジェーヴィチを指揮官とする別のロシア人SS分遣隊が作られ、1943年3月に「ドゥルジーナ」と合流して第1SSロシア人民連隊となり、5月にベラルーシで拡充されて第1SSロシア人民旅団となった。7月、人員は3個連隊3000名に達した。うち二割が元捕虜で八割が警察官と動員兵だった。

第1ロシア人民旅団はかつてのソ連領内でのパルチザン掃討作戦に多数参加した。しかし大きな戦果はなく、同国人を殺戮するという任務に兵士たちの多くが反発していた。結果、1943年8月16日、V・V・ギルを中心とする旅団将兵のほとんどがドイツ軍連絡司令部を殲滅し、パルチザンに寝返った。その後の掃討作戦でV・V・ギルをはじめとする脱走ロシア人たちはドイツ軍に殲滅されたものの、この事件は親衛隊に、たとえロシア人義勇部隊を作ったとしても、明確な目標がなければ有力な戦力にはなりえないという教訓を与えた。

この他にもパルチザン戦においてヴォルガ・タタール義勇兵1個大隊がパルチザンに寝返るという事件が起きており、クルスク戦の後のロシア義勇兵および東方軍団の西部戦線への輸送は、これらの情勢が反映された結果と思われる。

再びの急転——SSとの結託とロシア解放軍の編成

1944年2月15日の時点で、西部戦線に輸送された東方大隊の数は72個だった。リトアニアに置かれていた東方軍団の士官学校もフランスのコンフランに移転された。

各大隊は歩兵師団に配属され、まとまりなく運用されている。義勇兵たちはレジスタンス掃討作戦や連合軍の大陸反攻に備えての沿岸陣地(いわゆる大西洋防壁)の構築に駆り出された。

当初、義勇兵たちの扱いは上層部の無理解によってあまり良くなかったが、西部方面軍総司令部直属の志願兵指導部長に、義勇兵たちに理解のある前第162トルキスタン師団長フォン・ニーダーマイヤーが就任すると、状況の改善が見られた。

一方、ロシア解放軍の編成の夢を奪われたウラソフは自身の境遇に絶望し、酒浸りの生活を送っていた。現実派将校たちはウラソフに西部戦線の義勇兵たちの視察旅行を提案したが、ウラソフは首を縦に振らず、ドイツ軍上層部もその要望を却下した。

1944年6月、連合軍がノルマンディーに上陸、西部戦線の戦いが始まった。各師団に分散配置された各大隊の統率はもろく、次々に壊滅していった。ドイツ人に恨みを持つ人間も多く、投降後、連合軍に情報提供を行った義勇兵も少なくないという。ただし、多くの大隊は積極果敢に戦い、中には連合軍の作戦計画書を運良く手に入れた大隊もあった。

ニーダーマイヤーは各大隊を統合して一つの戦力とするよう試みたが失敗に終わり、9月28日、上層部への度重なる批判を理由に軍法会議に招集されてしまった。

西部戦線での死闘が続いていた8月、今度は白ロシアにてソ連軍の大攻勢「バグラチオン」作戦が発動された。ドイツ中央軍集団は粉砕され、前線はポーランドまで後退した。ドイツ軍は30個師団以上を失い、その戦力回復には外国人義勇兵の手を借りるしかないというコンセンサスが生まれつつあった。これは特に戦争前半から多数の外国人義勇兵を受け入れていた武装親衛隊において顕著であり、1944年9月、ついに親衛隊長官ヒムラーはロシア人義勇兵部隊の創設に向けて、ウラソフと会談を行うことを決めた。

9月16日、ウラソフは望外の展開に期待と不安を抱きつつ、ラステンブルクのヒムラーの司令部へと足を運んだ。ウラソフはロシア人に対するヒムラーの差別的発言を覚えていたが、それをぐっと胸にしまい込み、会談に臨んだ。ヒムラーもウラソフへの疑いを抱いたままだった。

会談の結果、ウラソフとヒムラーは、将来の破局を避けるためにはロシア義勇兵による師団の編成が必要という点で合意に達した。ヒムラーはまず2個師団の編成を承諾することをウラソフに伝えた。

しかし、この時点においてもヒムラーは状況を完全には理解していなかった。10月、ヒムラーはウラソフの兵力となるべきロシア人義勇兵およびヒーヴィ（義勇補助員）たちがドイツ軍内に100万以上存在することを聞き、度肝を抜かれた。「それでは軍集団が編成できてしまうじゃないか!?」

参謀総長として前線に復帰していたグデーリアン上級大将も、新たな2個師団が手に入ると聞くと、由来や背景も聞かずに了承した。

ウラソフとその側近、そしてドイツ側スタッフはさっそくロシア解放軍およびロシア民族解放委員会の設立に取り掛かった。11月、ロシア民族委員会はプラハで声明を発表し、自分たちが正式なロシア人の亡命政府であり、祖国のスターリニズムからの解放を目標としていることを示した。

　ロシア解放軍の編成も急ピッチで進み、積極果敢なブンヤチェンコ将軍率いる第1ロシア師団（ドイツ軍名称：第600歩兵師団）および第2ロシア師団（同第650歩兵師団）が誕生した。なお、第1ロシア師団の人員の一部は、ワルシャワ蜂起で虐殺略奪の限りを尽くし、部隊解散となった第29SS武装擲弾兵師団「RONA」から供給されており、ブンヤチェンコを呆れさせている。

　1945年2月16日、ウラソフは第1ロシア師団の閲兵を行った。規律正しく整列し、閲兵を受けるロシア人義勇兵たちの姿に、ウラソフは感涙とともに呟《つぶや》いた。

「こういう日は、もっと前にあってしかるべきだった……」

【ロシア解放軍 現実ver.】
ヘッツァーとともに「楡屋敷」橋頭堡の戦いに赴くロシア解放軍第1ロシア師団の兵士。ロシア人対独協力者たちが待望したロシア人部隊の設立は1945年までずれ込み、ドイツ本土へ迫るソ連軍との戦いに投入されても、為す術はなかった。

ロシア解放軍の戦いと終焉

　1945年4月、ついにロシア解放軍の第1ロシア師団に出撃が命じられた。場所はフランクフルト・デア・オーデル付近の橋頭堡（通称「楡《にれ》屋敷」橋頭堡）。すでに東部戦線の状況は絶望的で、誰もがドイツの敗北を悟っていたが、ウラソフという指導者を得たロシア人たちの士気は高かった。ウラソフも全てが終わる前にロシア解放軍の力を示すことを望んでいた。ここでロシア解放軍が活躍し、ソ連への対抗戦力として西側に認められれば、ドイツが敗北したとしても生き残ることができるかもしれない……。

だが、第1ロシア師団の「楡屋敷」橋頭堡への攻勢は、たった4時間で失敗に終わる。ソ連軍の防御陣地は堅固で、ほとんど突破できなかった。

ロシア解放軍に約束されたシュトゥーカによる対地支援も砲兵射撃も、与えられなかった。ドイツ軍は来るべき敵の大攻勢に備えるため、ロシア人に協力する必然性を全く認めていなかったのだ。

その後、将来予見されるソ連軍の攻勢により、師団が無駄に損耗させられることを恐れたブンヤチェンコは、前線での戦闘を拒絶、ドイツ本土の混乱に乗じてオーストリアへ向かい、プラハの民族主義者たちの反乱に加勢することを提案した。プラハでの蜂起が成功し、アメリカ軍がそこに到達すれば、ロシア解放軍は未来を手に入れられる――ウラソフはこの事実上の反乱宣言に「裏切り者である我々がまた裏切るのか」と咎《とが》めたが、ブンヤチェンコは激昂《げっこう》して言った。

「数え切れないほど我々を裏切った奴らに対してですか？我々を人間とみなさない思い上がったイヌどもですぞ。我々の災いの元たる連中に忠誠ならんとして、兵のすべてを破滅させるおつもりですか!?」

ウラソフは結局、ブンヤチェンコの提案を承諾し、プラハの民族主義者たちの反乱への加勢を決めた。5月5日、プラハでチェコ人による蜂起が開始され、第1ロシア師団もこれに加勢、一時的にプラハの制圧に成功した。ドイツ軍は周辺の雑多な部隊をかき集めて反撃に出たものの、第1ロシア師団によってこれも阻止された。

しかし、アメリカ軍はソ連軍との衝突を懸念してプラハ前面で進撃を停止、今度はソ連の支援を受けたコミュニストたちがプラハ市内を支配し始めた。プラハの民族主義者たちも、市民同士の衝突を回避するためにブンヤチェンコたちにプラハからの撤退を求めた。もはや帰る場所はない――ブンヤチェンコは涙を流しながら、師団をプラハから引き揚げた。

5月9日、ウラソフは側近とともにアメリカ軍に投降した。ソ連軍との戦いで力を示すこともプラハ蜂起に協力して生き残るための立場を確保することもできなかったが、せめてアメリカ軍に投降すれば、その後にソ連側に自分が自首することで部下の命が救えるのではないかと判断したのだった。

しかし、米ソはウラソフたちのような枢軸側についた義勇兵について、開戦後に捕虜となった全員をソ連に送り返す協定を結んでいた。ロシア解放軍の兵力のほとんどもアメリカ軍の捕虜となり、そしてウラソフともどもソ連に連行された。他の東方大隊や東方軍団も同様の境遇を辿ったが、ごくわずかな人員が連合軍の捕虜となった後、フランス外人部隊に志願したり、イギリス、アメリカ、ルクセンブルクに亡命するなどして、ソ連行きを免れている。

【ロシア解放軍 妄想ver.】

同胞であるはずのロシア人の裏切り行為に、スターリンは容赦しなかった。

ロシア解放軍、東方大隊、東方軍団に属した兵士たちのほとんどがソ連にて裁判を受け、処刑されるかシベリアに送られて長期の強制労働を言い渡された。東方軍団の中には、ロシア解放軍と同じように終戦間際にドイツ軍に反乱を起こした大隊もあったが、彼らも同様の運命を辿った。ウラソフらロシア解放軍の人員は1946年8月1日に絞首刑が宣告され、ただちに執行された。

このように、ソ連によって裁かれた対独協力者たちは数百万名に上ると言われ、クリミアやコーカサスなどの地域ではそれを理由に大規模な民族追放(ディアスポラ)も行われた。ロシア人の対独協力問題はソ連崩壊後も、ロシア国内でタブーに近いテーマとなっていたという。

RONA（ロシア人民解放軍）

〝大義と流血の狭間で〟

大ロシア自治区ロコティと「RONA（ロシア人民解放軍）」

1941年6月22日に開始されたドイツ第三帝国による「バルバロッサ」作戦は、ソ連を風前の灯に追い込むことになった。ドイツ軍は瞬く間にヨーロッパ・ロシアの過半を制し、10月初旬には首都モスクワを目指して総攻撃を開始した。

ソ連のスターリンはモスクワの死守を図ると同時に、敵の進撃を少しでも遅らせるべく、ドイツ軍占領区域に潜伏するパルチザン（赤軍パルチザン）に対し、ドイツ軍の戦線後方40マイル（約65㎞）以内にあるすべての民家や農家を破壊、焼き払うよう命じた。目的はもちろん、ドイツ軍の拠点として利用させないためである。

パルチザンの標的となったドイツ軍占領下の村落の一つに、ブリャンスク地区南東の森林地帯の東縁近くに位置する小村、ロコティがあった。ロコティではイワン・ウォスコボイニクを中心とした反共主義者たちが国家社会主義ロシア党（NSRP）を設立し、同地を根拠地として勢力を拡大、一種の自治区を形成していた。ウォスコボイニクはパルチザンの襲撃に対抗するために400〜500名からなる自警団を編成、9月のブリャンスク＝ヴィヤジマ二重包囲の戦いで残された大量のソ連軍兵器で自警団を武装し、自力でパルチザンに立

独ソ戦開戦前夜のヨーロッパ方面

「RONA」は国家ではなく、ブリャンスク方面にあった小村ロコティの自警団を母体とする。ブリャンスクは1941年10月6日、モスクワ攻略を目指す「タイフーン」作戦時にドイツ軍に占領されたが、6万名とも言われる赤軍パルチザンがドイツ軍に抵抗した。同市はクルスク戦後の1943年9月17日、ソ連軍により解放されている。

ち向かった。この動きにドイツ軍はほとんど介入しなかった。

ロコティを支配した国家社会主義ロシア党のメンバーは、ソ連時代に制定されたコルホーズによる集団農場システムを改め、市民に個人農地の所有を認めた。このため経済は活性化し、ドイツ軍への供出ノルマもわけなく達成されたという。行政や学校も再開され、自警団の存在によりパルチザンの襲撃も阻止された。

ウォスコボイニクは1942年1月8日のパルチザンとの戦いで射殺されたものの、彼のアシスタントを務めていたブロニスラフ・カミンスキーが後を継いだため、市政に問題は生じなかった。

カミンスキーは元々サンクトペテルブルクの専門学校で理工学を学んだ技師だったが、1937年のソ連での大粛清のさなかに「反革命主義者に属していた」という理由で逮捕された経験から、反共主義者となっていた。

ロコティの自治は必然的に現地のドイツ軍の興味を引くことになった。ドイツ軍はモスクワ攻略に失敗した後、東部戦線の全域でソ連軍やパルチザンの反撃に晒されており、少しでも味方となる兵力を欲していたのである。

ロコティ自治区とカミンスキーの噂を聞きつけた第2装甲軍司令官のルドルフ・シュミット上級大将はカミンスキーを呼び出し、ロコティの自治を承認する一方、自警団による鉄道路線の警備を依頼した。カミンスキーはこれを了承、カミンスキー自身に率いられた自警団は3月3日〜11日にパルチザン2000名とコマリシ付近で激戦を繰り広げて決定的な勝利を収め、ドイツ軍の信任を得ることになった。

7月までにカミンスキーは六つの各郡の行政運営を委託され、自治区の名称も「大ロシア自治区ロコティ」と改めた。自治区には反共思想を持った、あるいは単に戦争から逃れることを望んだ多数のロシア人たちが集まり、この時点で170万もの住民がいたと言われている。ただし、カミンスキーはドイツ軍の事情に合わせて反ユダヤ主義も自治区の教条として取り入れており、自治区内のユダヤ人200名が射殺されたという。

ロコティの自警団は「RONA（ロシア人民解放軍）」と改名され、カミンスキーは旅団長に任命された。1942年までにその戦力は1400名に達し、以降も増大していった。6月、「RONA」旅団はドイツ軍とともに、旅団にとって初の大規模なパルチザン掃討作戦となる「フォーゲルザング（鳥の歌）」作戦に参加、多大な戦果を得た。

その後も「RONA」旅団はパルチザン掃討作戦への参加を続け、1943年の夏までに「ジプシー男爵」作戦、「魔弾の射手」作戦、「復活祭の卵」作戦など数々のパルチザン掃討作戦に参加した。「RONA」の戦力も拡大の一途をたどり、同年夏には各3個大隊を擁する5個連隊9000名となり、小銃8000挺、機関銃500挺、迫撃砲100門、対戦車砲50門を有していた。また、これに加えて小数のKV-2重戦車とT-34中戦車を主力とする戦車部隊も保有していたと言われている。

「RONA」の活躍でロコティの自治は保たれたが、そのために必要だった犠牲は膨大だった。一説によると、「RONA」はこれらのパルチザン掃討作戦で24の村と7300の集落を燃やし、767の公共・文化施設を破壊、1万名以上の民間人を殺害、このうち203名を生きたまま焼き殺したと言われている。

ロコティからの撤退と武装親衛隊への編入 突撃旅団「RONA」の編成

1943年7月にドイツ軍がクルスク戦で敗北するとソ連軍の反撃が開始され、ロコティ自治区は最前線となった。この時点で「RONA」旅団の悪名はソ連軍の知るところともなっており、「RONA」の兵員と家族がロコティに留まれば、激しい報復に遭うのは目に見えていた。

9月、カミンスキーの「RONA」旅団は同行を望んだ住民3万名とともにロコティを離脱、ヴィテブスク西方のレベル地区へと移住することになった。

レベルはパルチザンの跳梁が激しい区域であり、またドイツ軍の敗勢が明らかとなったことで、旅団からの脱走兵が相次いだ。カミンスキーは脱走兵に対して厳しい態度で臨み、第二連隊そのものが離反しかけたときには指揮官を自ら絞め殺すなどの残虐ぶりを見せ、規律の維持に努めた。しかし、こうした苛烈な手段をもってしても脱走兵の増加は止められず、1943年10月、「RONA」の兵員数は以前の3分の1にまで減少していた。

「RONA」は10月からレベルを根拠地に再びパルチザン掃討作戦に身を投じることになった。これ以降、「RONA」は完全にドイツ軍の傭兵《ようへい》となり、27日までにパルチザン5個集団に対して戦闘を行い、戦死・行方不明者72名、負傷者61名の損害と引き換えに、パルチザン側に戦死662名、捕虜35名の損害を与え、多数の武器を手に入れるなど大戦果を得た。

白ロシア親衛隊・警察司令官のフォン・ゴットベルクは、図らずも歴戦の対パルチザン部隊に成長した「RONA」の戦力をさらに活用するべく、カミンスキーに武装親衛隊への編入を提案した。カミンスキーは一般市民の保護を条件にこれを了承、「RONA」旅団は1944年6月にSS突撃旅団「RONA」と改称された。しかし、その直後にソ連軍の大攻勢「バグラチオン」作戦が開始され、「RONA」はシュレージエン(シレジア)方面に後退した。

7月30日、ゴットベルクは親衛隊長官ヒムラーとの会談でカミンスキーの活躍ぶりを称え、ヒムラーはカミンスキーに第一級鉄十字勲章の授与を決めた。また、これに合わせて8月4日、突撃旅団「RONA」を基幹として第29SS武装擲弾兵師団「RONA(ロシア第一)」編成が下命された。

暴虐の中での終焉——ワルシャワ蜂起

「RONA」旅団の第29SS武装擲弾兵師団「RONA(ロシア第一)」への改編準備が開始されていた8月1日、ポーランドの首都ワルシャワではポーランド国内軍による反乱、いわゆるワルシャワ蜂起が開始された。

国内軍はワルシャワ市街の要衝を次々に制圧、弱小なドイツ軍の守備隊を圧倒した。ワルシャワ蜂起の鎮圧にはSS警察部隊が充てられ、その全権はエーリヒ・フォン・デム・バッハ＝ツェレウスキー親衛隊少将に託されることに

【RONA 現実ver.】
武装親衛隊の軍装に身を包むSS突撃旅団「RONA」の兵士。鹵獲して運用していたT-34中戦車に腰掛けている。武装親衛隊に編入された「RONA」旅団だったが、先行きの暗さなどからモラルが崩壊しており、ワルシャワ蜂起の際にはSS特殊任務部隊「ディルレヴァンガー」などとともに非戦闘員に対する虐殺や略奪を働いた。イラストの兵士も、どこかやさぐれた表情をしている。

なった。バッハ＝ツェレウスキーはワルシャワ周辺の兵力を手当たり次第にかき集めてワルシャワに投入、事態の収拾に努めた。

師団編成のためにノイハマーに移動中で、ワルシャワから100㎞南方のチェンストホヴァに駐屯していた「RONA」旅団もその一つに選ばれた。カミンスキーは当初、自分の敵は共産主義でありポーランド人ではないと緊急出撃を拒んだが、結局命令を受諾することになり、フロロフ親衛隊少佐を指揮官とする1個連隊が急遽抽出され、ワルシャワに向かった。

この連隊は戦闘団「フロロフ」としてワルシャワに集結、兵員は1700名を数え、ワルシャワに到着したドイツ軍増強兵力の4分の1を占めた。戦闘団の中にはT-34中戦車4両を主力とする戦車中隊「RONA」まで含まれていた。

8月5日、ドイツ軍による国内軍への反撃が開始された。ワルシャワ市街の各地で激戦が繰り広げられ、意気軒昂《いきけんこう》な国内軍の抵抗にドイツ軍は多大な出血を強いられた。

この状況下、戦闘団「フロロフ」の兵士たちは攻撃開始位置からわずか300mしか前進せず、占領区域で略奪、殺戮、強姦にかまけるという暴虐に身を任せていた。故郷のロコティを追われ、ドイツ軍の敗北により未来に生きる希望を失い、絶望の淵に沈みつつあった「RONA」の兵士たちにとって、ワルシャワは生まれて初めて見る近代的で豊かな大都会で、そこに暮らす市民は鬱屈《うっくつ》を晴らすにふさわしい対象だった。カミンスキー自身も、自分の部下と家族がドイツのために戦い続けてすべてを失った今、その代価をポーランド人に求めることは当然だと考えていた。

戦闘団「フロロフ」の悪行はすぐさま国内軍全体に伝わった。ポーランド人たちは外国人義勇兵たちへの怒りと降伏への恐怖感から抵抗をより激化させ、ドイツ軍の損害をさらに増大させていた。また、8月10日にはカミンスキーの兵士がBDM（ドイツ少女団）の少女を暴行するという事件も起こった。

バッハ＝ツェレウスキーは、これ以上の「RONA」の放置はワルシャワの戦況を悪化させるだけと判断し、ヒムラーを説得してカミンスキーの排除を決定した。カミンスキーは身の危険を察知して遁走《とんそう》したが、保安警察により発見され、捕縛と同時に銃殺刑に処された。

8月27日、戦闘団「フロロフ」はワルシャワから引き剥がされたが、兵士たちの規律と士気は崩壊しており、部隊の存続は不可能に思われた。このため「RONA」旅団は解体され、冠されるはずだった師団番号の第29はイタリア親衛隊師団に回された。兵士たちはアンドレイ・ウラソフ率いるロシア解放軍の第600歩兵師団に編入された。

1944年11月11日、「RONA」旅団の残余の兵士たち2000名は第600歩兵師団に合流した。師団長ブンヤチェンコの目の前に、武装や制服がまちまちな兵士たち、腕時計を3、4、5個と着ける将校、きらびやかな装身具の女性が姿を現す……ブンヤチェンコは吐き捨てた。

「これですか、本官がいただくのは！　盗賊ですな。いただけるのはそちらで用済みになったものばかり！」

第600歩兵師団の兵士たちは終戦と同時に連合軍に降伏したものの、その後にソ連へ送還され、元「RONA」の兵士たちのほとんどが処刑されるか、あるいは収容所送りとなった。RONAに付き従った民間人、あるいはロコティに残った関係者もソ連政府の追及を受けた。RONAの最後のメンバーは1978年に発見され、死刑を宣告された。

故郷と家族を戦争の惨禍《さんか》から守るという大義のために生み出され、そして残酷な結末を迎えたロコティ自治区と「RONA」旅団。彼らは一体どこで道を間違えてしまったのだろうか。

【RONA 妄想ver.】

カルムイク

〝欧州で数少ない「仏教徒」の枢軸軍！〟

欧州唯一の仏教国カルムイク

章題を見て、意味が分かった方がどれだけいるだろうか、著者は大きく不安である。欧州唯一の仏教国？　欧州はキリスト教やユダヤ教が主体ではないの？　どうして欧州に仏教国があるの？

それらの疑問の答えは、カルムイク人たちの辿った壮絶な歴史的ドラマの中にある。

国家としてのカルムイクは、かつてソ連、現在はロシア連邦内の共和国であり、位置はカスピ海の北西、現在のヴォルゴグラード、かつてのスターリングラードの南、ヴォルガ川西岸に位置している。領土の大半は荒野であり、都市は首都エリスタを含め、いくつかしかない。現在の人口は30万で、このうちの半数がカルムイク人である。ちなみに、ロシア革命を指導したレーニンの父方の祖母はカルムイク人だったという説がある。

カルムイク人はモンゴルの有力部族オイラート族の末裔《まつえい》とされる。1630年、オイラート族の一つのトルグート部の人々が、指導者ホー・ウルロク太師の下、オイラート族のホシュート部で起きた内乱を避けて、ロシア帝国領のヴォルガ河畔に移住したのがその始まりである。

独ソ戦前夜のヨーロッパ方面とカルムイク

カルムイクの位置はカスピ海の北西。チベット仏教ゲルク派を信奉する人々が多く、ロシア風の仏教寺院「ダツァン」も多数建造された。カルムイクの仏教はロシア帝国では公認されたものの、ソ連時代は大弾圧に遭っている。現在は初代大統領、キルサン・イリュムジーノフ（在任期間は1993年から2010年）の推し進めた改革により、安定した経済発展と治安が維持されている。

その後、ヴォルガのカルムイク人たちはロシア帝国と同盟し、傭兵としてオスマン帝国やスウェーデンと戦ったが、その後にロシア帝国による統制の強化やロシア人、ウクライナ人、ヴォルガ・ドイツ人の移民の増大により圧迫され、カルムイク人たちは荒野に押しやられた。

カルムイク人たちは当時の指導者ウバシに率いられ、祖先が暮らした東トルキスタンへの帰還を決定した。しかし、その年は暖冬で、ヴォルガ川が凍結しなかったため、その西岸のいた半数は取り残されることになった。この半数の人々が現在のカルムイク人に住むカルムイク人の祖先である。その後、カルムイク人はロシア内乱の中でバシキール人、チュヴァシ人と同盟してイデル＝ウラル国を立ち上げたが、最終的にボルシェヴィキに敗北して1918年までに消滅、1920年にカルムイク自治州が設置され、1935年にカルムイク自治ソヴィエト社会主義共和国となった。これが現在のカルムイク人の国家、ロシア連邦カルムイク共和国の原型である。

前述の通り、カルムイク人はモンゴルの出身であり、宗教も伝統的にチベット仏教を信奉してきた。これがカルムイク共和国の通称、「欧州唯一の仏教国」の所以である。欧州に仏教国があるというのは日本人からすると異様だが、カルムイクは地下資源に乏しく産業も発達していないロシアでも有数の貧しい自治体であり、仏教はそうした場所で暮らす人々を支える精神的支柱となっているという。

とはいえ、カルムイク共和国の特徴となっている仏教文化は、ソ連時代には弾圧の対象となった。特に1920年代から1930年代のカルムイク自治ソヴィエト社会主義共和国の下では、農業の集団化、宗教の否定、カルムイク民族文化の破壊、反体制主義者の弾圧が徹底して行われ、人口の10パーセントがシベリアに流刑されたと言われている。

このため1930年代末までに、カルムイク人たちの反共意識はこれまでになく高まっていた。

カルムイク騎兵軍団の誕生

一方、ドイツ国内では1930年代から亡命カルムイク人の組織「カルムイク全国委員会」がヨーゼフ・ゲッベルスの元で活動を行い、祖国の独立を目指していた。また、独ソ戦開始後はコーカサスの占領地の扱いについて、ナチス政権内で占領地の融和的統治を望むアルフレート・ローゼンベルクを大臣とする東部占領地域省が限定的な主導権を握ることに成功し、現地住民、主にコサックとの協力体制が望まれることになった。

1942年夏、ドイツ軍は「ブラウ」作戦を発動、コーカサスへと侵攻を開始した。この作戦でドイツ軍はヒトラーの命令により、南方軍集団をA軍集団とB軍集団に分割、A軍集団をコーカサスの油田地帯に、B軍集団をスターリングラード方面への攻勢に振り向けた。しかし、この結果、双方の軍集団の先鋒に挟まれたカルムイク草原はドイツ軍の戦力的な空白地帯となってしまい、ドイツ軍はこの空白を埋めるために第16自動車化師団を投入、同師団をカルムイクの首都エリスタに向け、さらにその先遣部隊を東方のアストラハンへと派遣した。

カルムイクへの侵攻に際し、第16自動車化師団には第103諜報部隊が付随していた。第103諜報部隊は反共義勇兵を徴集するために編成されたドイツ国防軍の特殊部隊であり、オトマール・ルドルフ・ヴェルバ特命指導者の指揮下にあった。ヴェルバは冒険家気質の指揮官であり、カルムイク義勇兵部隊の創設に意欲を燃やしていた。また、ヴェルバには「オットー・人形《ドール》」という別名があった。この通り名は第103諜報部隊のコードネームともなっていた。

第16自動車化師団は迅速にカルムイク草原を進撃、エリスタを占領した。その後、第103諜報部隊はエリスタで反共を志すカルムイク人たちと接触、カルムイク人たちにドイツ軍服と鹵獲兵器を調達し、義勇兵部隊を創設していった。

カルムイク人たちは元からの反共意識に加え、独ソ戦開始後のソ連当局の過酷な統制、物資の略奪に怒りを抱いており、次々にドイツ軍への協力を申し出た。ドイツ軍も東部占領地域省の方針に従い、カルムイク人のコルホーズを解放、カルムイク人に高度な自治の権限を与えた。

1942年9月までに、第103諜報部隊はエリスタ市長の協力の下、2個のカルムイク騎兵部隊を指揮下に編入し、同盟軍のように丁重に扱った。士官、下士官はカルムイク人で、わずか数名のドイツ人の連絡将校が司令部に割り当てられた。

1942年末までに、カルムイク人1500名がドイツ軍に編入された。カルムイク人の義勇兵たちは、騎兵として厳しい冬期戦を戦い、反撃に転じたソ連軍を遊撃する第16自動車化師団を巧みにサポートした。カルムイク義勇兵部隊は、他のコーカサスの義勇兵（アルメニア、アゼルバイジャン、グルジアなど）と区別するために、「カルムイク騎兵軍団（KKK）」と呼ばれるようになった。

カルムイクからの撤退

ドイツ軍とカルムイク人たちの蜜月の時は短かった。1943年に入ると、ドイツ軍はスターリングラード攻防戦に敗北、コーカサスからの撤退を余儀なくされることになったからだ。

ドイツ軍のカルムイクからの撤退という状況を前に、カルムイク人たちは過酷な選択を強いられた。ソ連軍の追撃を避けるためにこのままドイツ人に味方してカルムイクから「撤退」するか、それとも、いずれソ連軍の占領下となる祖国のカルムイクに留まるか。前者を選択すれば祖国を失い、後者を選択すればソ連の報復に晒されかねない。結果、1万～1万5000名のカルムイク人が、ドイツ軍とともにカルムイクから撤退することになった。

カルムイク騎兵軍団は護衛すべき人々とともにアゾフ海に達し、コサック連隊とともに第200野戦警備司令部を編成、第3装甲師団と撤退戦を繰り広げた。この戦闘でカルムイク騎兵軍団はドイツ軍やコサック連隊と良好な連携でもって戦い、その実力を第16自動車化師団以外のドイツ軍に知らしめることになった。

ただし、この時点でのカルムイク騎兵軍団の主力装備はサーベルと旧式のロシア製小銃であり、旧態な騎兵そのものだった。しかし、カルムイク人たちは卓越した馬術と結束でもってソ連軍相手に勇敢に戦った。

1943年3月、カルムイク騎兵軍団はドイツ軍がオランダから鹵獲した小銃1000挺、弾丸3500発を受け取り、ようやくのことで火力を強化した。この時点でカルムイク騎兵軍団には2200名の人員がおり、うち79名がカルムイク人の士官、353名がカルムイク人の下士官だった。また、軍団には2300匹の馬やラクダが付随していた。他に、チベット仏教の部隊らしく、軍団には宗教儀式を執り行うラマ僧がいたという。

4月、戦力を強化したカルムイク騎兵軍団は南方軍集団戦区の鉄道護衛部隊となり、マリウポリ、ザポロジェ、ニコポリなどを転戦した。この時期、南方軍集団戦区ではパルチザンの活動が活発化しており、軍の補給の大動脈である鉄道の護衛には騎兵部隊であるカルムイク騎兵軍団が最適だった。

さらに7月、指揮官のヴェルバは機動力に優れるカルムイク騎兵軍団のパルチザン狩りへの転用を勧めるレポートを作成した。これに基づき、カルムイク騎兵軍団は第40装甲軍団の後方でパルチザン狩りの任務に従事するようになった。この戦いでカルムイク騎兵軍団は数多くのパルチザン掃討作戦を成功させたが、その一方でパルチザンやその協力者への残虐行為が目立つことになった。

1943年末、カルムイクを奪還したソ連は、同地のカルムイク人たちを「ナチス・ドイツの協力者」と定義、残留していた9万8000名のカルムイク人を中央アジアやシベリアに流刑した。また、カルムイク自治ソヴィエト社会主義共和国も解体され、領土は他州に分割された。この事実に、カルムイク騎兵軍団の兵士たちはソ連への怒りでさらに感情を高ぶらせた。

カルムイク騎兵軍団の終焉

1944年となった後もカルムイク騎兵軍団はベラルーシ、ポーランドなどでパルチザン狩り任務に関わることになった。1944年初めの段階で、軍団の兵力は5000名に膨れ上がっていた。

カルムイク騎兵軍団にとって最大規模のパルチザン戦となったのが、ポーランドのザモシチでの蜂起に対するパルチザン掃討作戦「旋風I」「旋風II」作戦である。この戦いでカルムイク騎兵軍団はパルチザン包囲の一翼を担って激戦を展開した。また、前年と同じように残虐行為を働き、多数の捕虜や市民を殺傷、暴行した。

ポーランド人の生存者によると、このような残虐行為はドイツ軍の命令によるものが全てではなく、逆にドイツ軍がカルムイク騎兵たちの暴力を止めさせようとした場合もあったという。祖国を追われ、祖国の同胞の追放を知ったカルムイク人たちのフラストレーションは極限にまで達していたと言えるだろう。また、この戦いの最中、指揮官であるヴェルバが戦死している。

1944年末、カルムイク騎兵軍団は東プロイセンのノイハマーで再編成された。軍団は武装親衛隊所属のコーカサス部隊に配属される予定だったが、この部隊が前線でソ連軍の攻勢によって雲散してしまったため、第15コサック騎兵軍団に配属され、クロアチアで対パルチザン戦に従事した。

ドイツの敗戦後、軍団はソ連軍の捕虜になることを避けるためにオーストリアへ向かったが、その多くがパルチザンに捕らえられた。また、オーストリアでイギリス軍の捕虜となった者たちもソ連に送還され、そのほとんどが処刑されるか、強制収容所送りとなった。軍団の兵士たちとともに祖国を脱出したカルムイク人たちの家族も、ソ連に送還されるか、西側に亡命した。戦中に中央アジアやシベリアに流刑されたカルムイク人の

ドイツ軍風の軍装に身を包んだカルムイク人義勇兵の兵士たち

うち、約半数が1957年に帰国が許される前に死亡した。1989年、ソ連の最高評議会はカルムイク人の追放はスターリン政権下の犯罪行為と宣言、91年にはロシア連邦法の下で大虐殺として認定した。以降、ロシアはカルムイクの文化復興を後押ししている。

仏教徒であるがゆえに

カルムイク騎兵軍団はパンヴィッツ将軍に率いられたロシアやウクライナのコサックと同じ騎兵部隊でありながら、大戦中のほとんどの期間を別の部隊として戦い、コサックと指揮系統を統合したのは終戦直前のみだった。これはカルムイク人たちの宗教が、コサックの信奉するロシア正教とは相容れないチベット仏教だったことが原因と思われる。

しかし、それゆえにウクライナやポーランドといったパルチザンが跋扈《ばっこ》する戦線後方地域に、軽快な機動力でもってパルチザンを追い詰める騎兵部隊として投入される局面が増え、それが結果的に残虐行為の継続に繋がってしまったかも知れない。

なお、ドイツ軍にまつわるオカルトとして、終戦直後のベルリンで、多数の自殺した仏教徒(ラマ僧?)たちがソ連軍によって発見されたという噂があり、その正体がカルムイク人部隊だという説がまことしやかに囁《ささや》かれている。しかし、これまで記した通り、カルムイク騎兵軍団は純然たる戦闘部隊であり、怪しげな儀式のためにベルリンに連れ出されるとは考えにくく、その可能性は低いだろうと思われる。

ちなみに、カルムイク騎兵部隊の他の枢軸軍の仏教徒義勇兵としては、イギリスやフランスの植民地だったインドシナやマレー半島のアジア人捕虜からなる義勇兵たちが存在した。彼らはフランスに展開していたドイツ軍第19軍戦区において警備活動に関わったと言われている。

コサック
〝遠い旅路の果てに〟

「コサック」という言葉を聞いて思い浮かべることといえば、特徴的な足の動きで有名なコサック・ダンスだろう。でも、それ以外は……？

コサックの起源

コサックとはウクライナや南ロシアに形成されたコミュニティで、その起源は不明だが、欧州諸国で没落した貴族たち、様々な地域の遊牧民、領主への隷属を嫌って逃げてきた農民などが集ってできたものと考えられている。コサックという単語はウクライナ語の「コザーク」に由来するが、その語源にも諸説あって、有力なものは「社会を離れたもの」という意味のトルコ語だという。

また、コサックは住んでいた地域によって分類されており、ドニエプル川周辺に形成されたウクライナ・コサックと、ドン川やテレク川周辺に形成されたロシア・コサックとがあった。さらにいえば、ウクライナ・コサックは根拠地ごとにザポロジャ・コサックやクバニ・コサック、ロシア・コサックはドン・コサックやテレク・コサックと細かく分類される。今回のテーマとなっているコサックは、主にロシア・コサックに属する。

コサックの名が世界史に登場するのは15世紀から16世紀。この頃、ウクライナ・コサックはポーランド・リトアニア共

独ソ戦前夜のヨーロッパ方面と主なコサック居住地域

コサックはウクライナや南ロシアに居住しており、住む地域によって分類された。分類はドン・コサックやクバニ・コサックなど大河の名を冠したものや、ザポロジャ・コサックやアストラハン・コサックなど地域名のものがあったが、これらも大きなくくりで、実際には町や村ごとにコサック集団が形成されていたようだ。

和国に、ロシア・コサックはロシア・ツァーリ国に依存しており、主にイスラム諸勢力に対抗するための傭兵として、その軍事力を誇示していた。しかし、どちらの国もコサックの勢力拡大を阻止しようとしたため、これに対抗するためにコサックは幾度も反乱を繰り返した。

17世紀から18世紀、ウクライナ・コサックはザポロージャ・コサックを中心とするコサック国家を成立させてポーランド・リトアニア共和国の衰退を呼び込んだが、ロシア・コサックはロシア帝国の圧迫を受け、18世紀末までに完全にロシアに組み込まれてしまった。ただし、ロシア帝国はロシア・コサックの自治を認め、その巨大な軍事力を戦争で活用している。平時のロシア・コサックはおもに農耕を営む非課税階級であり、自治地区の代表者は選挙によって選ばれたアタマン(大将)とされていた。

ロシア・コサックのロシア帝国への従属は、1917年のロシア革命で終わりを告げた。その後のロシア内戦で、コサックは反革命側勢力として台頭、白軍とともに革命勢力の赤軍と激しい戦いを繰り広げた。また、コサックは自身の本拠地で独立を宣言し、ドン・コサックによるドン・コサック共和国、クバニ・コサックによるクバニ人民共和国などのコサック国家を建国した。しかし、赤軍が優勢となるとコサックは各地で敗走、コサック国家はすべて崩壊し、多くのコサックが亡命を余儀なくされた。

ロシア全土を掌中に収めたソヴィエト連邦にとって、白軍とともに戦ったロシア・コサックは脅威そのものだった。ソ連はコサック根絶を目指した政策を実施、1930年代末までに全コサックの七割に当たる380万人が処刑や流刑死、さらには計画的飢餓(ホロドモール)によって抹殺された。

しかし、30年代後半になると、ソ連はドイツ第三帝国の軍備増強に対応する形でコサック騎兵師団の再建を開始した。彼らの多くは、独ソ戦初期のスモレンスク攻防戦やモスクワ攻防戦で、ソ連軍の貴重な打撃力として活躍することになる。

ドイツ軍のカフカス侵攻とコサックの対独協力

1942年6月、ドイツ南方軍集団は「ブラウ」作戦を発動、カフカス(コーカサス)地方への夏季攻勢を開始した。目標はバクーをはじめとするカスピ海沿岸の油田地帯である。

この段階で、ドイツ首脳部はカフカス地方の占領政策に漠然とした考えしか持っていなかった。東部占領地域大臣のアルフレート・ローゼンベルクは、カフカス占領の暁にはウクライナやベラルーシと同じく国家行政区を設けること、カフカスのコサックたちを占領政策に協力させることを提案していたが、ヒトラーが興味を示していたのはバクー油田のみで、コサックの活用についてはほとんど議論されなかった。ただし、ドイツ側にはドン・コサックのアタマンだったピョートル・クラスノフ将軍をはじめとする亡命ロシア人たちが潜伏しており、国防軍と接触を図りながら再興のチャンスを伺っていた。

カフカス地方に足を踏み入れたドイツ軍を待っていたのは、現地のコサックたちの思わぬ歓待だった。彼らはドイツ軍をソ連の圧政からの解放者として認め、自ら戦争への協力を申し出たのだった。この出来事に国防軍は驚きを感じながら、兵力不足解消のためにコサック騎兵部隊の創設を決定、各コサックの指導者たちと交渉を開始した。

ドイツ側がコサックの自治を認めたため、コサックの戦力化はスムーズに進められた。ドイツ軍の元には現地のコサックだけでなく、ドイツ軍の捕虜となったソ連軍のコサックも加わった。ドイツ側は亡命コサックのリーダーのクラスノフをカフカスに招き、コサックたちの意思をさらに強固なものにした。この時点で、8万人以上のコサックがドイツ軍に協力したと言われている。

だが、ドイツ軍とコサックの蜜月は長くは続かなかった。12月、スターリングラード救援作戦の失敗により、ドイツ軍のカフカスからの撤退が決まったのだ。ドイツ軍はコサックをソ連軍の追撃から守るため、その家族ごとウクライナへと撤退させることにした。ドイツ側が「この撤退はあくまで一時的なもの」と説明したこともあり、コサックたちはその命令に黙って従った。

コサックの戦い ユーゴスラヴィアでのパルチザン戦

カフカスを脱出したコサックたちは、ロシアの各地や北イタリアに分散した後、東プロイセンのミーラウ練兵場に家族ともども集められた。ドイツ軍はコサックの戦力化を諦めておらず、コサックたちもソ連軍との戦いを望んでいた。

43年4月、ドイツ軍最初のコサック師団、第1コサック騎兵師団が創設された。師団は2個旅団6個連隊で、ドン・コサック2個連隊、クバニ・コサック2個連隊、シベリア・コサック1個連隊、テレク・コサック1個連隊で成り立っていた。指揮官は騎兵将校のヘルムート・フォン・パンヴィッツ中将。パンヴィッツはドイツ語を除けばポーランド語しか話せなかったが、ドイツでも指折りの名騎手であるだけでなく、人間的な魅力にあふれた人物で、外国人部隊の指揮官としては最適の人材だった。パンヴィッツはコサックの文化を理解するべく、ロシア語を学び、コサックたちと衣食住を共にし、騎乗の技を競い、ロシア正教会への信仰やコサック独自の歌や踊りを禁止しなかった。パンヴィッツの努力により、コサックたちの心は再び一つとなっていった。

43年夏、コサックたちに再び凶報が舞い込んだ。ヒトラーがコサックをはじめとするロシア義勇兵たちを東部戦線から引き揚げ、西部戦線に投入することを決定したのだ。第1コサック騎兵師団の行き先は、チトー・パルチザンとの戦いが繰り広げられているユーゴスラヴィアだった。コサックたちはドイツ側の決定に反発を隠さなかったが、クラスノフが直接出向いて説得したことでなんとか収まった。第1コサック騎兵師団は9月25日にユーゴスラヴィアに到着、行動を開始した。

第1コサック騎兵師団は10月14日に実施されたパルチザンの拠点、フルシュカ・ゴーラ山地への攻勢「アルニム」作戦を皮切りに、多数のパルチザン掃討作戦に参加した。対パルチザン戦の多くはドイツ側の一方的な勝利となることが多く、たとえば44年6月27日に実施された「電撃」作戦では、ドイツ側の死者が3名に対し、パルチザン側の死者は300名以上に

【コサック　現実ver.】カフカス方面からの撤退後、国防軍の元でコサック部隊が編成された。理解ある指揮官に率いられた部隊では、コサック帽をはじめとする伝統的な装束の着用が許されていたようだ。イラストはKar98kを負いつつ、カフカス特有のサーベル「シャシュカ」をひらめかせて騎馬突撃するコサック娘。

上った。山岳地帯の多いユーゴスラヴィアでの対パルチザン戦は、高い機動力を誇る第1コサック騎兵師団にもってこいで、その実相は一方的な殺戮に近かったと言える。

44年後半に入ると、ユーゴスラヴィアの戦況はパルチザン側の優勢に傾き、ドイツ軍はセルビアを捨ててクロアチアへの撤退を開始した。この中でパンヴィッツは、新たに編入された第2コサック騎兵師団とともに第15コサック騎兵軍団を編成、その指揮官となった。なお、第15コサック騎兵軍団は国防軍と親衛隊の規約によって武装親衛隊の所属となっている。

45年3月、第1コサック騎兵師団はユーゴスラヴィアでの最大規模の作戦となる「ヴァルトトイフェル」作戦に参加した。この作戦はハンガリーにおける攻勢、「春の目覚め」作戦の助攻として実施されたが、前面に展開していたブルガリア軍を一時的に敗走させた以外に見るべき戦果がないまま、ソ連軍の反撃により中止に追い込まれた。

ドイツ第三帝国の滅亡が確実となりつつあった4月初旬、パンヴィッツはクロアチアのヴィロヴィティツァにて汎コサック会議を開き、今後の指針を話し合った。このままユーゴスラヴィアで終戦を待った場合、復讐に燃えるチトー・パルチザンやソ連軍の報復に遭うのは分かりきっており、それだけはなんとしてでも避けなければならなかった。パンヴィッツはアンドレイ・ウラソフ率いるロシア解放軍との合流を主張したが、クラスノフはコサックの独自性を重視してそれを拒否、意見はまとまらなかった。コサックたちに残された手段は、西へ向かい、英米連合軍に降伏することだけだった。

5月8日、第15コサック騎兵軍団とその家族、合計約4万人はチトー・パルチザンの追撃を振り切り、オーストリア国境でイギリス軍に降伏した。

裏切られたコサック 終局の惨劇

しかし、この時点でコサックたちの運命は決まっていた。ソ連はヤルタ会談において、英米に対し、戦時中にソ連から逃げ出したソ連市民の返還を求め、これを了承させていた。

5月23日、ウィーンで英ソの間に特別協定が結ばれ、第15コサック騎兵軍団の全将兵と家族の引き渡しが決定された。コサックの中には、ロシア内戦時代に亡命したためにソ連市民ではない者たちも混じっていたが、イギリス側はそれを無視して全員をソ連に引き渡すことを決めていた。イギリス側はこの事実がコサック側に漏れるのを避けるため、コサックの立場をイギリスが保障するかのような言葉を掛けて時間を稼いだ。他に頼るもののなかったパンヴィッツたちはイギリス側の主張を素直に信じ、コサックたちに脱走を禁じた。

　5月28日、イギリス側はコサックたちを武装解除した上で、事前の通告なしにソ連軍とチトー・パルチザンに引き渡した。イギリス軍にだまされていたことを知ったコサックたちは絶望し、一部はせめてチトー・パルチザンの報復を受ける前にと、その場で家族ともども命を絶った。ソ連軍とチトー・パルチザンに引き渡されたコサックたちはすぐさま処刑されるか、裁判の後にシベリアの収容所に送られた。パンヴィッツはソ連市民ではなかったため、ソ連への送還の対象ではなかったが、コサックたちと運命を共にした。47年1月17日、パンヴィッツはクラスノフとともに有罪判決を下され、絞首刑とされた。

　大戦後、ソ連はコサックへの弾圧を再開した。しかし、ソ連崩壊後にはロシアとウクライナでコサック復帰運動が起こり、現在もロシア連邦では300万人が自らコサックを名乗っている。

【コサック 妄想ver.】

1942年
くっ…コサック兵を右側から回り込ませることはできますか?
了解
!?
ギャカラッ
ギギギ
うわあぁッ!!
シュガポフ軍曹殿!
マジかよ イカれてるのか…
馬!?
パンパン
ドドド
1945年 終戦後
ロシア軍 捕虜収容所
…なんてこともあったねぃ…
バウアー いねーな
ま 流石にくたばったかな…
ん
あ!? 誰だテメェ…
あっ シュガポフ軍曹殿
どけ
ハイッ
ざざざっ
おお! お前あん時の馬の!
!?

あの…助けてくれて ありがとうございます
私は貴方を撃ったのに
ん? あ いいよ別に…
聞きたい事があっただけだし
モグモグ
それに全然助かってないでしょ
後でやられると思うけど
口封じくらいはしてもいいけど
うわあ…
ハッキリ言う人だなあ…
まーしかしそんな経緯でここに来たとはねえ…
私が言うのもナンだけど災難だったな
涙も出尽くしました
イギリス軍の言うことなんて信じずに…
せめて自分たちで決めていればよかったんです
故郷も焼けちゃったし
戦争って何なんでしょうねえ…
……
考えたこともなかったな
あ 何かの縁だ スパムやるよ
ドサ
ドスン
えっ… はあ…
まーよく分かんないけど 戦争が何ってよりは
はあ…
これが戦争…とはよく思うけどな
んじゃね
ぽんぽん
重っ!
ズッシリ
あの人どんだけスパム缶入れてるのよ
パキ…
Решите сами.
〈自分で決めろ〉
パン
END.

グルジア

〝ドイツ軍に叛逆したテッセル島の英雄たち〟

グルジアってどんな国?

グルジアは西アジアの北端、南コーカサス地方に位置する国家である。旧ソヴィエト連邦の構成国の一つで、1991年以降、現在も独立を維持している。コーカサス山脈の北麓、黒海の東岸に位置し、北側にロシア、南側にトルコ、アルメニア、アゼルバイジャンと隣接している。

国土の大部分が山岳地帯であり、気候も多様である。グルジアは中部のリヒ山脈で東西に分けられ、東部は歴史的にイベリア、西部はコルキスと呼ばれた。

グルジアの英語名はジョージア(Georgia)で、日本語ではグルジアで表記されるが、現在グルジアは「ジョージア」への表記変更を日本政府に求めている。この「グルジア」という名称はロシア語名「グルーズィヤ(Грузия)」に基づいており、これは英語名のジョージアと同じく、キリスト教国であるグルジアの守護聖人、聖ゲオルギウスが由来と言われている。

グルジア国内では、自国を「サカルトヴェロ」と称するが、その意味は「カルトヴェリ人の国」。カルトヴェリは古代ギリシャ人の記録にも現れる民族名、カルトリに由来する。住民の多くは正教徒のグルジア人で、その他、アルメニア人、ロシア人、アゼルバイジャン人、オセチア人、アブハジア人、ギリシア人などがいる。

独ソ戦前夜のヨーロッパ方面とグルジア

コーカサス地方の南部に位置するグルジア(ジョージア)。グルジアワインの産地、ヨシフ・スターリンの出身地(西グルジアのゴリ市)、そして2008年に勃発した南オセチア紛争の舞台として知られる。グルジア人部隊が蜂起したテッセル島は、グルジア本土から見て西の果てにあった。

紀元前、グルジアでは西グルジアにコルキス王国、東グルジアにイベリア王国が栄えていたが、いずれもローマ帝国の侵攻を受け、4世紀には世界で二番目のキリスト教国家となる。

9世紀にグルジア王国が成立し、タマラ女王の在位期間に全盛期を迎えるが、モンゴル軍の侵攻を受けて衰退した。その後、18世紀にはロシア帝国の占領下となったが、グルジア王家のバグラチオン家はロシア帝国内で存続を許され、引き続きその影響力を行使した。

ロシア革命に伴うロシア帝国の崩壊に際して、民族主義者らが決起してグルジア民主共和国が成立するが、ソ連の侵攻で潰え、独立政府や王族の一部は国外に亡命、最終的にソ連に併合されることになった。しかし、グルジア国内ではソ連の高圧的な支配に対して民族主義者たちの反感が募っており、また、グルジア民主共和国の亡命者たちも「白グルジア」などの亡命者組織を作り、バルト三国やフランス、ドイツで再起のチャンスを伺っていた。

グルジア義勇兵たちの戦い

第二次大戦前夜、ドイツ第三帝国の国防軍は、フランスや（王家の一部が亡命した）スペインのグルジア人亡命者たちと連絡を取り合っていた。将来の対ソ戦を構想していたナチス・ドイツにとって、グルジア人亡命者たちは味方になりえる存在だったからである。

グルジア側のリーダーは、シャルヴァ・マグラケリゼだった。マグラケリゼはグルジア出身の元ロシア帝国の軍人で、ドイツのベルリン大学にも在籍していたエリートだった。1917年のロシア革命ではドイツ人の知人と協力しつつ、グルジア民主共和国の設立に携わったが、その後、ソ連のグルジア侵攻を受けてヨーロッパに亡命、リトアニアやラトヴィアなどを転々としながら、貧困にあえぐグルジアの亡命者の支援を行い、そのまとめ役となっていった。マグラケリゼは最終的に1938年にドイツへ渡り、ドイツ人との人脈を利用して、グルジア王家を復古させる活動を行った。ドイツ国防軍が彼に目をつけないはずがなかった。

1941年6月、ドイツはソ連に侵攻を開始、独ソ戦が勃発した。その後、ドイツ軍は亡命グルジア人や大量のソ連軍捕虜の中のグルジア人にリクルートをかけ、グルジア人部隊の創設を図った。最初のグルジア人大隊は1941年12月に創設されたと言われる。

大戦中、グルジア人部隊は、ドイツ軍が編成した旧ソ連義勇兵の部隊である東方軍団の中のグルジア軍団としてまとめられ、終戦までに3万名がドイツ軍に所属し、合計8個大隊が編成された。マグラケリゼはその司令官として、祖国の独立を望むグルジア兵士たちの期待を担うことになった。

しかし、ヒトラーはグルジア人たちに（他のソ連軍捕虜たちと同じく）冷淡で、クルスク決戦で敗れた後、8個大隊の大半を反乱防止の名目でソ連との戦争に関係ないフランスやオランダに配置し、連合軍の反攻に備えようとした。マグラケゼリはこの決定に反対したが、逆にドイツ側の不興を買い、グルジア軍団の司令官の辞任を余儀なくされた。

グルジア大隊は800名の兵士で構成され、指揮官はドイツ人だった。グルジア軍団の兵士たちにはグルジア民主共和国の国旗を意匠とした記章が与えられた。

グルジア大隊の多くはフランスで連合軍の侵攻を迎え撃った。このうち有名なのが第761大隊と第795大隊で、両大隊はドイツ軍の第709歩兵師団第739擲弾兵連隊の指揮に入り、ノルマンディー上陸作戦ではアメリカ第4歩兵師団とユタ海岸で激闘を繰り広げ、その後もコタンタン半島で撤退戦を継続、最後はシェルブールで降伏した。

また、ドイツ軍が終戦まで保持し続けたフランス沿岸のイギリス王室属領のガーンジー島には、第823大隊が第319歩兵師団の兵力として配置され、同島で一度も戦闘を行わずに終戦を迎えている。

他の大隊も、フランスで連合軍主力と交戦したり、その後方でフランス側レジスタンスと交戦するなど、ドイツ軍と共闘した。ただし、祖国から遠く離れたフランスでの戦いであったため、兵士たちの士気は低く、脱走も相次いだと言われている。

これらグルジア人部隊の中でも、特筆するべき戦い振りを見せたのが、オランダのテッセル島に配備された第822大隊「ケーニッヒン・タマラ」である。

テッセル島のグルジア大隊の蜂起

グルジア軍団第822大隊「ケーニッヒン・タマラ」は、1943年6月にポーランドにおいて編成された。「ケーニッヒン・タマラ」とは日本語にすると「タマラ王」で、前述の12世紀にグルジア王国の最盛期を現出したタマラ女王を意味している。大隊の名称にその名がつけられたのは、タマラ女王の威光にあやかり、なおかつグルジア王家復活を夢見るグルジア軍団の意思を示そうとしたためと思われる。

大隊はポーランドにおいて対パルチザン戦に投入された後、1943年9月にオランダのザントフォートに配属された。1945年2月、大隊はオランダ沿岸の西フリースラント諸島のテッセル島に送られた。テッセル島は西フリースラント諸島で最も面積が広く、また人口の多い島である。オランダの港湾都市アムステルダムに繋がるエイセル湖をふさぐような位置にあるため、ドイツ軍はこの島の防衛を重視し、連合軍の上陸に備えて多数のトーチカを建造していた。

　テッセル島には1943年4月からインド義勇兵からなる第950（インド）歩兵連隊第2大隊が、同年9月からは第822大隊と同じ東方軍団所属の北コーカサス大隊が配置されており、第822大隊はこの北コーカサス大隊と入れ替わりでの配置となった。

　この時期、オランダは連合軍が1944年9月のマーケット・ガーデン作戦に失敗したことから、いまだドイツ軍の占領下にあり、また、ドイツ軍がオランダ市民の大規模ストライキの報復として食料や電力供給を絶ったため、後に「冬の飢餓」と呼ばれる状況にあり、多数の餓死者が生じていた。

　オランダ本土から切り離されたテッセル島でも状況は同じで、島民はドイツ軍への反感を募らせていた。また、第822大隊のグルジア人たちも、ドイツ軍に対する反感や将来への不安から、ザントフォートに配置されていた時期からオランダ国内のレジスタンス組織と接触し、ドイツ軍がオランダで崩壊の兆しを見せた場合、レジスタンスと協力してドイツ軍に対して蜂起することを計画していた。

　このまま第二次大戦が連合国の勝利で終結した場合、自分達はソ連に送還されて粛正されることを、グルジア人たちは察していたのである。それを避けるためには、ド

【グルジア人部隊 現実ver.】
テッセル島蜂起に際し、ドイツ軍と泣きながら戦うグルジア人兵士の女の子。手にしているのはドイツ軍から支給された、あるいは鹵獲したKar98k小銃。背景にある灯台はグルジア人兵士たちが最後に立て籠もった拠点で、現在でも同じ場所に残っている。彼らの奮戦の背景には、テッセル島の一般市民やパルチザンの積極的な協力があった。

イツ軍に蜂起して、自分達が連合軍であることを示す実績が必要だった。

第822大隊はテッセル島到着後、すぐに一般市民に親しみ(ドイツ人への反感という共通の認識もあってか)、人気を博した。また、島内のレジスタンスと接触、蜂起の計画を練り直した。大隊におけるグルジア人の指揮官は元ソ連空軍のパイロットのシャルヴァ・ロラドゼ大尉で、大隊の幕僚とともに計画の立案を主導した。

1945年4月、ドイツ軍は大隊をオランダ本土に戻すことを検討しはじめた。連合軍はライン川を越えてドイツ本土に雪崩れ込みつつあり、第二次欧州大戦の終わりはもはや誰の目にも明らかだったが、在オランダのドイツ軍は可能な限りの抵抗を行うつもりだった。オランダ本土に送られてしまえば、蜂起の成算は限りなく低くなる――こうして大隊はオランダ本土への出発を前に、蜂起の実施を決定した。

蜂起開始とその結末

第822大隊の反乱計画は周到だった。テッセルにはいくつもの砲台があり、それを大隊の800名のグルジア人兵士と400名のドイツ兵が守っていた。蜂起を成功させるには、ドイツ人を首尾良く排除する必要があった。

1945年4月5日、グルジア人たちは蜂起を開始した。彼らは兵舎を同じくしていたドイツ人兵士の寝込みを襲い、400名のほとんどをナイフや銃剣によって刺殺した。その後、グルジア人兵士たちは島の4分の3を占領することに成功したが、島の北部と南部にあるドイツ海軍歩兵の立て籠もった砲台の占領には失敗した。

この砲台占拠の失敗が戦況の転換点となった。ドイツ軍は二つの砲台の支援の下、オランダ本土から第163海軍歩兵大隊2000名を装甲兵力とともにテッセル島に派遣、反撃を開始した。グルジア人たちは果敢に抵抗したが、その後の二週間で島の大部分がドイツ軍によって奪還され、グルジア人達は島北部の灯台に立て籠もって最後の抵抗を試み、激戦が展開された。灯台は4月20日までにドイツ軍によって掃討されたが、島の各地にはレジスタンスに支援されたグルジア人たちが残っており、戦闘は継続された。反乱軍指揮官のシャルヴァ・ロラドゼ大尉も4月25日に戦闘で死亡、捕らえられたグルジア人は自らの墓穴を掘らされ、ドイツ軍の軍服を脱がされた上で処刑された。

テッセル島の戦いはオランダのドイツ軍が降伏した5月5日、ドイツ第三帝国そのものが降伏した5月8日以降も続いた。最終的にテッセル島の戦火が止んだのは、カナダ軍が上陸した5月20日のことだった。この戦いでおよそ800名のドイツ軍兵士、565名のグルジア人、120名のテッセル島住民が死亡した。

この蜂起は、島内で「ロシア戦争」と呼ばれた。生き残ったグルジア人兵士はカナダ軍に武装解除された後、遅れて辿り着いたソ連軍の手によりソ連へ送還された。

島民にとってグルジア人兵士たちは「共にナチスと戦った英雄達」であり、その戦い振りは現在でも当時を知る人々によって語り継がれている。島内にはグルジア人墓地があり、蜂起60周年を迎えた2005年5月4日には、独立したグルジアの元首として初めてミハイル・サアカシュヴィリ大統領がグルジア人墓地を訪れた。

グルジア軍団の将兵の多くは、シベリアなどでの強制労働を強いられた。なお、マグラケリゼは、イタリアで難を逃れた後に西ドイツに戻り、コンラート・アデナウワー大統領の下で軍事補佐官を務めるかたわら、引き続き亡命グルジア人たちの支援を行っている。その後、マグラケリゼはソ連によって誘拐されたが、裁判にはかけられず、グルジアで余生を送り、1976年に死去している。

また、第822大隊の兵士については、強制労働を生き延びた兵士は1950年代半ばまでに名誉回復がなされ、「ソ連の英雄」として家に帰ることが許された。

【グルジア人部隊 妄想ver.】

1945年4月
オランダ　テッセル島
オランダの日差しは気持ちがいいですねえ…！
Bauer
いやいやちょっと
グルジア人大隊蜂起の制圧任務なんですから…ふざけないでください
ほら　装甲車両の揚陸作業も終わりましたから
大丈夫2
ドドドド
ゴムボート
こんだけ長いこと戦争やってると作戦地図を見たら大体分かっちゃうんですよお姉さんに任せなさいな
たしっ
この島のシチュなら作者的に『ザ・ロック』ネタと見て間違いないでしょうね
ショーン●ネリーかニコラス●イジっぽい奴らが出てくるまでは私たちも遊んでても大丈夫なはずですよ
キリリ
ぱ
しゅっ
なるほどーメタ発言すぎて頭が痛くなってきました

まそんなわけなんでとりあえず拠点の海軍砲台まで行きましょうかね
海軍歩兵の方々も間もなく到着だそうです
しかしまあ 任務も大事ですが…クルツ君も分かってるだろうけどハロワに行く準備できてる?
失業 鉄板やろ
ホロリ
やめてください!
中尉殿!
何です?
ショー●コネリー出ました?
いいえ…
ククルス・●アンの妻
ドシン…
そ…そうきたか～～ッツ
後にバウアー中尉は語る—
—オランダという地理的要因を想定しなかったのは私の人生の中でも痛恨のミスであった—
アレ絶対岩石投げてきますよ…指示を! 中尉殿!
いや…指示をじゃないですよ…どうにかしたければ連邦の白いの連れてきてくださいよ…
はっ
ぎゃーーーツツ
えッ
何です!?
中尉殿に空気を入れて大きくしてみる…
やってみる価値はありますぜ
イヤないよ!?
制圧部隊より入電
抵抗が激しいパンク修理キットを1ダース希望
何がパンクしたんだ?
このヨーロッパ最後の戦場での戦いは終戦をまたいで1カ月以上続きドイツ軍側、グルジア人側ともに多大な犠牲者を出すこととなった

参考文献【欧州編】

本書の執筆には以下の書籍、雑誌等を主要な参考文献とさせていただきました。
著者・訳者・編者の方々に厚く御礼申し上げます。

【書籍(和書)】

「ラスト・オブ・カンプフグルッペ」シリーズ
高橋慶史 著/大日本絵画 刊

「髑髏の結社 SSの歴史〈上〉〈下〉」
ハインツ・ヘーネ 著/講談社 刊

「武装SS全史Ⅱ」学習研究社 刊

「ベネルクス現代史〈世界現代史 21〉」
栗原福也 著/山川出版社 刊

「デンマークの歴史」橋本敦 著/創元社 刊

「物語 北欧の歴史―モデル国家の生成」
武田龍夫 著/中央公論新社 刊

「詳解 武装SS興亡史 ヒトラーのエリート護衛部隊の実像 1939-45」ジョージ・H・スティン 編/学習研究社 刊

「オランダ史」モーリス・ブロール 著/白水社 刊

「ドイツ武装SS師団写真史〈2〉遠すぎた橋」
高橋慶史 著/大日本絵画 刊

「黒いスイス」福原直樹 著/新潮社 刊

「ヒトラーのスパイたち」クリステル・ヨルゲンセン 著/原書房 刊

「民族の運命 エストニア独ソ二大国のはざまで」
石戸谷滋 著/草思社 刊

「泥まみれの虎 宮崎駿の妄想ノート」
宮崎駿 著/大日本絵画 刊

「嵐の中の北欧―抵抗か中立か服従か」
武田龍夫 著/中央公論社 刊

「リトアニア　民族の苦悩と栄光」
畑中幸子、ヴィルギリウス・チェパイティス 著/中央公論新社 刊

「フィンランド軍入門」斎木伸生 著/イカロス出版 刊

「雪中の奇跡」梅本弘 著/大日本絵画 刊

「ノルウェーと第二次世界大戦」
オーラヴ・リステ、ヨハンネス・アンデネス、マグネ・スコーヴィン 共著/池上佳助 訳/東海大学出版会 刊

「武装親衛隊外国人義勇兵師団 1940-1945」
クリス・ビショップ 著/中村安子、鈴木晃 訳/リイド社 刊

「北欧の外交 戦う小国の相克と現実」
武田龍夫 著/東海大学出版会 刊

「北欧空戦史」中山雅洋 著/学習研究社 刊

「アルバニア インターナショナル」
井浦伊知朗 著/社会評論社 刊

「ヒトラーの国民国家―強奪・人種戦争・国民的社会主義」
ゲッツ・アリー 著/岩波書店 刊

「物語 近現代ギリシャの歴史 独立からユーロ危機まで」
村田奈々子 著/中央公論新社 刊

「現代スペインの歴史 激動の世紀から飛躍の世紀へ」
碇順治 著/彩流社 刊

「スターリンの外人部隊」
ペーター・ゴシュトニー 著/学習研究社 刊

「図説 世界の特殊部隊」学習研究社 刊

「第二次大戦のスロヴァキアとブルガリアのエース」
イジー・ライリヒなど 著/大日本絵画 刊

「ハンガリー・チェコスロヴァキア現代史〈世界現代史 26〉」
矢田俊隆 著/山川出版社 刊

「チェコスロヴァキア史」
ピエール・ボヌール 著/白水社 刊

「ポーランド・ウクライナ・バルト史」
伊東孝之、中井和夫、井内敏夫 編/山川出版社 刊

「ユーラシア・ブックレット 歴史の狭間のベラルーシ」
服部倫卓 著/東洋書店 刊

「ボタン穴から見た戦争 白ロシアの子供たちの証言」
スヴェトラーナ・アレクシエーヴィチ 著/群像社 刊

「ドイツ武装SS師団写真史〈1〉髑髏の系譜」
高橋慶史 著/大日本絵画 刊

「幻影(イルジオン)ヒトラーの側で戦った赤軍兵たちの物語」
ユルゲン・トールヴァルト 著/フジ出版 刊

「物語 ウクライナの歴史―ヨーロッパ最後の大国」
黒川祐次 著/中央公論新社 刊

「バービイ・ヤール」A・アナトーリ 著/講談社 刊

「ディナモ ナチスに消されたフットボーラー」
アンディ・ドゥーガン 著/晶文社 刊

「クロアチア」
ジョルジュ・カステラン&ガブリエラ・ヴィダン 著/白水社 刊

「ユーゴスラヴィア現代史」柴宣弘 著/岩波新書 刊

「パルチザンの戦い(ライフ第二次世界大戦史)」
タイム・ライフ・ブックス 刊

「ボスニア内戦 グローバリゼーションとカオスの民族化」
佐原徹哉 著/有志舎 刊

「ワルシャワ反乱」
ギュンター・ディシュナー 著/サンケイ新聞社出版局 刊

「コサックのロシア 戦う民主主義の尖兵」
植田樹 著/中央公論新社 刊

「捕虜 誰も書かなかった第二次大戦ドイツ人捕虜の末路」
パウル・カレル 著/学習研究社 刊

【書籍(洋書)】

「Germany's Eastern Front Allies (2) Baltic Forces」
Nigel Thomas著/Osprey Publishing刊

「Foreign Legions of the Third Reich Vol.4」
David Littlejohn著/R.James Benoer Publishing刊

「Germany's Spanish Volunteers 1941-45」
John Scurr & Richard Hook著/Osprey Publishing刊

「Germany's Eastern Front Allies 1941-1945」
Peter Abbott & Nigel Thomas著/Osprey Publishing刊

「Axis Forces in Yugoslavia 1941-45」
N.Thomas&K.Mikulan著/Osprey Publishing刊

「For Croatia & Christ:The Croatian Army in World War Ⅱ 1941-1945」Antonio J.Munoz著/Europe Books刊

「Russen in der Waffen-SS:29. Waffen-Grenadier-Division der SS“RONA”(russische Nr.1);30. Waffen-Grenadier-Division der SS(russische Nr.2); SS-Verband“Drushina”」
Rolf Michaelis著/WINKELRIED-VERLAG刊

「Cossacks in the German Army 1941-1945」
Samuel J. Newland著/Routledge刊

「Foreign Volunteers of the Wehrmacht 1941-45 (Men-at-Arms)」Carlos Jurado著/Osprey Publishing刊

「Axis Cavalry in World War Ⅱ(Men-at-Arms)」
Jeffrey Fowler著/Osprey Publishing刊

「Ukrainian Armies 1914-55(Men-at-Arms)」
Peter Abbott著/Osprey Publishing刊

「Ukrainians in the Waffen-SS:The 14. Waffen-Grenadier-Division Der SS(Ukrainische NR.1)」
Rolf Michaelis著/Schiffer Publishing刊

【雑誌】

「アーマーモデリング」各号 大日本絵画 刊

「コマンドマガジン」各号 国際通信社 刊

【WEBサイト】

「Swissinfo.ch」スイス放送協会公式WEBサイト
(http://www.swissinfo.ch/)

枢軸の絆
Band of AXIS
【アジア編】

満州国

〝5000日の幻想〟【前編】

満州国前史

「満州」という単語を知らない日本人……は、あまりいないのではないかと思う。「満州国」が、戦前、大日本帝国が現在の中国東北部に打ち立てた国家の名であることは、学校の歴史の授業で教えられている。そして、この満州国が太平洋戦争の終結と同時に消滅し、中国との間に残留孤児や化学兵器遺棄などの数々の問題を残したことも、よく知られている事実である。

　しかし、満州国がどんな国であったかを具体的に答えられる日本人は少ないだろう。遠くて近くて、古くてまだまだつながりのある国、それが満州国なのである。

　1911年、辛亥革命によって滅亡した清国に代わり、国民党率いる中華民国政府が中国全土の支配を宣言した。だが、この時点で中国東北部＝満州は多数の軍閥《ぐんばつ》が群雄割拠する地であり、これをまとめる行政組織は存在しなかった。これは、満州が長年の間、ロシアと清朝の抗争の舞台であったことか

第二次大戦前夜の太平洋方面と満州国

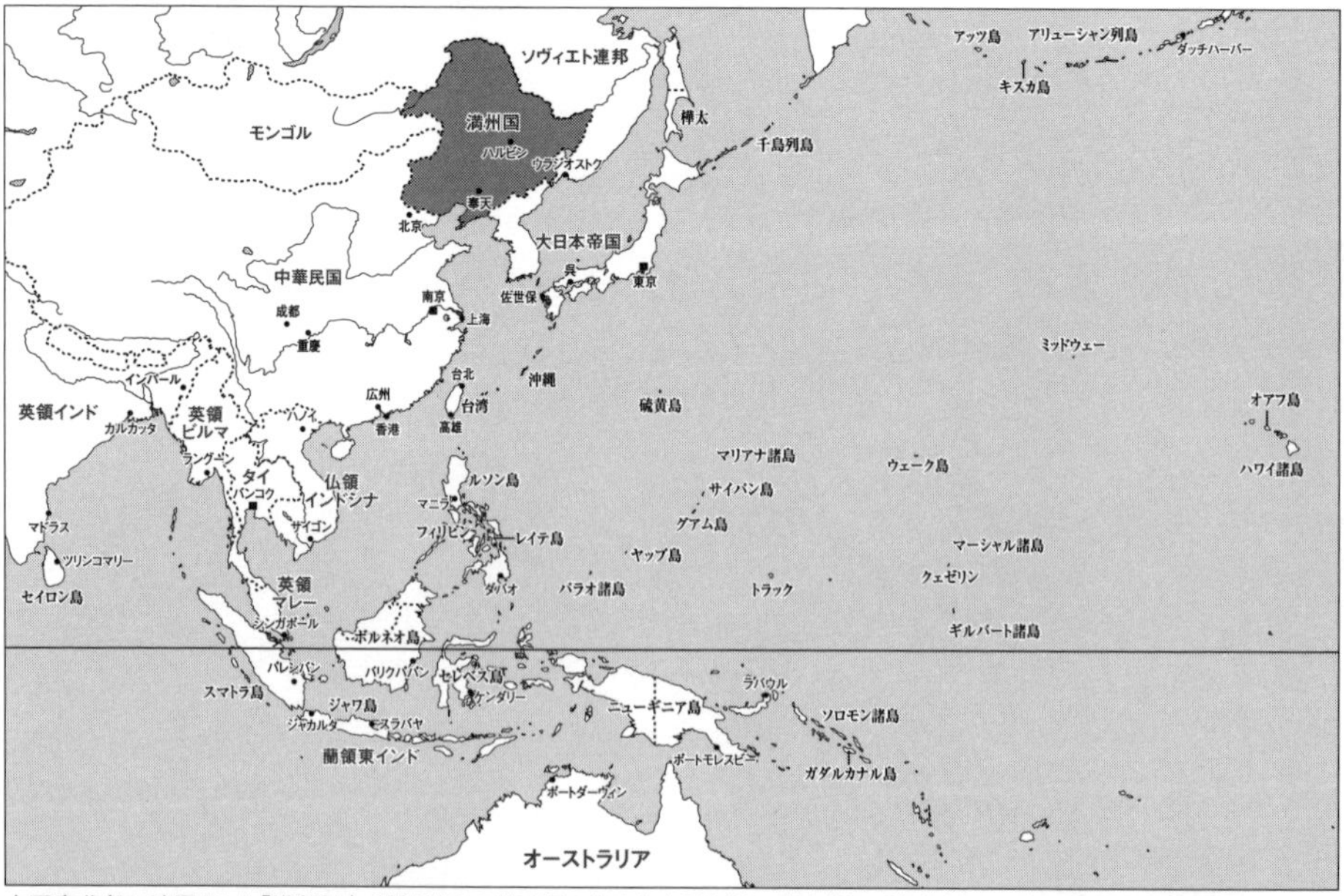

中国東北部に建国された「満州国」。朝鮮半島の付け根で大日本帝国と接し、東と北はソ連、西はモンゴル、南西は中華民国と国境を接している。満州国建国後、日本とソ連は満ソ・満蒙国境線の画定問題を巡ってたびたび対立、張鼓峰事件やノモンハン事件といった大規模な紛争に発展したこともあった。

ら清国の支配が安定せず、馬賊や匪賊（いずれも集団で強盗などを行う盗賊の類）などの勢力が台頭しやすかったからである。

このとき、大日本帝国は日露戦争に勝利したことでロシアの南下を食い止め、満州南部の遼東《りょうとう》半島の租借権と東清鉄道南部の経営権を獲得していた。また、遼東半島(関東州)には関東軍と呼ばれる兵力を配置、同地を警備していた。

こうした混乱した状況下、満州の軍閥をとりまとめ、中華民国に対抗する独自の勢力として台頭したのが、馬賊上がりの将校・張作霖《ちょうさくりん》であった。張作霖は日本の関東軍と結託し、満州を安定させ、なおかつ中国全土の制圧を目論んでいた。

だが、その姿勢は結果的に国民党軍の反発を招いただけでなく、張作霖の野望に反対する軍閥の離反を招き、逆に満州を不安定化させてしまった。加えて、日本の関東軍の内部でも、自己の利益を第一に考える張作霖に強い不満を抱く一派が存在した。彼らにしてみれば、たとえ満州が張作霖のもとで安定したとしても、彼が日本の利権を保護するとは限らず、また関東軍を凌ぐ軍事力を持つおそれもあった。

1928年6月4日、関東軍高級参謀の河本大作大佐はそうした一派の中心となって張作霖の排除を計画、関東軍司令部首脳の同意を得て、奉天近郊の線路上で張作霖を爆殺した。関東軍はこの事件を国民党軍の仕業として喧伝したが、日中共同の調査によって日本側の犯罪であることが明らかになった。なお、事件を首謀した河本大佐は責任を問われることとなったが、軍法会議にかけられることなく予備役に編入されるという軽い処罰にとどまっている。

張作霖爆殺事件により、張作霖の後を継いだ息子の張学良は国民党政府と合流することで日本との対決姿勢を表明した。また、張学良は南満州鉄道の付近に新しい鉄道路線を建設し、安価な輸送コストで南満州鉄道の経営を圧迫しようとした。さらに翌年にはソ連軍が満州に侵攻(中東路事件)、同地での利権を確保する動きを見せていた。

状況を打開するために、関東軍はさらに賭博的な行動に出る。張学良一派を満州から排除し、なおかつ満州を日本の対ソ戦略上の「外堀」として完全に手に入れるため、満州全土の占領を決意したのだった。この作戦は、関東軍高級参謀（河本大佐の後任）の板垣征四郎大佐と作戦参謀石原莞爾《かんじ》中佐が、関東軍首脳の賛同を得て計画された。

1931年9月18日、関東軍は南満州鉄道線路上で起きた爆発事件(柳条湖事件)を張学良派による破壊工作と断定、これに対する治安維持活動として満州全土への侵攻を開始した(満州事変)。無論、この事件は関東軍の自作自演であった。

関東軍は政府による不拡大方針や陸軍の局地解決方針を無視して戦線を拡大、その後の5カ月間で満州全土を制圧するに至った。

満州国の建国
大日本帝国の傀儡国家として

関東軍の独断専行は、すぐさま国際社会の批判の的となった。1932年1月、アメリカ国務長官のヘンリー・スティムソンは日本の満州侵略を認めないことを通告、中華民国と欧州各国がこれに賛成した。

だが、日本国内では反対に、関東軍の行動はマスコミによって大々的に喧伝され、民衆の賛同を得ていた。当時、日本は昭和恐慌から脱しておらず、民衆は刺激的な景気向上策を望んでいたのだった。その意味で満州という土地は、国威の発揚や開拓地の確保という点で期待がかけられていた場所だった。日本政府はこうした世論に逆らえず、関東軍の行動を容認してしまう。

関東軍の満州占領が完了した同年2月、関東軍は国外の批判を避け、同時に自らの行動の正当性を証明するために、満州に中華民国から分離した独立国家・満州国を打ち立てることを決定した。元首としては清朝最後の皇帝、愛新覚羅溥儀《あいしんかくらふぎ》が選ばれた。

1932年3月1日、正式に満州国の誕生が宣言された。首都は新京(長春)である。

満州国の国家理念は「五族協和」と「王道楽土」の二つであった。「五族協和」とは日本人、漢人、朝鮮人、満州人、蒙古人の五族(その他、白系ロシア人など)が協力して国家を建設すること。「王道楽土」とは、西洋の「覇道」に対し、アジア的な融和によって平和を守るという意味が込められている。また、行政機関の国務院などには日本人の官吏が多数配属され、日満一体の政策を志した。

このように、一応は「理想的な新興国家」として立ち上げられた満州国だが、その実態は言うまでもなく日本の傀儡政権に他ならなかった。たとえば前述の国務院の中枢は日本人の官吏によって占められており、その決定は日本人官吏によって下されていたし、官吏の罷免権《ひめんけん》を掌握しているのも関東軍司令部だった。また、元首(執政。後に皇帝)溥儀の権力も、日本の天皇の威光を借りたもので、実質的な支配権を握る関東軍に逆らうことはできなかった。

治安も良好ではなかった。関東軍が満州全土を制圧した後も、張学良派の軍閥や匪賊たちが国内で武装蜂起を繰り返していたからだ。また、南には中華民国、北にはソ連があり、国境紛争が絶えなかった。よく知られているノモンハン事件(1939年)はその代表例である。

とはいえ日本は、そうした事実を認識しながら、農民の満州への移民計画いわゆる「満蒙開拓団」の投入を行っている。

20年間で100万戸、500万人もの日本人を満州に送り込む壮大な計画だった。

日本の外交にとっても、満州国の建国は大きくマイナスに働いた。満州事変を調査したリットン調査団により、満州国の非正当性を訴えた報告書が国際連盟で採択されると、日本は国際連盟の脱退を表明(1933年)。以後、日本は国際社会での孤立を深めることになった。そしてこの流れは、支那事変と太平洋戦争の勃発につながっていく。

満州国の建国は、日本や中国の近代史における大きなターニングポイントであり、両国にとって、その後に起こる幾多の悲劇の原因となる出来事であった。しかし、その誕生から1945年8月の崩壊まで、満州国が、ソ連という脅威から日本を守る「外堀」として機能し続けたのもまた事実であった。

【満州国 現実ver.】
関東軍の指導下に置かれていた満州国軍では、軍装や装備は日本軍にならったものとなった。帽章は五芒星型で、満州国の国旗と同じく黄・黒・白・青・赤で塗られている。イラストの満州国軍の娘さんが手に持っているのは、日本軍も装備した十一年式軽機関銃。手に持った挿弾子(クリップ)は同機関銃で用いる減装弾を束ねたもの。見た目は小銃用の三八式実包と同じだが、装薬が減量されている。

満州国の軍事機構

1932年、満州国は国軍である満州国軍を創設した。その目的は国内の治安維持（具体的には反政府・反日勢力の撃滅）および国境・河川の警戒であり、国軍というよりは満州全土を支配する関東軍の支援役というべき兵力だった。

しかし後年、関東軍による対ソ戦が現実味を帯びたことからその傾向は弱まり、純粋な国軍化が進められた。また、満州国軍には創設当初から日本人が顧問・教官役として配置されただけでなく、部隊指揮官にも日系軍官として日本人があてがわれることが多かった。

このように、満州国軍と日本軍（主に関東軍）はほぼ一体の存在であり、満州国が日本の傀儡国家であったことを如実に示している。

なお、満州国では士官以上の階級を「将」「校」「尉」に分け、さらに「上」「中」「少」の三等に分割する制度を設けた。また、編制の面では、日本軍の「師団」「旅団」「連隊」「大隊」「中隊」「小隊」「分隊」に対応する「師」「旅」「団」「営」「連」「排」「班」という名称の部隊を持っていた。

〈満州国軍〉

1934年の時点で、満州国軍の兵力は五つの軍管区、東西南北の興安（内モンゴル）警備軍四つ、そして海軍であり、陸軍の総兵員数は約7万8600名、陸海軍総兵数は7万9300名であった。

編制は以下の通り。

軍政部
第一軍管区（奉天《ほうてん》）　1万2321名
第二軍管区（吉林《きつりん》）　1万3185名
第三軍管区（チチハル）　1万3938名
第四軍管区（ハルビン）　1万7827名
第五軍管区（承徳）　9294名
興安東警備軍（博克図《ボグト》）
興安西警備軍（林西）
興安南警備軍（通遼）　総数3495名
興安北警備軍（ハイラル）
江防艦隊（ハルビン）　719名

興安警備軍とは、満州国内のモンゴル族居住区画（興安四省・熱河省など）の防衛を任務とする軍である。満州国軍が多民族で構成されていたのに対し、この軍はモンゴル族のみで構成されており、騎兵を中心に高い機動力を誇った。

最後の江防艦隊は、軍閥が所有していた河川警備艦から編成された満州国軍の実質的な海軍である。夏季は艦艇で河川部の警戒を行い、水面が凍結する冬季は陸戦隊として陸上で活動した。1938年、陸軍に編入されて江上軍と名を変えている。

当初は小型の河川警備艦が主力だったが、後に日本製の砲艦4隻（「順天」「養民」「定辺」「親仁」）が新たな主力として加わり、陣容を整えている。

〈満州国飛行隊〉

1937年に編成された満州国軍の航空兵力。飛行隊司令部の指揮下に、3個飛行隊を主力として構成された。太平洋戦争勃発後の最盛期には、日本陸軍の九七式戦闘機、一式戦闘機「隼《はやぶさ》」、二式単座戦闘機「鍾馗《しょうき》」などを主力として、約110機の保有機数を誇った。

（後編に続く）

【満州国 妄想ver.】

「五族協和」をうたう満州の平和を守るべく、関東軍作戦参謀・石原莞爾はヒーロー戦隊「ゴ族ンジャー」を結成した。日の丸レッド・石原莞爾が率いるメンバーは、清朝皇族の血をひく女スパイ・川島（芳子）ピンク、アヘン製造にいそしみつつ自らも吸引するアヘングリーン（関東軍の満州進出・満州建国の動機の一つに、アヘン製造・密売の権益独占があったという説もあるぞ）、ギョーザと天津飯が好きな餃子イエロー（宇都宮がギョーザの街になったのは、陸軍第十四師団が満州に駐屯していて、引き揚げた元軍人がギョーザ店を始めたかららしい）、白系ロシア人（ロシア革命を避けてハルビンへ渡ったミハエル・コーガンは関東軍と接触、来日して太東洋行という輸入会社を設立する。これが後のゲーム会社タイトーだ）の5人だ!
※念のためですが、このような事実は存在しません。カッコ内のウンチク以外はすべて妄想です。

満州国

〝5000日の幻想〟【後編】

満州国陸軍の戦い

前編で記した通り、満州国軍は当初、関東軍の支援役とされていた。これは、当時の関東軍が満州の治安維持だけを任務としていたからである。しかし、1930年代序盤に関東軍が対ソ戦を視野に入れ始めたことから、満州国軍は関東軍の治安維持任務を引き継ぐため、単独で作戦が可能な兵力として再編されることになった。この結果、1935年になると満州国軍の戦闘能力は大きく向上し、国軍としての体制が整った。

1935年以降の満州国軍の作戦は、終戦間際の対ソ戦を別とすると、治安維持戦と外征の二つに分けられる。

治安戦は治安の維持を目的とした匪賊討伐などの作戦、外征は日本軍支援を目的とした国外・国境付近への兵力派遣である。

治安戦については、満州国軍は1936年10月からの「北部東辺道秋冬季討伐」を皮切りに、1937年7月からの「三

第二次大戦前夜の太平洋方面と満州国

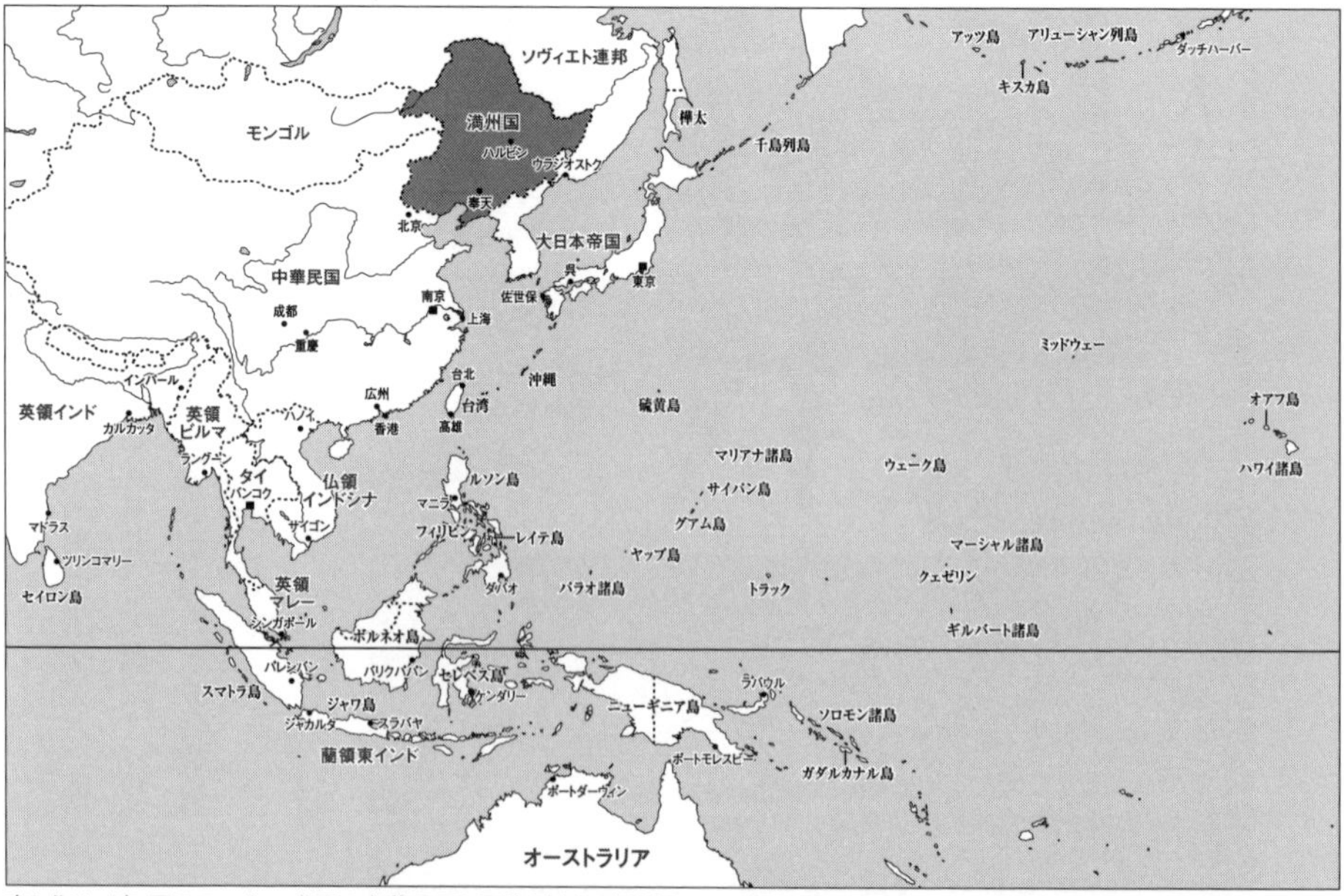

東と北はソ連、西はモンゴル、南西は中華民国と国境を接する満州国では、満州国軍の建軍以来、匪賊討伐と国境紛争に明け暮れていた。その終焉は1945年8月9日のソ連による対日宣戦布告で、日ソ中立条約を一方的に破棄したソ連軍の侵攻により満州国は蹂躙された。日本人居留民の多くも悲劇的な事態に巻き込まれている。

江地区治安粛正工作」、1939年10月からの「三省連合討伐」など大規模な作戦を展開し、各地で反日ゲリラに大損害を与えた。満州国軍にとって、国内は完全な戦場だったのである。

満州国軍単独による治安維持戦は国外にも及んだ。1938年、満州国軍は南部の興隆国境線（満州国と中華民国の国境）で八路軍を討伐するため、「西南地区治安粛正工作」を開始。しかし、八路軍は手ごわく、満州国軍は終戦までこの作戦を継続することになった。

満州国軍は外征作戦も頻繁に行うことになった。満州国はソ連や中国といった敵性国家に囲まれており、国境紛争が絶えなかったからだ。たとえば、1935年にモンゴルと満州国の国境で起こった哈爾哈廟《はるはびょう》事件では満州国軍興安北警備軍の騎兵第7団が国境線の確保に出撃、1937年の支那事変勃発の際には、関東軍支援のため「満州国軍外征部隊」が編成され、北支方面へと出動している。また、1938年には河北省から満州領内の熱河省に侵入した共産軍を撃破するべく2個の騎兵団が出撃し、見事に5000名の敵兵力を捕捉撃滅している。

満州国軍にとって最大の外征作戦となったのは、1939年に生起したモンゴルでの国境紛争、ノモンハン事件である。この戦いで満州国軍は、ソ連軍・モンゴル軍と対峙する関東軍を支援するべく、4個騎兵団を主力とする興安北警備軍の1000名、軍司令部直属の精鋭である「興安師（師団）」の騎兵部隊を中核とする興安支隊6000名、石蘭支隊3000名、鈴木支隊3000名、合計1万3000名あまりを投入した。中でも興安支隊は満州国軍で唯一の機械化部隊であり、期待された存在だった。

これらの部隊は主に第二次ノモンハン事件（7月以降）に参加、関東軍とともに攻勢を仕掛けたものの、ソ連軍の圧倒的な火力を受けて敗走した。虎の子の興安支隊も、ノロ高地への攻撃中にソ連軍の戦車部隊と遭遇、大きな損害を負いながら満州軍最初の機甲戦闘を体験している。

ノモンハン事件で満州国軍は多大な損害を被った。この結果を受け、満州国軍ではノモンハンでの戦訓を生かすべく、軍全体の機械化や支援部隊の充実が図られることになる。また、外征作戦は太平洋戦争の勃発後も続けられ、一時期は満州国軍5万名によるフィリピンへの派遣計画も持ち上がった。目的はフィリピン・ゲリラの掃討であった。

太平洋戦争の戦況が逼迫《ひっぱく》し始めた1944年、満州国軍は関東軍支援のために増強を重ね、15万もの兵力を擁していたのである。

満州国の水上兵力の戦い

太平洋戦争時、満州国軍には二つの水上兵力があった。前編で紹介した、河川警備のための陸軍指揮下の船舶部隊「江上軍（前身は江防艦隊）」と、沿岸の警備を目的とする満州国警察指揮下の「海上警察隊」である。

このうち、太平洋戦争で活躍したのは海上警察隊であった。海上警察隊はその性質上、江上軍よりも大型の戦闘艦を装備する事実上の海軍であり、外洋での作戦を可能としていた。海上警察隊は755トンの大型警備艦「海威《ハイウェイ》」（日本海軍の旧式駆逐艦「樫《かし》」）や、190トン級の日本製警備艇「海凰」を主力として10隻以上の船舶を保有。太平洋戦争勃発後は日本海軍の指揮下で、満州沿岸のみならず南方や東シナ海での海上護衛作戦に参加した。

このうち、主力の「海威」は1944年10月10日の沖縄空襲（十・十空襲）で沈没、生き残った他の船舶も満州国の崩壊を受け、ソ連に引き渡されるなどの処分を受けた。

満州国飛行隊の戦い

満州国軍の航空兵力の主力である満州国飛行隊は、1944年以降、同地の日本陸軍第二航空軍の指揮下に入り、要地防衛の任務に就いた。満州には多数の鉱山や工場があり、それを狙って米軍のB-29が中国奥地から襲来することが予想されたのである。

これに備えて、B-29への体当たり攻撃を行う特別部隊「蘭花特別攻撃隊」が編成された。名称の元となった蘭花は、満州国花であり皇帝の紋章だった。

果たして同年12月、米軍のB-29による空襲があり、満州国飛行隊は迎撃戦闘に従事した。「蘭花特別攻撃隊」も体当たり攻撃を敢行、B-29数機に損害を与えたといわれている。

大戦末期にはソ連軍の侵攻に備え、船舶に対する特攻も計画された。

特殊部隊の戦い

満州国軍の特徴として、多数の民族部隊が編成されていたことが挙げられる。これは、もともと満州が多民族国家であり、各民族の長所を活用するためには、民族ごとに小規模な部隊を創設するのがもっとも適した方法だったからだ。これは、「五族協和」という満州国のスローガンに適うだけでなく、周囲を敵に囲まれた満州国の国防を考える上での重要な試金石だったのだ。なお、こうした部隊のほとんどが、遊撃任務や謀略任務などをこなす、今でいう「特殊部隊」であった。

満州国で編成された主な特殊部隊は以下の通りである。

〈白系ロシア人部隊　浅野部隊〉

白系ロシア人とは、ロシア革命の前後に、共産主義政権を嫌ってロシアから脱出した、いわゆる「思想が赤色でない」ロシア人を指す。満州事変の以前から、満州には多数の白系ロシア人が住んでおり、満州国の建国により彼らは満州国人となった。白系ロシア人の多くは、ザバイカル地方（ロシア東部、バイカル湖の東）のコサックたちであったという。

1937年、関東軍の命令により、満州国軍に白系ロシア人による騎兵部隊「浅野部隊」が編成された。その任務は敵地への潜入、破壊工作などの謀略。対ソ戦を視野に入れていた関東軍にとって、見た目がロシア人そのものの白系ロシア人部隊は利用価値が高かった。

太平洋戦争中、浅野部隊は将来の対ソ戦に備えて訓練を続けていたが、太平洋戦争末期のソ連侵攻と同時に消滅、捕虜となった白系ロシア人の大半が死刑になるか、収容所に送られたという。

〈モンゴル人部隊 磯野部隊（のち松浦部隊）〉

1941年、興安特務機関の下、モンゴル人主体の騎兵部

【満州国 現実（?）ver.】

1944年7月以降、中国奥地の成都を基地とするB-29により、満州への爆撃が行われている。目標となったのは鞍山製鋼所や満州飛行機の奉天工場で、数次にわたる爆撃を受けている。「蘭花特別攻撃隊」はB-29を体当たり攻撃すべく編成された満州国飛行隊の部隊で、九七式戦闘機や二式複座戦闘機「屠龍」などを装備した。ラン○・リーとはたぶん関係ない。

隊「磯野部隊」が編成された。その目的は、白系ロシア人部隊と同じく外蒙古での謀略、後方撹乱《かくらん》であった。1943年、指揮官の交代により、名称は「松浦部隊」に変更。満州国軍と異なり、部隊内では日本軍と同じ階級制度が処されたため、日本人とモンゴル人の関係は良好だったという。

ソ連軍の満州侵攻の際、部隊は外蒙古においてソ連軍に果敢に遊撃戦を仕掛けるも数日で壊滅、しかし松浦部隊長は戦意を失わず、1カ月もの間モンゴルの草原を彷徨《ほうこう》した後に終戦を認め、隊員の目の前で自決したという。

〈回教(イスラム教)部隊 騎兵三九団〉

戦時中の中国には500万から1000万ものイスラム教徒がいたといわれ、そのうち満州国には15万から30万が居住していた。満州国軍にもイスラム教徒が入隊したが、豚肉を食べない、毎日の礼拝が必須などの宗教上の規律ゆえに扱いが難しかった。

1939年、満州国軍はイスラム教徒だけで編成された1個団(連隊)規模の部隊を創設した。この部隊の目的は謀略ではなく、上記のような宗教上の規律による他の民族との軋轢《あつれき》を避けるためだった。後にこの部隊は「騎兵三九団」となり、1945年からは満州国内での八路軍の討伐に当たっている。部隊には正規の指揮官のほか、イスラム教の儀式を取り仕切る司教長という役職があり、部隊の実質的な指揮権は彼によって握られていたという。

ソ連参戦時は戦線後方にあり、戦闘には巻き込まれなかった。8月22日に部隊解散式が行われ、兵士たちの大半が帰郷した。

〈朝鮮人部隊 間島特設隊〉

満州と朝鮮の国境地帯にある間島省は、全人口60万のうち46万が朝鮮民族であった。関東軍はこれを利用して、朝鮮人でのみ編成された部隊「間島特設隊」を編成した。目的は国境警備と匪賊討伐だった。

間島特設隊は終戦に至るまで士気が高く、装備も優遇され、数多くの匪賊討伐で活躍、「常勝間島隊」と呼ばれた。ソ連軍の侵攻時には北支での治安維持戦を行っており、終戦後は平和的に解隊が行われた。日本軍からの評価も極めて高く、日本人と朝鮮人の関係も終始良好だったという。

初期の韓国陸軍では、実戦経験豊富な間島特設隊出身の将校が重要な地位を占め、彼らの能力は朝鮮戦争で発揮された。朝鮮戦争で英雄的な活躍を見せた韓国の将軍、白善燁《はくぜんよう》元帥もそのうちの一人である。

満州国の終焉

1945年8月9日、ソ連軍は日ソ中立条約を一方的に破棄、対日侵攻を開始した。これに対し、関東軍と満州国軍は各地で激戦を繰り広げ、一部の部隊はソ連軍の進撃を食い止めるなどの戦果を挙げたが、独ソ戦で磨き上げられたソ連軍の攻勢作戦能力は圧倒的であり、満州国の領土は瞬く間にソ連軍によって蹂躙されていった。こうした状況下、満州国軍では戦場離脱を企図した反乱が相次ぎ、多数の日系人将校が友軍の手にかかるという悲劇が生じている。満州国、大日本帝国の崩壊が現実となったこの時、兵士たちが満州国に義理立てする理由はどこにもなくなっていたのだ。

　最終的に満州国軍は、8月15日の日本の降伏、18日の満州国皇帝溥儀の退位、20日の国軍解散によって消滅した。建国から13年、約5000日にして、満州国は地上から消え去ったのである。

【満州国 特攻（ぶっこみ）ver.】
1945年8月9日、ソ連軍は「8月の嵐」作戦を発動、アレクサンドル・ヴァシレフスキー元帥率いる極東ソヴィエト軍麾下の3個方面軍が満ソ国境を越境した。兵力はおよそ157万、戦車・自走砲5500両、火砲2万6000門、航空機3400機という大規模侵攻である。日満両軍の一部は各地で抗戦したが、錬度不足や大本営の本土決戦優先方針による兵力不足などにより敗北、関東軍は8月19日までに停戦した。

中華民国南京政府

〝戦わざる軍隊〟

支那事変の和平工作と汪兆銘《おうちょうめい》政権の誕生

1937年(昭和12年)7月7日、中国華北地方・北平(北京)郊外の盧溝橋《ろこうきょう》付近で、日本軍が夜間演習中に中国側からの銃撃を受けたことをきっかけに小競り合いが発生した(盧溝橋事件)。盧溝橋での戦闘自体は現地での停戦交渉の成立で停止したものの、両政府が華北に兵力を集中させたことから続けざまに同様の事件が発生(廊坊《ろうぼう》事件、広安門事件)、さらに8月に第二次上海事変が起こるに至り、日中両軍は全面戦争に移行していった。これが支那事変(日中戦争)の始まりとなった。

当初、日本側は中国軍を過小評価しており、積極的な攻撃で敵の戦意を奪えば戦争は終結すると見ていた。しかし、中国軍を主導する中国国民党の蒋介石は、延安に拠点を置く中国共産党を率いる毛沢東と第二次国共合作を実施、徹底抗戦の構えを見せていた。日本軍は戦争終結の糸口を得るべく南京、武漢などを占領したが、中国軍は首都を中国奥地の重慶

太平洋戦争前夜の太平洋方面と中国

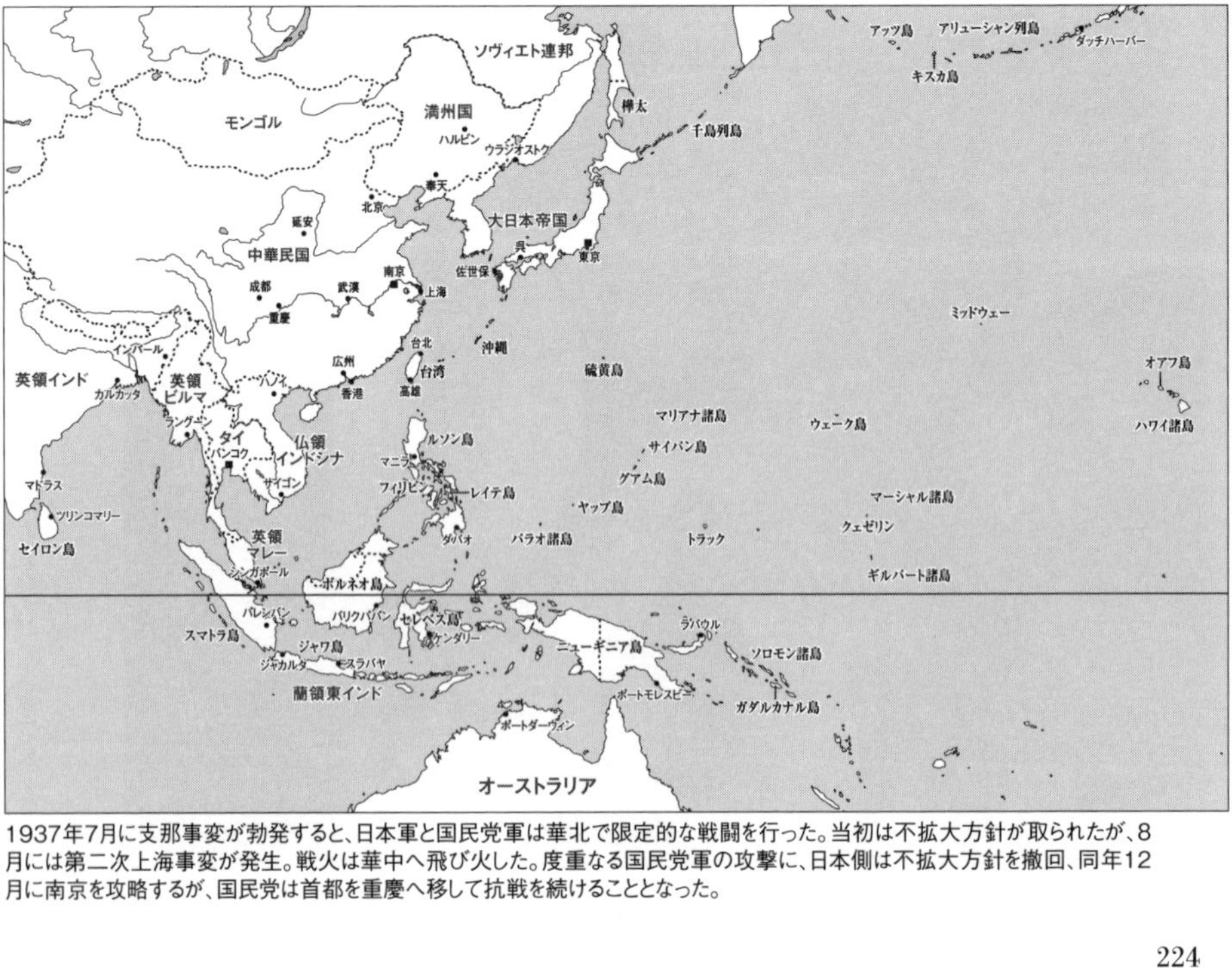

1937年7月に支那事変が勃発すると、日本軍と国民党軍は華北で限定的な戦闘を行った。当初は不拡大方針が取られたが、8月には第二次上海事変が発生。戦火は華中へ飛び火した。度重なる国民党軍の攻撃に、日本側は不拡大方針を撤回、同年12月に南京を攻略するが、国民党は首都を重慶へ移して抗戦を続けることとなった。

に移転、遊撃戦でもって日本軍を消耗させる戦術を取ったため、戦争は次第に泥沼化していった。

　戦争の泥沼化により、日本側は軍事ではなく外交による和平に望みをかけることになった。日本政府はドイツが中国に軍事顧問を派遣するなど友好関係を築いていたことに目を付け、ドイツを仲介した和平工作を開始した（トラウトマン工作）。この工作に、長期化する中国との戦争に限界を感じ、対ソ戦用に戦力を転用したい日本陸軍は乗り気だったものの、交渉中、日本側が中国側に厳しすぎる条件を付け足していったために中国側の姿勢が硬化。その結果、交渉は難航し、最終的に日本政府は交渉打ち切りを決定する。時の首相である近衛文麿が「（蒋介石の）国民政府を対手《あいて》とせず」という声明を出したことで日中の外交交渉は完全に断絶、外交による早期の和平は絶望的となった。

　一方、日本軍は中国の占領を既成事実化するために、中国国内の親日勢力（その多くが国民党で不遇を囲っていた者たち）と交渉、傀儡政権を打ち立てようとした。まず、昭和12年に北京で王克敏《こくびん》を首班とする中華民国臨時政府が成立し、以前に河北省に成立していた冀東《きとう》防共自治政府と合流。続いて1938年（昭和13年）には、南京で梁鴻志《りょうこうし》を首班とする中華民国維新政府が樹立された。これらの政府は内部の親日的な地方軍閥と協力して日本軍占領地の統治に当たった。

　こうした状況下、日本側の注目を浴びることになったのが、汪兆銘という人物だった。汪兆銘は日本への留学経験を持つ知日派の政治家で、中華民国の樹立当初は孫文の下で活動、孫文死去の際にはその遺言を起草するなど重要な役割を担った。その後、蒋介石とともに国民党を指揮するも、方針の違いから幾度も協調と対立を繰り返し、1938年11月、最終的に蒋介石との決別を決意、ハノイに逃れた。汪兆銘は孫文の理念を重視し、戦争による民衆の困窮を案じて日本との早期和平を主張しており、日本との徹底抗戦を主張する蒋介石とは相容れなかった。

　日本側にとって、汪兆銘は和平の糸口をつかむための絶好の存在だった。汪兆銘を首班とする政権が日本の占領地域に成立すれば、日本による中国占領の既成事実化が促進され、国民党との交渉材料に成り得ると判断されていたからだ。汪兆銘はハノイで国民党の刺客から逃れた後、日本側の手引きでハノイから脱出、上海へと到着した。その後、日本側は汪兆銘と中華民国臨時政府の王克敏、中華民国維新政府と梁鴻志との会談を実現させ、両政権をはじめとする諸政権を結集

南京政府（南京国民政府）の首相（行政院長）を務めた汪兆銘。ハノイでの襲撃事件の際に負った古傷が元で、1944年11月10日に死去した。

する形での汪兆銘政権の樹立を受け入れさせた。

1940年（昭和15年）3月30日、汪兆銘は南京にて国民政府の設立を宣言、自身は主席代理として就任した（11月に主席に就任）。汪兆銘は自身の政府を国民党の正統政府であると主張、これを日本やイタリア、タイ、満州国などが承認したが、当然ながら連合国側の承認は得られなかった。スローガンは「和平、反共、建国」だった。

汪兆銘政権＝南京政府（南京国民政府）は北は万里の長城から南は広東、広西に至る中国中原を統治することになった。国旗は重慶政府と同じく青天白日旗となったが、国民党軍との区別のため、上に「和平建国」と書いた黄色の三角旗をつけることにした。

南京政府の内実

南京政府の目的は、前述した通り支那事変の早期和平にあった。そのため汪兆銘は、自らの政権が蔣介石政権に比する存在であり、その上で日本との共存が可能であることを示さなければならなかった。

南京政府は本格政権の威容を示すため大掛かりなものとなり、多数のポストが作られ、これは反対に行政の肥大化を招いた。また、日本によって奪われた主権を回復するために日本と交渉を重ね、一定の成果を得たものの、汪兆銘の目指すものとは程遠く、逆に日本からこの政権にかける期待が薄れていくことになった。ただし、太平洋戦争の勃発と1943年（昭和18年）の南京政府の対米宣戦布告により、日本側の態度は大きく軟化した。

南京政府は民衆の支持も得られなかった。元々中国の民衆には反日感情が強く、南京政府が中国民衆の生活を守るために樹立されたといってもそれを受け入れる者は少なく、南京政府は民心掌握に多くの労力を割くことになった。ゲリラの討伐を目的に日本軍の協力の下で実施された清郷工作がその一つで、南京政府はこの工作によって日本軍占領地の治安を安定させ、日本軍の占領地からの撤退を誘引しようとした。この清郷工作は大きな成果を挙げ、南京政府の税収を大きく向上させることになったが、日本軍に撤兵を強いることはできなかった。

1944年（昭和19年）、汪兆銘が古傷が原因で死亡すると南京政府への求心力は急速に悪化、そのまま日本の敗戦とともに南京政府は消滅の道をたどった。

南京政府軍の編成

南京政府内で最大の軍事兵力となったのは、南京政府の国軍である南京政府軍である。治安維持を目的とする軍であり、日本の指導の下で陸軍・海軍が編成され、訓練された。

南京政府軍の主力となったのは、日本側に帰順した国民党軍であった。南京政府樹立時、国民党軍は補給状態の悪化等に苦しんでおり、それゆえに日本の傀儡政権であるはずの南京政府軍に逃げ落ちる将兵が少なくなかった。そのきっかけとなったのが、1941年5月に日中両軍が黄河北岸で戦った中条山戦役で、捕虜となった国民党軍将兵3万5000名のほとんどが南京政府軍に引き渡された。

　南京政府軍には海軍兵力も存在した。南京海軍と呼ばれた小規模な河川海軍で、中国海軍からの鹵獲艦艇と日本で新たに建造された警備舟艇が主な装備だった。また、南京政府軍には航空共同隊が設立され、日本から供与された練習機を用い

【南京政府 現実ver.】
汪兆銘政権の軍隊＝南京政府軍といっても、その実態として、日本側の攻勢により窮した国民党軍の降兵たちも多く含まれていた。1920年代中盤以降、国民党は軍の近代化にドイツの協力を得ており（中独合作）、部隊編制や兵器、軍装に至るまでドイツに倣ったものを採用していた。イラストの南京政府軍兵士も、ドイツ風のヘルメットを被っている。

て航空部隊の育成が始まっていた。

　これらの帰順将兵に加え、南京政府軍には既存の南京維新政府軍、中華民国維新政府軍なども吸収された。南京政府軍の装備はほぼすべてが国民党軍などから鹵獲した兵器であった。加えて、各省庁が「保安隊」と呼ばれる治安維持部隊を組織し、治安維持や対ゲリラ戦に使用している。

　汪兆銘直属の軍隊も編成された。南京に設立された軍事教育機関、軍官訓練団と軍士教導団の卒業生から組織された警衛軍がそれである。この兵力は汪兆銘に忠誠を誓った「親衛隊」として扱われた。

　さらに、北支や南支などの地方には、綏靖軍《すいぜい》と呼ばれる兵力も誕生した。これらの兵力は中央直属の軍事機構として、地方における治安維持に当たったと言われている。

閲兵を受ける南京政府軍の兵士と九四式軽装甲車。九四式軽装甲車の車体側面に青天白日が描かれている

　1943年の時点で、南京政府軍の総兵力は合計40万であり、以下のような布陣で各地域に展開していた。

警衛軍：首都南京
第一方面軍：中支
第二方面軍：中支北方
第一軍集団・第二軍集団：武漢
広州綏靖軍：南支
蘇豫邊區《そよへんく》綏靖軍：北支〜中支
華北綏靖軍：北支

　こうして大兵力となった南京政府軍だったが、基本的に日本軍と協同での治安維持任務以外には関わらず、その兵力を持て余す存在だった。これは、日本軍が南京政府軍を「質がまばらで使いづらい軍隊」だと酷評していたのが主な原因だが、その裏側には汪兆銘政権の「南京政府軍を『戦わざる軍隊』とすることで、重慶政府に対して和平の姿勢を示しつつ、国民党軍の離反を促進させる」という思惑もあったと思われる。

　また、汪兆銘政権と敵対している国民党・共産党も、南京政府軍との積極的な戦いを好まなかった。これは、南京政府軍が自分たちと敵対しない「戦わざる軍隊」であったことを見抜いていただけでなく、両者が南京政府軍を来るべき国共内戦のために離反作戦を展開して自軍への編入を促す対象として考えていたことが影響している。

汪兆銘の死後、南京政府軍は政府内の権力闘争が激しくなったことで一体性を失った。その後、各部隊は戦後に「漢《かん》奸《かん》(＝日本軍への協力者)」の誹《そし》りを受けることを免れるため別個に動き、南京政府軍は日本の敗戦とともに雲散霧消した。

南京政府の最後

日本の敗戦後、汪兆銘政権の主要なメンバーは国民党に逮捕され、その多くが裁判で「漢奸」と判断されて死刑あるいは無期懲役となった。南京政府軍も例外ではなかったが、その標的は政権中枢に限られ、将兵のほとんどは裁判を免れ、国民党軍や共産党軍に編入されて、その後の国共内戦を戦うことになった。

様々な諸勢力の思惑が絡み合った結果とはいえ、南京政府軍は汪兆銘の望んだ「戦わざる軍隊」であったからこそ、「漢奸」裁判という事実上の粛清を免れたのかも知れない。

【南京政府 妄想ver.】数の上では立派な南京政府軍だが、治安維持任務程度しか行わない「戦わざる軍隊」だった。これは国民党軍に対する宥和の一環でもあり、同じく国民党や共産党も、南京政府軍を来たる戦後の内戦において自陣に引き込むべき勢力と見なしていたためである。というわけで、南京政府軍娘は家庭教師(軍事顧問)役のバウアー独軍中尉も驚くNEETぶり。

蒙古聯合自治政府

“これぞ本当の『モンゴルの残光』？”

蒙古聯合自治政府の成立

内蒙古と聞いて、ピンと来る方は多くないだろう。蒙古とはモンゴルのことで、内蒙古＝内モンゴルとなるのだが、こちらでも分かりにくさは変わらないように思える。

まず、現在のモンゴル国とは中国大陸のゴビ砂漠以北一帯を国土とするモンゴル民族の国家であり、ウランバートルを首都とし、中国語で外蒙古とも呼ばれている。これに対して内蒙古は、このモンゴル＝外蒙古より南部にある一帯を指し、現在は中国領の内モンゴル自治区となっている。現在の朝鮮半島のように、モンゴルという地域が二つの国家に分断されていると考えると分かりやすいだろう。この外蒙古という名称は清朝の時代にできたと言われている。本稿では以後、混乱を避けるため、外蒙古をモンゴル、内蒙古をそのままの呼び方で記す。

古来、北方の遊牧民であるモンゴル族と、農耕民族である漢族は幾度となく闘争を繰り広げてきた。紀元前に秦の始皇

太平洋戦争前夜の太平洋方面と内蒙古

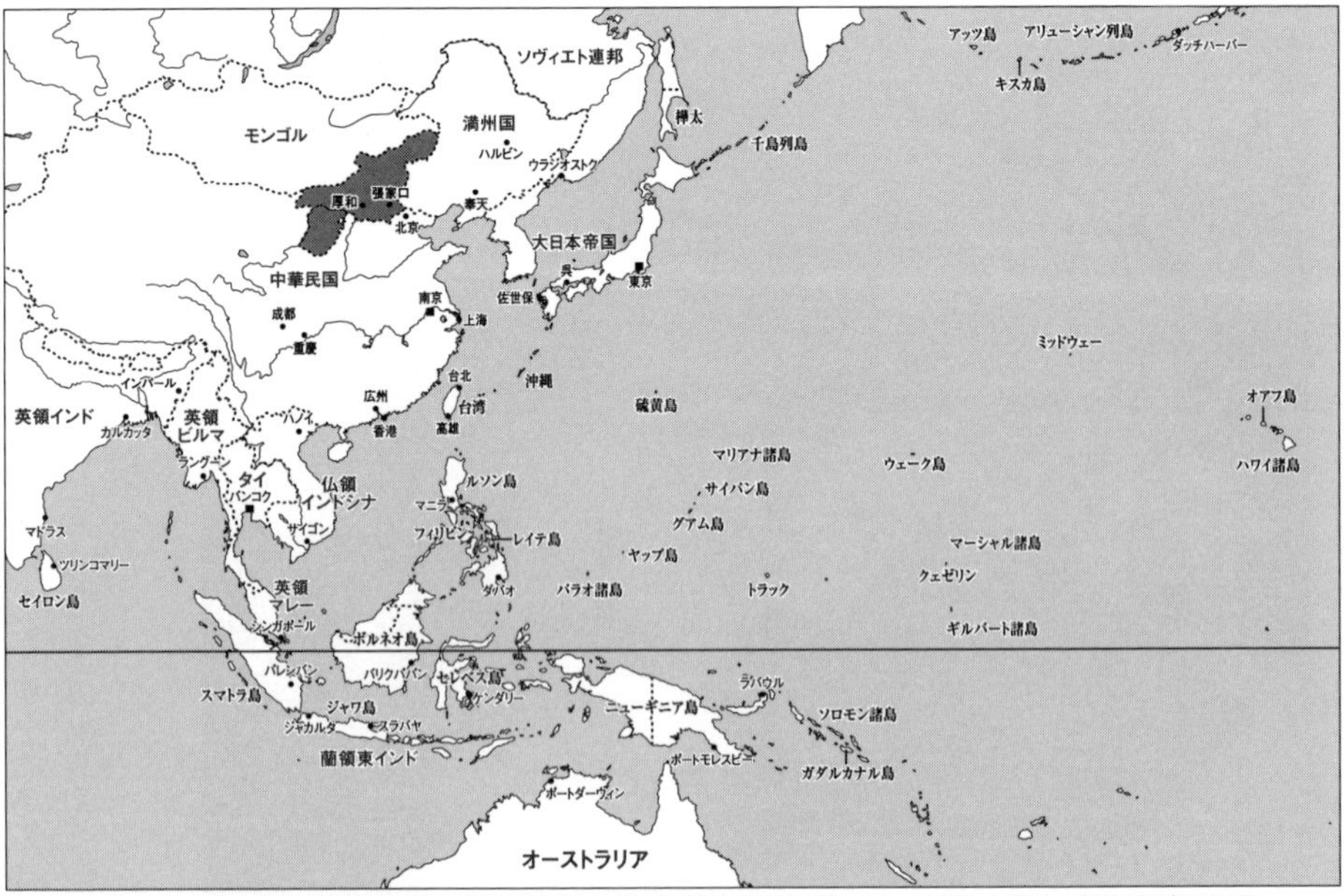

内蒙古に樹立された蒙古聯合自治政府（蒙古自治邦政府）の勢力範囲は、地図の濃いグレーで示した部分。首都は張家口に置かれ、同市と厚和、包頭の特別市のほか、察南、晋北自治政府と5つの行政区画に分かれていた。

帝によって遊牧民族の侵攻を防ぐために建造された万里の長城、ユーラシア大陸に大帝国を築き上げたチンギス・ハーンの大遠征などはその象徴と言えるだろう。

19世紀の清朝時代、モンゴル、内蒙古はともに清朝の勢力下にあった。清朝は満州族の国家で、漢民族よりはモンゴル族に近い勢力だったが、満州族が中国を支配するにはモンゴル族の力を弱める必要があり、幾度かの戦争の末、モンゴルを手中に収めていた。1879年、清朝は植民地統治規則である「理藩院則例」を改訂し、漢民族のモンゴルへの入植を許した。これにより牧草地はたちまち農耕地化され、モンゴル族の生活空間は狭められ、折からの貧困と相まって多重の苦しみにあえぐことになった。ただし、これには帝政ロシアの南下政策に対する清朝の対抗措置という一面もあった。

だが、20世紀初頭に西欧列強や日本の侵略を受け、中国国内で清朝への革命運動が激化すると、モンゴルの各地でも同様の運動が開始された。1911年、まずモンゴルがロシアの援助を受けて独立した。さらにそれに刺激される形で、1912年、辛亥革命で清朝が滅ぶと内蒙古でも独立運動が燃え上がった。

この独立運動の中心人物は馬賊出身のパブジャップ将軍で、パブジャップは日本陸軍の支援を受けた大陸浪人の川島浪速《なにわ》とともに「蒙古青年独立党」を組織して挙兵、清朝の後を継ごうとした袁世凱《えんせいがい》を打ち倒すべく「勤王師扶国軍」を編成し、内蒙古から興安嶺を踏破して熱河省に侵攻したが、挙兵の前後に標的である袁世凱が死亡する。これにより日本政府は対中工作の方向を転換し、パブジャップ将軍への支援を停止したことから、挙兵は尻すぼみに終わった。パブジャップは望みを捨てず内蒙古へと撤収を図ったが、1916年10月に流れ弾のため戦死した。

1933年、関東軍が清朝の廃帝溥儀を担ぎ出して満州国が成立すると、にわかに内蒙古の戦略的価値が浮上した。満州国にとって内蒙古は満州国と中国、そしてソ連の影響下にあるモンゴルの間の緩衝地帯となり得るからだった。このため日本陸軍は、内蒙古に親日的な自治政府を作ることを決めた。

一方、内蒙古ではチャハル出身のデムチュクドンロブ、通称徳王が頭角を現していた。徳王は北京政府の高官として働きながら内蒙古独立のために活動していたが、満州国の成立をきっかけに日本軍と接触、相互の協力体制を確立した。1933年、徳王は同じく独立運動を指揮していたユンデン・ワンチュク(雲王)などとともに内蒙古王公会議を結成、内蒙古西部の高度な自治を要求し、これを認めさせて自身はその自治政府委員会の秘書長となった。続いて1936年には関東軍の後援の下で内蒙古軍政府が成立、徳王は穀倉地帯の綏《すい》遠《えん》省に侵攻するも、同省主席の傅作義の中国軍に惨敗し、撤退を強いられた(綏遠事件)。

徳王による勢力拡大の意図は阻まれたが、すぐさま次のチャンスが巡ってきた。1937年、盧溝橋事件を契機に支那事変が始まり、関東軍は熱河作戦を発動、関東軍参謀長だった東条英機中将を兵団長として内蒙古に侵攻し、同年末までに内蒙古の全土を制圧するに至った。

関東軍が占領した要地にはそれぞれ自治政府が置かれたが、これらの政府を統合して一体化しようという気運が高まり、1939年、駐蒙日本軍の主導により、徳王を主席とする蒙古聯合自治政府が樹立された。首都は張家口に置かれ、赤・白・青・黄の四色からなる国旗も制定された。ただし、同じく日本の傀儡政権である南京の汪兆銘政権の反発を慮《おもんぱか》り、立場としては汪兆銘政権の指揮下の自治政府という位置づけだった。その2年後の1941年8月4日、蒙古聯合自治政府は蒙古自治邦政府と改称し、より国家の体裁を整えた。

内蒙古の自治政府内の人口は約650万で、そのうちモンゴル系は18万に過ぎなかった。また、満州と異なり、内蒙古には日本の開拓団が送り込まれなかった。戦時中の在留邦人は4万ほどで、これが敗戦の際、大きな意味を持つことになる。

内蒙軍の編制

日本の傀儡政権として発足した内蒙古には、様々な軍勢力が存在した。

内蒙古防衛の中核となったのは日本軍の駐留部隊、駐蒙軍である。北支那方面軍の指揮下にあり、蒙古方面での作戦や占領地域の警備に従事した。一時は第三戦車師団などの精鋭が駐屯したが、太平洋方面への抽出が相次ぎ、末期には独立混成第二旅団を主力とするわずかな兵力だけとなった。

蒙古聯合自治政府の主力は国軍である内蒙軍であった。内蒙軍は各部族の騎兵部隊を集結、再編成したもので、統帥は徳王が行った。指揮下には蒙古第一軍、同第二軍が配備された。2個軍には合計9個師(=師団)が置かれ、このうち8個師が騎兵師だった。総兵力は1万6000名程度だった。

西蘇尼特《スニト》に徳王の王府である徳王府が置かれたほか、これらの軍の教育施設として、将校教育機関である内蒙軍官学校と内蒙軍官学校付属幼年学校が置かれた。内蒙軍官学校の教官には、日本から送られた軍事顧問と満州国軍出身の蒙古人将校が選ばれ、日本語での教育が行われた。

内蒙軍の軍旗は月光旗と呼ばれるもので、赤地に銀陽(白い日の丸)を乗せたようなデザインだった。この月光旗は兵士たちにも識別のために腕章として取り付けられていた。内蒙軍の装備や編制は基本的に満州国軍と同様で、兵器も日本軍から供与された歩兵銃や軽機関銃、また地方軍閥時代から受け継がれたモーゼル系小銃や短刀など、軽装備の域に留まっている。

　戦争の進展に従い、内蒙軍は段階的に強化されていき、1945年4月に総兵力は主力の9個師とその直属の騎兵隊と砲兵隊、各市・各県の警備隊として16個旅団、警備用の保安隊5個警衛師があったと言われている（終戦時の編制については諸説あり）。しかし、士気、装備ともに不十分な上、特に満州国の各地で募集した兵士の多くは匪賊ばかりで軍律は守られず、員数合わせに悪質な古参兵を入れるなど、編成も杜撰《ずさん》だった。また、組織内の腐敗、日本軍との癒着《ゆちゃく》も進んでおり、例えば日本の駐蒙軍は内蒙軍を拡充する資金として、内蒙軍総司令官に大量のアヘンを供給していたという。

　また、これら内蒙軍とは別に、満州国においては興安軍と呼ばれるモンゴル人の騎兵部隊が編成された。この軍は前述のパブジャップが編成した騎兵部隊が原型となっており、パブジャップの死後、新たに日本軍の軍事顧問団とモンゴル人の指揮官であるバトマラプタンを迎えて再編成され、その名称を興安軍としたものである。

　興安軍は満州国軍の部隊で

【蒙古聯合自治政府 現実ver.】
三八式歩兵銃を持ち、胴体に布製弾帯を装着した内蒙古軍の兵士。乗馬による移動を基本としたため、雑嚢や水筒は携帯していない。歩兵銃のほか、四四式騎銃も装備していたようだ。下士官や将校では、当時中国などで大量にコピー生産されていた「モーゼル拳銃」ことモーゼルC96を携行していた例も見られる。

あったが、満州国の漢人とモンゴル人が共に訓練を行うのは困難であり、満州国軍の軍政部はモンゴル人軍官を専門に育成するために、興安軍官学校を設立、モンゴル人の教育を行った。興安軍は高い馬術の技量と豊富な戦意を持ち、満州国軍内でも高い評価を得ていたと言われている。

内蒙軍の戦い

内蒙軍の最初の本格的な戦闘は、前述した綏遠事件だった。この戦いでは徳王の親衛隊を原型として編成されたばかりの内蒙軍と、満州の馬賊などを糾合した大漢義勇軍が参戦していた。綏遠事件で内蒙軍と大漢義勇軍は作戦上の要衝である百霊廟と呼ばれた村の攻略を行った。この時、内蒙軍の動員数はほぼ全力の2個軍9師、兵力1万8000程度だったが、中国軍の反撃で大損害を受け、さらに兵力の一部が反乱を起こして日本の軍事顧問団を射殺して投降したため、内蒙軍は撤退を強いられた。

その後、再編成された内蒙軍は支那事変勃発後、チャハル作戦とよばれる綏遠省への攻勢作戦や、その後の太原作戦に参加した。

一方、満州国内のモンゴル人部隊である興安軍は編成間もない1932年から満州国軍の一部隊として積極的に討伐作戦に参加、哈爾哈廟事件やオラホドガ事件、タウラン事件などのモンゴル人民共和国（1924年に成立したモンゴル国の後身）との国境紛争にも出撃を繰り返した。また、支那事変でも日本軍の指揮下に入り、熱河作戦で活躍、各地を転戦した。さらに1939年にはモンゴルと満州国との国境紛争で最大規模の衝突となったノモンハン事件にも参戦し、日本軍と共にノロ高地の争奪に参加した。作戦は成功したものの、兵力の大半を失って壊滅状態となり、後方に撤退している。

1945年8月9日、ソ連軍とモンゴル人民共和国軍は一斉に国境を突破、満州国と内蒙古へ侵攻を開始した。この時、内蒙古には内蒙軍主力と駐蒙軍の独立混成第二旅団しか配備されておらず、ソ連・モンゴル軍に対して圧倒的な劣勢だった。しかも、内蒙軍は張家口から遠く離れた厚和（現フフホト）に展開しており、張家口～厚和間の鉄道は八路軍（共産党軍）によって切断されていて、内蒙軍は張家口に保管されていた武器弾薬を手に入れることができなかった。各部隊にはモンゴルと連絡を取るスパイが入り込み、内蒙軍の動きは筒抜けだった。独立混成第二旅団は張北～張家口間の「日の丸峠」に陣地を構築して迎撃態勢を整えた。

ソ連・モンゴル軍の攻勢を前にして、内蒙軍は率先して逃亡するか、あるいは監視役の日系将校を射殺して反乱し、ソ連・モンゴル軍に投降するなどして、迎撃戦闘にほとんど関与しなかった。例外は国境近くのアルレン警備隊が果敢に抵抗して全滅したくらいだと言われている。

一方、独立混成第二旅団は4万人の邦人の脱出を成功させるためソ連軍と数日間にわたる激戦を繰り広げ、奇跡的にこれを成功させた。在留邦人の少なさ故の成功だったが、これは日本陸軍の大陸における邦人保護の実例と言えるだろう。

満州国における興安軍の最期も内蒙軍と大同小異であり、ソ連軍の侵攻に乗じて反乱が相次いだ。特にハイラルの第十軍管区では、興安軍参謀長の命令によって29名の日系軍官が殺害されるという惨劇が発生している。

ソ連・モンゴル軍による侵攻により、蒙古自治邦は崩壊した。蒙古自治邦の高官たちは散り散りになって脱出、徳王も再起を図るため蒋介石と連絡を取って北平(北京)へと向かった。捕らえられた関係者たちは、裏切り者として「蒙奸」と呼ばれ、過酷な運命をたどることになった。

その後、内蒙古には戦後の混乱の隙間を縫うように数々の臨時政府、自治政府が立ち上がったが、最終的には中国共産党の影響下で内モンゴル自治区が成立した。現在でも内蒙古では独立運動が続いているが、中国政府によって徹底した弾圧が続いている。

【蒙古聯合自治政府 妄想ver.】

ビルマ

〝癒されぬ痕《きずあと》〟

ビルマってどんな国？

ビルマ。現在、日本ではミャンマーと呼ばれている国である。果たして読者の皆様はこの国の名を聞いて、何を思い浮かべるだろうか。『ビルマの竪琴』『戦場にかける橋』といった有名な映画？　無謀愚劣なインパール作戦？　いやおそらく、大半の人がこんなことを連想するだろう。

「かつては軍事政権が存在して民主主義運動への弾圧が行われていたものの、現在は民主化が進む一方、少数民族（ロヒンギャ）への迫害が公になり、いろいろと問題のある国」

これは紛れもない事実である。

しかし、現在のミャンマー国軍が、戦時中にビルマで創設された日本の同盟軍「ビルマ独立義勇軍」を起源とする事実は、あまり一般に知られていない。そして、彼らが日本の同盟国でありながら、何故あの大戦を生き残ったのかも。

ビルマ独立運動と南機関

太平洋戦争で、大日本帝国が「東南アジアを欧米列強の植民地支配から解放する」という大義名分を掲げたのはよく知られている話である。

1890年に終結した第三次ビルマ戦争（英緬《えいめん》戦争、イギリス・ビルマ戦争とも）によってイギリスの支配下となったビルマも、そうした「植民地」の一つだった。このイギリス人支配に、多くのビルマ人は当然のように反感を覚えていた。

1935年にはビルマ統治法が制定され、イギリス領インドから独立して「シンエタ党（貧民党）」首魁のバー・モウを初代首相とするイギリス連邦内の自治区となったが、主権のほと

日本軍のビルマ侵攻

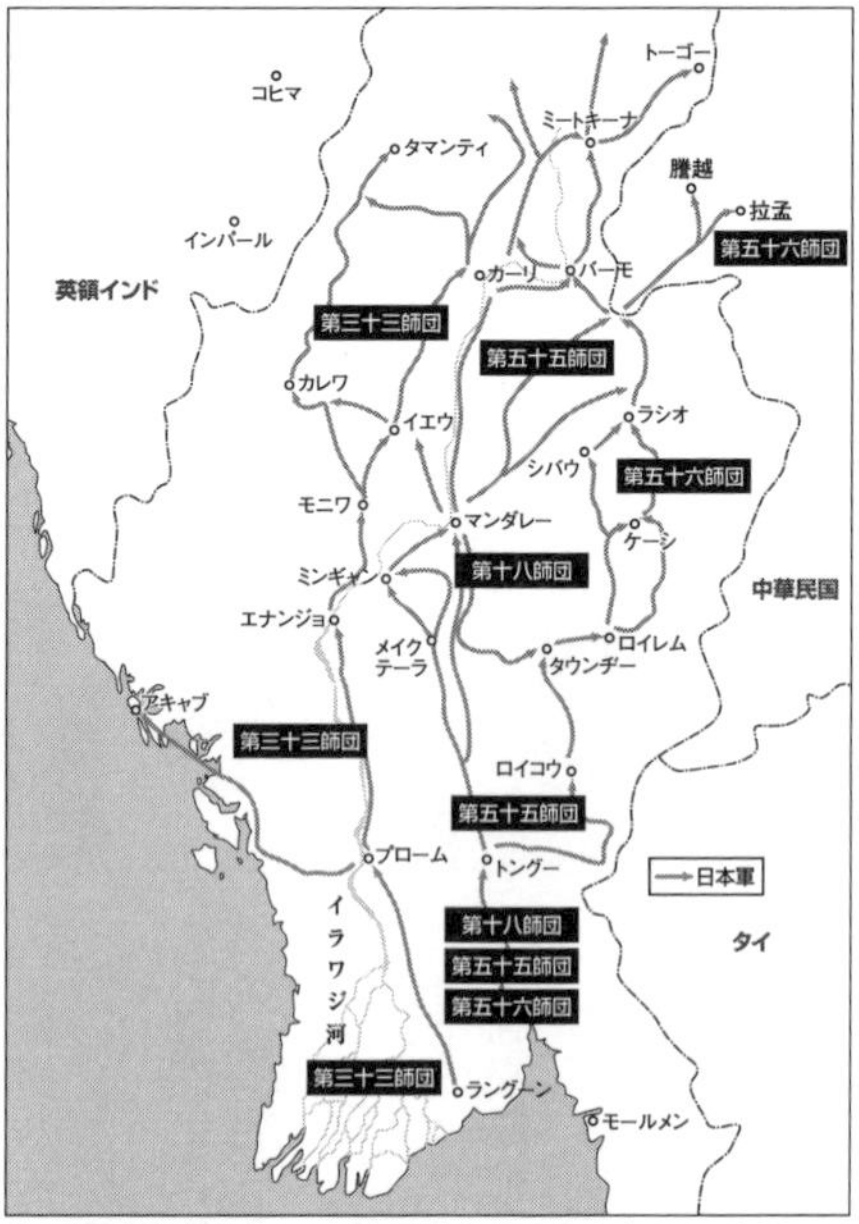

太平洋戦争開戦後、日本陸軍第十五軍を主力とする部隊はビルマへ侵攻を開始。ビルマ独立義勇軍の助けも得て、昭和17年3月8日にはラングーンを占領した。以降、日本軍はビルマの中北部へ軍を進め、5月には中国南西部の雲南省にも侵入。連合軍は総退却に移ったため、日本軍は5月末までにビルマ全土を制圧、ビルマルート遮断という戦略目標を達成した。

んどはイギリスにあり、本当の自治には程遠かった。

ビルマの独立運動の起こりは、1930年に結成された「タキン党（我らのビルマ協会）」だった。「タキン党」は結成当初は穏健的な独立運動を進めていたが、1930年代後半にアウンサン、ウ・ヌーをはじめとする学生運動家が参加すると方向性を変え、大規模なストライキを計画する。1940年にはバー・モウの「シンエタ党」と合流するなど、さらなる運動の拡大と過激化を図った。だがイギリスはこれに反発、バー・モウら首脳陣を反乱の廉《かど》で投獄し、さらにアウンサン逮捕に乗り出す。同年、アウンサンは同志たちとともに、海外の援助を求めて亡命した。

一方、日本陸軍では昭和15年（1940年）3月、陸軍参謀本部第八課（諜報担当）の鈴木敬司大佐が中心となり、ビルマの独立運動を支援しようという動きが生じていた。日本陸軍は、当時大陸で継続していた支那事変の戦況を「米英から中国に流れる援助物資を遮断する」ことで好転すべく、ビルマのラングーンから中国の昆明に続く自動車道、ビルマルートの遮断を狙い、そのためにビルマ国内の武力闘争を活発化させようとしたのだった。日本陸軍にとってビルマ独立運動の支援は、

ビルマ建国の父ことアウンサン。ニュースなどでおなじみ、アウンサン・スー・チー女史（現・ビルマの事実上の指導者）のお父さん。

あくまでビルマルート遮断のための手段でしかなかった。

同年3月、鈴木大佐が日緬協会書記兼読売新聞特派員「南益世」の偽名を使ってラングーンに入り、タキン党員と接触する。タキン党員からの情報によって中国のアモイでアウンサンたちと出会った鈴木大佐は、彼らを説得、日本名を与えて郷里の浜松にかくまった。鈴木大佐は、特務機関を立ち上げてビルマ独立を目指す有志たちを集めて訓練し、ビルマに再度潜入させて武装蜂起を誘発させせようと考えたのだった。当初、日本軍と協力する意思のなかったアウンサンだったが、お互い利用して利用される身であることを理解した上で同意した。

昭和16年（1941年）2月、陸海軍と民間からの支援を受け、鈴木大佐を機関長とする大本営直属の特務機関「南機関」が発足、（「南」の名称は前述の偽名から）、タイのバンコクで「南方企業調査会」の名で秘密裏に活動を開始した。

「アウンサンと30人の志士」とビルマ独立義勇軍

南機関の最初の仕事は、武装蜂起のための指揮官を数十名養成することだった。このため南機関は、アウンサンとともに陸軍の諜報訓練機関である中野学校出身者を中心とした人員をビルマに送り込み、6月までに独立の意志に燃える若者

たちを30名揃えた。この30名は、後に「アウンサンと30人の志士」と呼ばれることになる。

ビルマを脱出した30名の青年は海南島の三亜の海軍基地に送り込まれ、厳しい軍事訓練を課せられた。訓練の指導にも中野学校出身者があてがわれたという。8月になってからは、海軍は南機関から全て人材を引き揚げ、陸軍だけの工作活動となった。訓練では鹵獲兵器を用いた近接戦闘に重点が置かれている。

こうして、ビルマ独立に向けて結束を強めていた南機関とビルマ青年たちだったが、国際情勢の変化が彼らに掣肘《せいちゅう》を加えた。昭和16年夏、悪化する極東情勢を鑑み、軍からビルマでの武装蜂起計画の中止が命じられたのだった。さらに10月、訓練所が閉鎖され、11月には南機関の南方軍編入とサイゴンへの移動が決まった。その目的は……言うまでもなく、来るべき戦争に南機関の力を利用するためだった。

昭和16年12月8日、太平洋戦争が勃発。南機関の総員はバンコクに集結し、タイ在住のビルマ人有志を募った。

12月28日、南機関がビルマ方面の防衛を任された第十五軍の指揮下に入ると同時に、鈴木大佐はビルマ独立義勇軍（BIA）の誕生を宣誓した。指揮官は「ボウ・モウ・ジョウ大将」と名乗る鈴木大佐で、「30人の志士」のほか、様々な階級の日本人74名も加え、総員140名を数えた。部隊は進発地点と任務から、以下の六隊に分けられている。

〈モールメン兵団〉……………鈴木大佐以下80名
〈タボイ兵団〉…………………川島大尉以下20名
〈水上支隊〉……………………平山中尉以下20名
〈マグイ支隊〉…………………徳永嘱託以下20名
〈田中謀略班〉…………………田中中尉以下10名
〈ビルマ国内攪乱指導班〉……ネ・ウィン以下8名

ビルマ独立義勇軍の各部隊は開戦直後、日本製の小火器で武装し、相次いで国境を越えた。この時点で日本陸軍はビルマ侵攻を計画しておらず、その任務はあくまでビルマ国民への対英乖離《かいり》工作のみだった。

国境を越えると同時に、ビルマ独立義勇軍は雪だるま式に増えていった。ビルマでは独立を望む地下組織が根付いており、ビルマ独立義勇軍に協力を惜しまなかったからだ。

一方、昭和17年（1942年）1月末からビルマ独立義勇軍にはもう一つの任務が加わった。マレー作戦の予想よりも早い進展により、第十五軍がビルマへの直接侵攻を決めたのだ。このためビルマ独立義勇軍は、第十五軍の主力、第五十五師団と第三十三師団の支援も並行して行うことになった。

3月、第三十三師団がラングーンを占領、数日遅れでビルマ独立義勇軍がラングーンに入城した時、部隊は2万2000名ほどに膨れ上がっていた。先行したネ・ウィンたち特別班が日本軍歓迎の準備を整えていたため、ビルマ独立義勇軍はラングーン市民に盛大な歓待を受けた。

　しかしビルマ独立義勇軍と日本軍の関係は、このラングーン占領を契機として次第に歪《ゆが》み始めていく。

【ビルマ独立義勇軍 現実ver.】
ビルマ独立義勇軍／ビルマ防衛軍／ビルマ国防軍の兵士は、日本軍のものに酷似した防暑衣や巻脚絆を装備した。銃器も日本軍から供与されたものや英軍から鹵獲したものである。1943年8月1日に建国されたビルマ国の国旗は、上から黄・緑・赤の三色旗の中央に孔雀をあしらったもの。

　ラングーンを占領した日本軍は、かつてのイギリス総督官邸に軍政部を置いた。つまり陸軍は、アウンサンらによるビルマの独立政権の樹立を許さなかったのだ。早期独立論者ばかりだった鈴木大佐らは激しく抗議するも聞き入れられず、逆にビルマ北部の制圧作戦への参加を命じられた。怒ったビルマ青年たちと日本軍の狭間に立った鈴木大佐は、「反逆するならば俺を殺していけ」と涙ながらに部下たちを抑えた。

　日本軍のビルマ中北部進攻も、ビルマ独立義勇軍の活躍もあって成功裏に終わった。6月までにビルマの大半が日本軍の占領下となり、ビルマ独立義勇軍の兵力は16万2000名にまで膨張していた。だが、ここで新たな問題が持ち上がる。ビルマ独立義勇軍の数が増えすぎ、食糧補給や軍統制の面で維持が困難となったのだった。

　南方軍と第十五軍は、南機関とビルマ方面軍を解散させて新たに人員を選りすぐり、アウンサン大佐を指揮官とするビルマ防衛軍（BDA）の編成を決めた。鈴木大佐は近衛師団司令部付に転じられ、他の機関員も一部を除いて転属となった。

ビルマ全土の制圧が完了し、ビルマルート遮断が実現したことで、南機関とビルマ独立義勇軍は日本軍にとって用済みとなったのである……。

ビルマ独立とビルマ防衛軍の拡大

南機関の消滅後、ビルマ防衛軍は3000名の総兵力から再スタートした。ビルマ防衛軍は日本軍の指揮下で訓練を開始、兵力の錬成を行った。装備品のほとんどはイギリス軍からの鹵獲品で、新兵訓練では日本軍と同様に「内務班」が編成され、ビンタによる私的制裁が日常茶飯事となった。

一方、日本の東条政権は太平洋戦争の大義名分を果たすべく、昭和18年（1943年）8月1日、バー・モウを首班とするビルマ政権を立ち上げ、ビルマの独立を認めた。アウンサンが国防大臣となり、ビルマ防衛軍もビルマ国防軍（BNA）に改称され、指揮官にはネ・ウィンが任命された。しかしこの政権は完全な軍部の傀儡であり、ビルマ人の自治権は無きに等しかった。また、粗雑な軍政（軍票の乱発によるインフレ、治安の悪化など）によって国民の対日感情も冷たいものとなっていった。これは、ビルマと同様に日本の同盟国だった自由インド仮政府に日本が手厚い支援を行ったのとは、対照的な姿勢だった。ビルマの国内情勢の変化を受け、アウンサンは密かに対日反乱を画策、地下組織「反ファシスト人民自由連盟」を結成した。

昭和19年（1944年）末、インパール作戦が失敗してビルマ戦線が崩壊すると、日本軍はビルマ国防軍の拡大と実戦投入を計画した。翌年3月、イギリス軍がイラワジ川を突破してラングーンに南下を開始した時、ついにビルマ国防軍3個大隊に出撃命令が下った。

なお、この時のビルマ国防軍の総兵力は1万名程度だった。またビルマ全土で徴集を行い、100万の民兵を編成する構想も日本側で持ち上がっていた。

しかし、アウンサンはすでに日本との決別を決めていたのだ。

ビルマ軍の一斉蜂起……そして癒されぬ痕

昭和20年3月27日、ビルマ国防軍の各部隊はビルマ全土で一斉に蜂起、日本軍への攻撃を開始した。イラワジ川を突破されたことによって浮き足立っていたビルマの日本軍にとり、これは駄目押しの一撃となった。各地で掃討作戦が行われたものの、日本軍は成果が挙がる前に撤退を強いられ、タイ国境へと敗走していった。

とはいえ、アウンサンは蜂起に先立ち、「やむを得ぬ場合を除き、日本人顧問の殺害を禁じる」との命令を下している。主力の撤退によって孤立したアキャブ方面のジャングルの日本軍は、「敵」の側から撤退路を教えられることもあったという。

太平洋戦争が終わった後、ビルマ国防軍はビルマ愛国軍と名を変え、１９４８年に独立した際にはそのままビルマ国軍となった。

アウンサンは独立直前の１９４７年に暗殺された。１９６２年、ビルマ国軍はクーデターを起こし、ネ・ウィンを首相とする軍事政権を樹立。この軍事政権は「ビルマ式社会主義」を標榜し、一時は鎖国政策により国内経済を破綻寸前に追い込みつつ、現在も数々の問題を孕《はら》みながら続いている（１９９１年、国名をミャンマーに改称）。なお、現在のミャンマーの事実上の国家指導者であり、かつて軍によって軟禁されていたアウンサン・スー・チー女史はアウンサンの娘である。

ネ・ウィンを始めとする元「30人の志士」たちは南機関から受けた恩を忘れず、ビルマは戦後も長く親日国であり続けた。戦後36年目の１９８２年、ビルマ政府は同国最高の栄誉章「オンサンの旗」を、南機関の生き残り7名に授与している。

しかし、南機関の育て上げたビルマ独立義勇軍の存在が現在のミャンマー軍事政権の始祖となり、現在まで続く社会的混乱の種を蒔《ま》いたのは紛れもない事実である。また、南機関がビルマルート遮断という本来の任務を逸脱し、ビルマ独立に向けて暴走してしまったことも、評価の分かれる点である（南機関がビルマ国内の民族対立を煽《あお》ったという事実もある）。

【ビルマ独立義勇軍　妄想ver.】
ブルマっ娘のビルマ国防軍は彼氏の電波っぷり（無策な統治政策と無謀な作戦）に耐え切れず、元彼とよりを戻しますが、結局その彼とも喧嘩別れをしてしまいます。独りになった彼女ですが、DQNな元彼たちの影響からは中々抜け出せず、みんなから冷たい目で見られるちょっと痛い娘になっちゃいました。

インドネシア

“死して屍《しかばね》拾うものあり”

第二次大戦までのインドネシア

インドネシア。東南アジア南部にある世界最大の島嶼《とうしょ》国家であり、同時に世界第4位の人口を誇る国。また、世界有数の多民族国家で、農業国でありながら鉱物資源にも恵まれている。アジアを代表する親日国としても知られており、日本人にとっては、誰もが名前程度ならば必ず聞いたことがあるだろう、おおむね好意的な印象の国だと言える。

こうした傾向と、太平洋戦争における日本軍のインドネシア占領政策は密接に関わっている。なぜならば、現在のインドネシアという国家は、日本の敗北によって産声を上げることになったからだ。

1602年、それまでヒンズー教、イスラム教系の王朝の興亡が繰り返されていた東南アジア島嶼部は、オランダの東インド会社がジャワ島に進出したことでオランダの植民地となった。オランダは同時期に東南アジアに進出していたイギリスを出し抜き、その支配権を拡大した（オランダ植民地となった地域はオランダ領東インドと呼ばれた）。オランダはこの植民地に本国人によるプランテーション経営を根付かせ、現地民の労力によって莫大な利益を得た。

第二次大戦前夜の太平洋方面とインドネシア（オランダ領東インド）

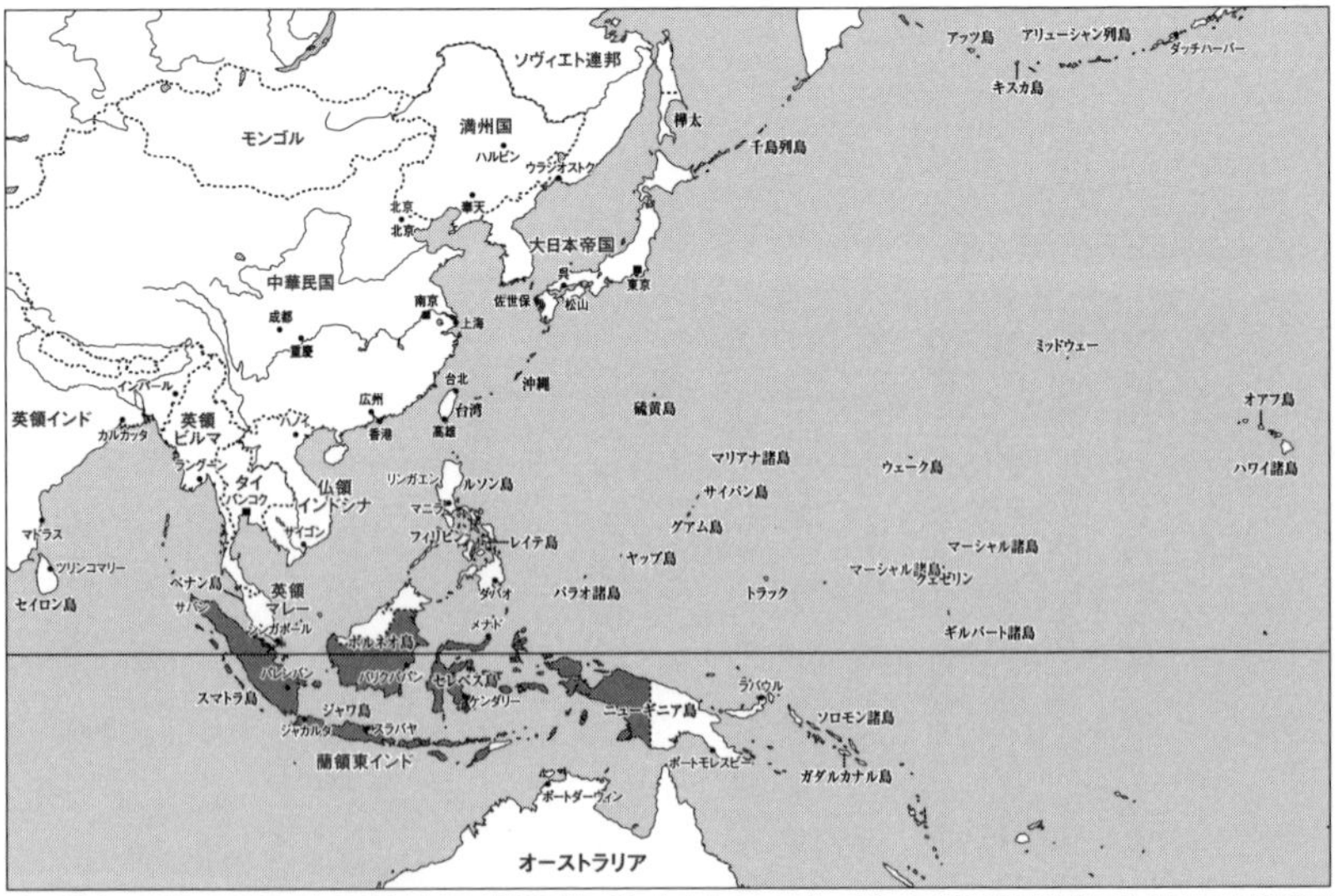

インドネシアは約1万8000もの島を抱える島嶼国家。ジャカルタのあるジャワ島、天然資源が豊富で日本軍の空挺降下作戦でも知られるパレンバンがあるスマトラ島、セレベス島（スラウェシ島）などがよく知られている。ボルネオ島（カリマンタン島）は南部、ニューギニア島は西側半分、ティモール島も西側半分を保有し、それぞれマレーシア、パプアニューギニア（旧オーストラリア領／委任統治領）、東ティモール（旧ポルトガル領）と国境を接している。

20世紀に入ると、オランダはそれまでの植民地政策を改め、プランテーション経営による一方的な搾取から、現地民に教育を施すことで植民地そのものの経済発展を目指した。これによって数多くの現地民に初等教育の機会が与えられ、一部の学生はオランダ本国で学び、知識層として出身地方を超えた民族的連携を高めていった。彼らの多くは独立を夢見て活動を開始した。

第一次大戦前後、オランダ領東インドではいくつもの民族主義運動組織が発足していた。中でも特に多くの支持を集めたのが、アジア最初の共産党であるインドネシア共産党と、世俗主義をかかげるインドネシア国民党である。このうちインドネシア国民党は、後のインドネシア初代大統領のスカルノに率いられていた。また、このほかにもイスラム教団体であるナフダトゥル・ウラマーやムハマディヤなどが地方において支持者を集めていた。しかし、オランダ植民地政府による弾圧は激しく、インドネシア共産党は派閥の分裂もあって1930年までに壊滅、以後の運動はインドネシア国民党が中心となった。

戦前のインドネシア独立運動は、1928年のインドネシア青年議会における「青年の誓い」の採択で絶頂を迎えた。これは、オランダ領東インドをインドネシアの国名で統一し、独立を達成するための決意表明だった。

だが、こうした運動は植民地政府のさらなる弾圧を招き、国民党代表のスカルノや、同じ独立派ではあるものの、スカルノの論敵として台頭していたインドネシア国民教育協会のモハマッド・ハッタらの逮捕につながる。しかし、現地人たちの独立への情熱は消えることがなかった。

1940年5月15日、ドイツ軍の侵攻を受けてオランダは占領下に置かれた。そして、孤立無援となったオランダ領東インドには、太平洋戦争という新たな嵐が近づきつつあった。

日本軍による侵攻

1941年12月8日、大日本帝国はイギリス、アメリカに宣戦を布告、ここに太平洋戦争が開始された。

東南アジアの資源地帯を占領して長期不敗態勢を確立しようとしていた日本軍にとって、オランダ領東インド(蘭印)は最重要目標だった。蘭印への侵攻作戦は「H作戦」(「蘭印作戦」)と呼ばれている。なお、蘭印南東部のティモール島は東半分が中立国のポルトガル領であったが、日本軍のオランダ領西ティモールへの侵攻経路になる恐れがあったため、開戦後にオーストラリア軍とオランダ軍が保障占領していた。

1942年1月11日、日本陸海軍はボルネオ島北方タカラン島とセレベス島メナドへの侵攻によって蘭印への攻勢を開始した。当初、日本軍は蘭印を東南アジアの連合軍の「本丸」

と考えており、戦況の推移を楽観していなかった。だが、この時点で日本軍は基地航空部隊の柔軟な運用によって制空権を確立し、圧倒的に優勢となっていた。日本軍の作戦はことごとく成功、連合軍は各地で敗走した。頼みの綱であったABDA艦隊（アメリカ、イギリス、オランダ、オーストラリアの混成艦隊）も、2月27日から3月1日に生起したスラバヤ沖海戦で壊滅、制海権を日本軍に譲り渡した。

3月9日、ジャワ島の連合軍の降伏をもって、日本軍の蘭印占領は完了した。日本軍は蘭印全土の制圧に必要な日数を120日間と予想していたが、実際にかかった時間は92日間でしかなかった。また、日本軍は連合軍が進駐したポルトガル領東ティモールにも部隊を送り、ポルトガル政府の黙認を受けて占領した。

以後、蘭印は終戦まで、日本の戦争経済を支える資源供給源として機能していくことになる。

日本軍による軍政

蘭印を占領した日本軍には大きな仕事が待っていた。軍による占領政策……軍政である。

日本軍は蘭印を陸海軍の双方で統治することにした。すなわち、ジャワ島とスマトラ島は陸軍（第二十五軍、第十六軍）による、その他の区域は海軍（南東方面艦隊）による軍政を敷いたのである。これに伴い、1700人近い日本人職員が行政のために送り込まれた。また、日本軍はオランダ軍に捕らえられていたスカルノやハッタらの独立運動家を解放、軍政への協力を求めた。

蘭印での日本軍軍政は、他の占領地域よりも平穏なものとなった。これは、蘭印が日本軍にとっての資源供給源であり、現地民の協力を取り付ける必要があったからである。日本軍は石油精製施設を復旧して石油価格をオランダ統治時代の半額にする、略奪などを禁止して治安の維持に努める、イスラム教を容認して諸団体に協力を求める、英語・オランダ語を廃止してインドネシア語を公用語とする、などなどの政策で住民の慰撫《いぶ》に努めた。こうした動きには、第十六軍司令官として軍政を統括した今村均《ひとし》中将の意向が強く働いたという。ただし、彼の方針は軍中央に不評であり、1942年11月、今村は第八方面軍司令官としてニューブリテン島ラバウルに飛ばされている。

日本軍の軍政は、民衆に「インドネシア人」としての共同意識を与えることになった。スカルノもこの状況を利用して独立派をとりまとめ、自らをインドネシアの中心的人物と位置づけることに成功した。

一方で日本軍は、スカルノらによるインドネシアの独立に関する要請を拒絶し続けた。日本にとって蘭印はあくまで占領下でなくてはならなかったのである。その表明として、1943年5月に採択された大東亜共栄圏の実現に向けての要綱、「大東亜政略指導大綱」では、蘭印は将来的に日本領に編入されることが決められた。また、同年11月に東京で開かれたアジアの首脳会議・大東亜会議に、インドネシアの指導者たちは（本人たちの熱望にも関わらず）日本側に招かれなかった。これに関しては、大東亜会議に参加したフィリピン大統領のホセ・ラウレルも不満を述べている。日本にとって大東亜共栄圏とは、戦争遂行のための手段でしかなかったのである。

加えて、日本軍はインドネシア全土で物資の徴発、労役の強制を行って経済の困窮を招いており、一般市民の日本軍への印象は必ずしも良好ではなかった。1943年後半になると、戦況の悪化を受けての収奪強化により民衆の不満はさらに増大した。

こうした動きにより、1944年9月、日本の小磯内閣は帝国議会で「東インドに対する将来の独立許容」を表明、事実上の独立承認を行った。1945年5月、スカルノ、ハッタを中心とする独立準備委員会が発足、8月11日には南方軍司令部で独立準備委員会の設立が決められた。だが、その4日後に日本がポツダム宣言を受諾したことで、「大日本帝国によるインドネシア独立」は実現しなかった。

【インドネシア 現実ver.】
郷土防衛義勇軍の兵士が持っているのはオランダ軍の制式小銃マンリカ（マンリッヒャー）M1895のカービンモデル、№.1 0.M.。砲兵・工兵用に軽量化したモデルで、インドネシア人の体格に合っていたため、用いられたのかも知れない。

兵補とジャワ郷土防衛義勇軍（PETA）

日本軍は蘭印での軍政の開始当初から、現地人による補助兵力の組織化を目論んでいた。蘭印は中部太平洋や南太平洋を主戦場としていた日本軍にとって完全な後方であり、その防衛のためには補助兵力が必須だった。また、インドネシア側からも、日本軍から独立した、インドネシア人の将校と兵士からなる自らの軍事組織の設立が望まれた。

この構想は陸軍によって採択され、1943年春、まずは兵補の制が開始された。兵補とは日本軍の人員不足を補う兵力であり、あくまで日本軍の指揮下の部隊であった。兵補の多くは後方での輸送や設営任務に携わったが、前線に送られて連合軍との激しい戦闘に巻き込まれるものもあった。ジャワ島やティモール島、スマトラ島では、特設自動車中隊／大隊と呼ばれるトラック部隊が多数編成され、後方での物資運搬に従事している。

1943年10月には最初のインドネシア人部隊、ジャワ郷土防衛義勇軍（PETA）の編成が開始された。この部隊はジャカルタ近郊のタンゲランにあった「タンゲラン青年道場」（インドネシア特殊要員教育部隊）のインドネシア人青年らが中心となって編成され、ジャワ島の防衛と治安維持を任務とした。

PETAの部隊は、基本的に日本軍の「大隊」「中隊」「小隊」に相当する「大団」「中団」「小団」によって編成されており、「大団」の指揮下に3個の「中団」、「中団」の指揮下に4個の「小団」があった。増員は三度にわたって行われ、最終的には66個大団、約3万8000名の大兵力となった。また、これに続いてバリ防衛義勇軍（1500名）やスマトラ義勇軍（3000名）、ボルネオ義勇軍（1300名）、遊撃部隊として イ号勤務隊（145名）や回教青年挺身隊（500名）などが編成され、日本軍の指導のもとで軍事訓練を行った。これらの部隊には、現地で鹵獲された蘭印軍の兵器があてがわれた。

日本軍によるインドネシア人部隊の創設は、インドネシア人に国防の意識を植え付けたと言われている。しかし、1945年2月には、ジャワ東部のブリタルにおいてジャワ郷土防衛義勇軍の1個大団が日本側の厳しい労役に耐えかねて反乱を起こしており、日本側に衝撃を与えている。日本軍の軍政全般と同様に、インドネシア人にとって日本軍の建軍構想は決して良い面だけではなかった。

だが、結果だけを言えば、インドネシアにとって郷土防衛義勇軍の創設は絶妙な布石となった。日本の降伏後、インドネシア独立の成否は、他でもない彼らに託されることになったのだから。

インドネシア独立戦争 元日本兵との共闘

日本の降伏を受け、連合軍は蘭印の日本軍に対して、武装解除までの間、現地の治安を維持することを命じた。だが、これとは別にスカルノをはじめとする指導者たちは連合軍の了承を得ることなく独立を宣言、9月4日にはスカルノを首班とするインドネシア共和国が成立した。また、政府は旧・郷土防衛義勇軍を主力とする人民治安軍を編成、事実上のインドネシアの国軍とした。

　インドネシア政府は武器の引き渡しを巡り日本軍と各地で対峙、一部では武力衝突が起こり両者に多数の死傷者が発生した。一方でインドネシア側に積極的に武器を手渡す日本軍指揮官もあり、多数の資材がインドネシア側の手に渡った。加えて、独立の意志に燃えるインドネシア人たちに共感し、もしくは戦犯になることを恐れて、日本に戻ることなく独立運動への参加を決めた旧日本兵も数千名に上った。

　その後、インドネシア軍は幾度もの危機を乗り越えながらイギリス軍、オランダ軍による軍事介入をはねのけ、1949年、ハーグ円卓会議において国際的な独立を勝ち取った。

　全般的に言って、日本軍による蘭印の占領は、オランダの兵力を一掃し、なおかつインドネシア独立への筋道を作ったことで、インドネシアにとって大きなターニングポイントだったといっていい。しかし、だからといって日本軍政下のインドネシアが現地の民衆にとって楽園だったわけではなく、日本軍の侵略行為が正当化されるわけでもない。功罪がともにある、というのが最終的な評価だと思われる。

　戦後のインドネシアと日本の外交において、両国の橋渡しとなったのは、インドネシアで独立派とともに戦った旧日本兵たちであった。

【インドネシア 妄想ver.】
内縁の夫・オランダのDV（ドメスティック・バイオレンス）に耐えかねていた昼下がりのインドネシアさん、大東亜共栄の生保セールスマンに押し切られ、カラダ（資源）を許してしまうの図。生保セールスマンは本社の倒産により去ったが、内縁の夫は仲間の男（英印軍）も引き連れて戻ってきて、インドネシアさんに再び関係を迫る……。

フィリピン第二共和国

〝望まれなかった解放〟

太平洋戦争までのフィリピン

フィリピンは東南アジアの諸島国家である。首都マニラのあるルソン島をはじめとして、ミンダナオ島やヴィサヤ諸島などを領土としている。多民族国家であり、国内で最大の民族はタガログ族で、現在のフィリピンではタガログ語が英語とともに公用語として採用されている。戦前の人口は1800万人であった。

フィリピンが世界史において重要な場所となるのは大航海時代である。1521年、スペインの探検家フェルディナンド・マゼランが到達したのをきっかけとして、フィリピンはスペインの植民地となった。スペインは香辛料貿易の拠点としてフィリピンを利用するとともに、スペイン人の入植による植民地化と原住民のキリスト教化を進めていったが、イスラム系原住民の抵抗は激しく、各地で反乱が相次いだ（モロ戦争）。19世紀に入ると、欧米との貿易の拡大によって高等教育が普及し、同時に原住民の間に民族運動の気運が高まっ

太平洋戦争前夜の太平洋方面とフィリピン

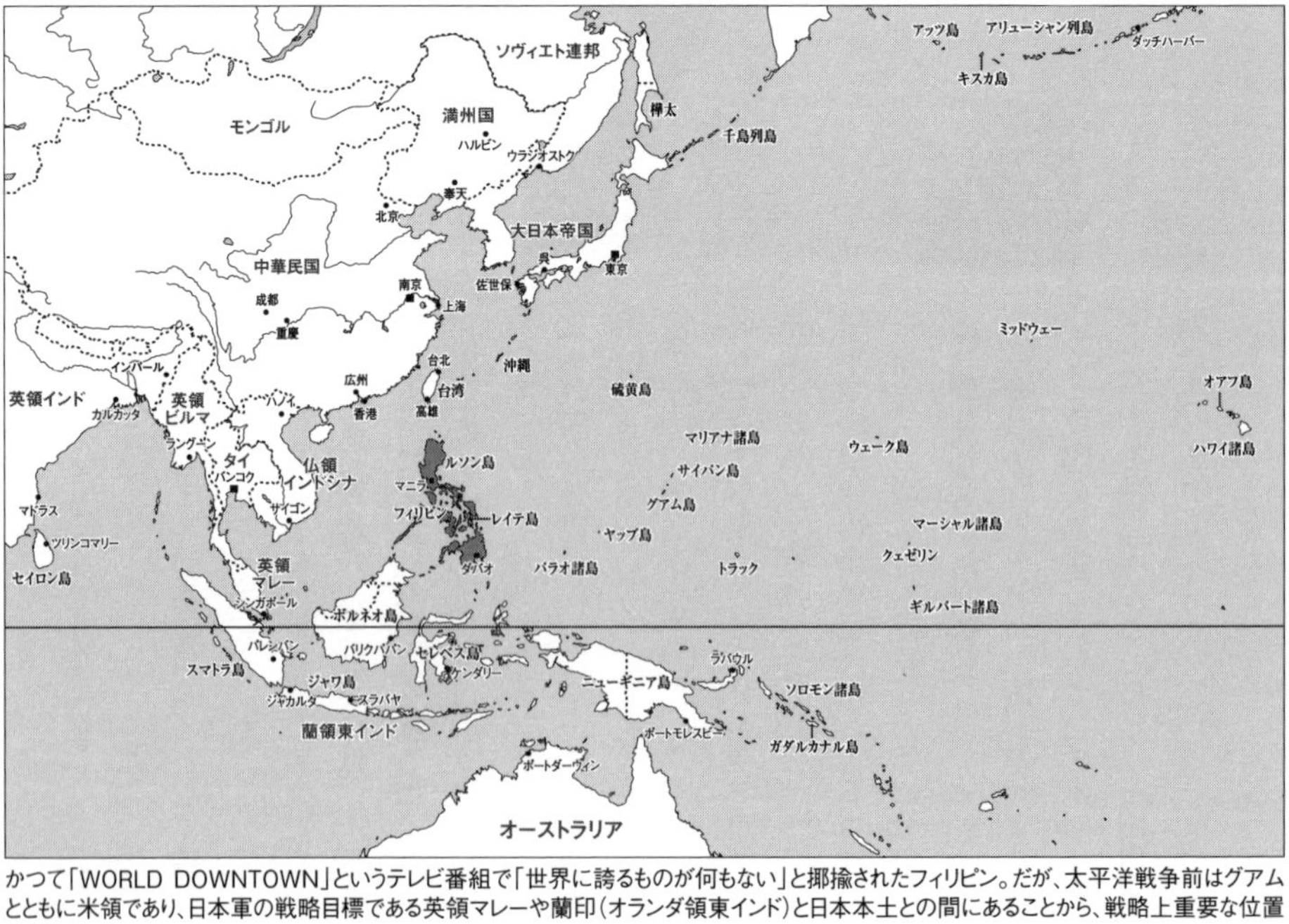

かつて「WORLD DOWNTOWN」というテレビ番組で「世界に誇るものが何もない」と揶揄されたフィリピン。だが、太平洋戦争前はグアムとともに米領であり、日本軍の戦略目標である英領マレーや蘭印（オランダ領東インド）と日本本土との間にあることから、戦略上重要な位置を占めていた。

た。１８９８年、米西戦争でスペインがアメリカに破れたことでフィリピンで独立革命が起こり、フィリピン第一共和国が成立。しかしこの第一共和国もアメリカ軍の侵攻（米比戦争）で崩壊し、フィリピンはアメリカの統治下となった。なお、この間に多くの日本人志士たちがフィリピン独立を支援するために戦争に参加、また、第一共和国崩壊後は日本が亡命者を受け入れたため、日本人と親日フィリピン人の人脈が築かれた。

アメリカはフィリピン議会の整備や行政組織の委譲、そして将来の独立を約束するなどしてフィリピン人のエリート層を味方に付け、植民地支配の実効性を高めた。１９３４年に10年後の独立を認める法律（タイディングス・マクダフィー法）が制定され、同年9月には選挙によって大統領となったマヌエル・ケソンを中心としたフィリピン・コモンウェルスが成立した。また、サトウキビやマニラ麻による輸出産業も発達、生活水準は向上したが貧富の差も拡大、フィリピン共産党成立の原動となった。国軍であるフィリピン軍も組織され、その軍事顧問には元米陸軍参謀総長ダグラス・マッカーサー少将が選ばれている。しかし、財政問題や士官の不足から整備は遅々として進まなかった。

１９４１年12月8日、太平洋戦争が勃発。このときフィリピンには、フィリピン陸軍元帥となったマッカーサーを指揮官とするアメリカ極東陸軍（以下、ＵＳＡＦＦＥ）が展開していたが、主力フィリピン軍の大部分は未完成だった。一方、日本軍はフィリピン攻略のために第十四方面軍を編成、開戦劈頭《へきとう》にフィリピンへと侵攻、翌年6月までにＵＳＡＦＦＥを降伏させた。マッカーサーはケソン大統領とともに脱出、ＵＳＡＦＦＥの多くは日本軍の捕虜となったが、一部の米軍兵士たちはフィリピン人とともに密林に逃れ、ゲリラ戦を展開することになった。

日本軍の占領支配とフィリピン第二共和国の建国

日本軍のフィリピン支配の基本は消極的協調だった。すなわち、アメリカと同じように独立を約束することで、フィリピンの支配層であるエリートを味方にしつつ、アメリカによって整備された既存の行政システムを利用して「帝国に反抗しない政府」を作り上げるという方針だった。日本軍は戦前からフィリピンの直接統治の難しさを理解しており、最終的には膨大な額となるだろう東南アジア全域の占領費用を少しでも縮小するために、宥和《ゆうわ》を基本とした政策を掲げるしかなかったのである。

フィリピン占領後、日本軍は臨時政府のフィリピン行政委員会を立ち上げた。また、日本に亡命していた第一共和国時代の指導者アルテミオ・リカルテ将軍をはじめとするフィリピン人指導者たちもフィリピンに帰還した。独立準備委員会の委員長には元フィリピン内務長官のホセ・ラウレルが就任した。

だが、日本軍の宥和政策はあまりに甘い見通しだった。1942年2月にフィリピン共産党と農民運動を母体とする抗日組織「フクバラハップ」が結成され、日本軍の追放と地主階級の打倒を目的としたゲリラ戦を開始した。また、ジャングルに逃げ込んだUSAFFEもアメリカの支援を受けながらゲリラ戦を展開。さらに、ホロ島やミンダナオ島のイスラム教徒過激派(モロ族)も日本軍を襲撃した。ただし、どの勢力も完全な協力関係にあったわけでなく、時にはフクバラハップとUSAFFEが戦闘することもあった。

ゲリラ戦の開始は、フィリピンに破滅的な影響を与えた。ゲリラの跳梁によって農村が荒廃、これに対応するべく日本軍が住民からの物資や食料の徴発(事実上の略奪)を開始したため、フィリピン人の日本への信頼は急速に低下していった。ゲリラの行動を抑え込むために軍政も過酷にならざるを得ず、日本兵による暴行や虐殺が相次いだ。また、日本軍が旧ケソン政権の通貨を廃止して軍票を大量に発行したことで経済も破綻、貧困と飢餓が拡大した。

こうした状況を日本への信頼回復によって覆すべく、1943年9月、フィリピンは日本の指導の下で独立、第二共和制が開始された。大統領はホセ・ラウレルで、日本側は彼らに軍政を撤廃することを通達した。

とはいえ、圧倒的物量を誇る米軍の反攻にラウレル政権はまったくの無力だった。1944年10月、マッカーサーに率いられた米軍が侵攻したことでフィリピンは再び戦場となり、1945年3月、ラウレルらは日本に亡命した。

マカピリの戦い

日本軍がフィリピンに侵攻した際、親日勢力として日本軍に協力したのはガナップ党のフィリピン人たちだった。ガナップ党は「米国からの即時独立」「大土地所有制の打倒」を掲げ、都市部のインテリ層や貧しい小作農民の支持を受けていた政党だった。彼らは第一共和制の崩壊によって日本への亡命を余儀なくされたリカルテ将軍が、いつの日か日本軍の援助を受けて祖国解放のために戻ってくることを望んでいたため、日本軍侵攻の際には日本軍への支援を惜しまなかった。リカルテ将軍が帰還した後は日本軍の軍政に関わり、日本軍とともに民兵として治安維持任務に就いた。

また、日本軍も戦争遂行のためにフィリピン人の武装化の必要性を認めており、日本軍は手始めに1942年5月に警察隊を組織したが、1944年以降は脱走してゲリラ化する者が相次いだため、そのほとんどが解散させられた。1943年8月には隣組を利用して竹槍で武装した自警団を組織したが、ゲリラとの戦闘に使える兵力ではなかった。

1944年、米軍の侵攻に備えるため、山下奉文《ともゆき》大将とリカルテ将軍は、ガナップ党の民兵を中核としたフィリピン人義勇軍結成を決め、ガナップ党員たちを集成して軍事訓練を開始した。彼らは日本側には比島愛国同志会と呼ばれたが、フィリピン側には「マカピリ」と呼称された。マカピリの総数は4000~5000名とされており、フィリピン各地で訓練が行われている。

武装は主にUSAFFEから鹵獲したスプリングフィールドM1903小銃をはじめとする各種小火器だった。マカピリは名目としては「義勇軍」であったが、実際

【フィリピン第二共和国 妄想ver.】
日本のどこの繁華街でも見られる(?)フィリピーナの呼び込みと、それに応えるリーマン日本人(中央)。フクバラハップ姉さんとUSAFFE娘にカモられること必至だが、持っているのは軍票だから痛くもかゆくもないっぽい。結局のところ、日本軍にとってフィリピンは中継地点に過ぎず、宥和政策という名の現地任せな占領政策が取られた。資源地帯のインドネシア等で、ある意味手厚い軍政が行われたのとは対照的である。

には日本軍の指揮を受けていた。しかし、部隊によっては独立した一部隊として行動している。

マカピリは米軍上陸以前は訓練や治安維持任務に就いていたが、米軍上陸後は日本軍とともに米軍と戦闘を繰り広げた。あるマカピリの集団は、ルソン島リンガエン湾に上陸した米軍に対して突撃を行ったという。

フィリピン戦の末期になると、マカピリは妻子や水牛を連れて日本軍とともに山岳部に撤退、米軍への抗戦を継続した。彼らは米軍に投降すれば自分たちが処刑されかねないことを知っていた。このため、多くのマカピリが、日本兵と同様に飢えと病気で死亡した。リカルテ将軍も、日本軍の尚武集団とともに山岳地帯へ逃れながら戦闘を継続、ラウレルらから亡命を勧められるもこれに応じず、終戦直前の7月31日に赤痢にかかり死亡している。

日本側の代表的なフィリピン人部隊としては、ラウレル大統領付親衛隊の名も挙げられる。その名の通り、ラウレル大統領の身辺警護を行うために編成された部隊であり、マカピリと同じように米国式の装備を与えられていた。フィリピン戦末期、親衛隊は山岳地帯に逃れるラウレルらを日本側の護衛部隊とともに警護する任務に当たり、犠牲を出しながらラウレルを守り切って、日本へと送り届けた。

この他、フィリピンには、アウレリオ・アルベロに率いられた愛国的な義勇兵部隊「鉄の腕」と、リカルテ将軍個人が編成した義勇兵部隊「比島保安義勇隊」、通称「秩序の義勇軍」が存在した。「鉄の腕」は日本軍から装備や補給を受け取り、マニラ市内の治安維持に携わった。おそらくマニラ市街での戦いにも参加したと思われる。

「秩序の義勇軍」はリカルテ将軍の指揮の元、パトロールやゲリラの逮捕に当たったが、マニラ市街戦の以前にゲリラによって武装解除され戦闘には参加しなかった。

爪痕深く 戦後のフィリピン

1945年8月17日、日本に亡命していたラウレルは、日本の敗戦を受けて第二共和制の解散を宣言した。10月、アメリカ本土で客死したケソンに代わって亡命政権の首班となっていたセルヒオ・オスメニャはフィリピンに帰還、コモンウェルスを再開した。1946年、フィリピンはアメリカとの約束通り独立を果たす。

戦時中に死亡したフィリピン人はフィリピン政府の調査によると111万人に及び、フィリピン人に強い反日感情を植えつけた(1980年代までに緩和)。また、太平洋戦争終結と同時に米国がフィリピン共産党への弾圧を開始したため、フクバラハップによるゲリラ戦も継続することになり、1950年代初頭までルソン島を中心とした内戦が続いた。

モロ族をはじめとするイスラム過激派も日本軍やUSAFFEから武器を得たことでさらに戦闘的な行動を取るようになり、戦後のフィリピンに大きな影を落とすことになった。生き残ったマカピリも一般市民から「親日協力者」として告発され、リンチの対象となったという。マカピリは戦後に特赦が出され裁判に問われることはなかったが、現在でもフィリピンにはマカピリ参加者への根深い差別が残っている。

　フィリピンにとって太平洋戦争とは、インドネシアやインドのように、結果的に宗主国からの独立を促した出来事ではなく、日本軍という侵略者によってもたらされ、戦後まで続くことになった惨劇でしかなかったのかも知れない。

【フィリピン第二共和国 現実ver.】

フィリピン第二共和制下では、親日派のガナップ党党員を中核とし、治安維持を任務とする戦闘補助部隊の編成が開始された。彼らはマカピリと呼ばれ、米軍の侵攻後も日本軍とともに遊撃戦を展開している。ガナップ党民兵のうち、優秀な人材はラウレル大統領付親衛隊として編成され、大統領の護衛に当たった。これら組織は鹵獲した米製小火器を装備しており、イラストの娘もBAR（ブローニング・オートマティック・ライフル）を持っている

タイ

〝『逆転』の太平洋戦争？〟

タイの歴史

タイ王国は東南アジアに位置する立憲君主国家である。国土はインドシナ半島の中央部とマレー半島の北部に位置し、現在は西にミャンマー（ビルマ）、東にカンボジア、北にラオス、南にマレーシアがあり、一部は東シナ海のタイランド湾とインド洋のアンダマン海に面している。気候は熱帯性、国土は山岳部の多い北部、台地の広がる東北部、肥沃な中央部、マレー半島の一部の南部と多彩な様相となっている。首都はバンコク。

タイという国家に親しみのない日本人は少ないだろう。アジアで数少ない、日本と同じ「植民地にならなかった国」であり、また、タイ料理など文化もよく知られている。しかし、そのタイが、第二次大戦で日本と同盟を組み、その上で戦勝国となったことはあまり知られていない。

第一次大戦が勃発した際、タイ（当時の国名はシャム）はチャクリー王朝の治世にあった。チャクリー王朝は１７８２

太平洋戦争前夜の太平洋方面とタイ

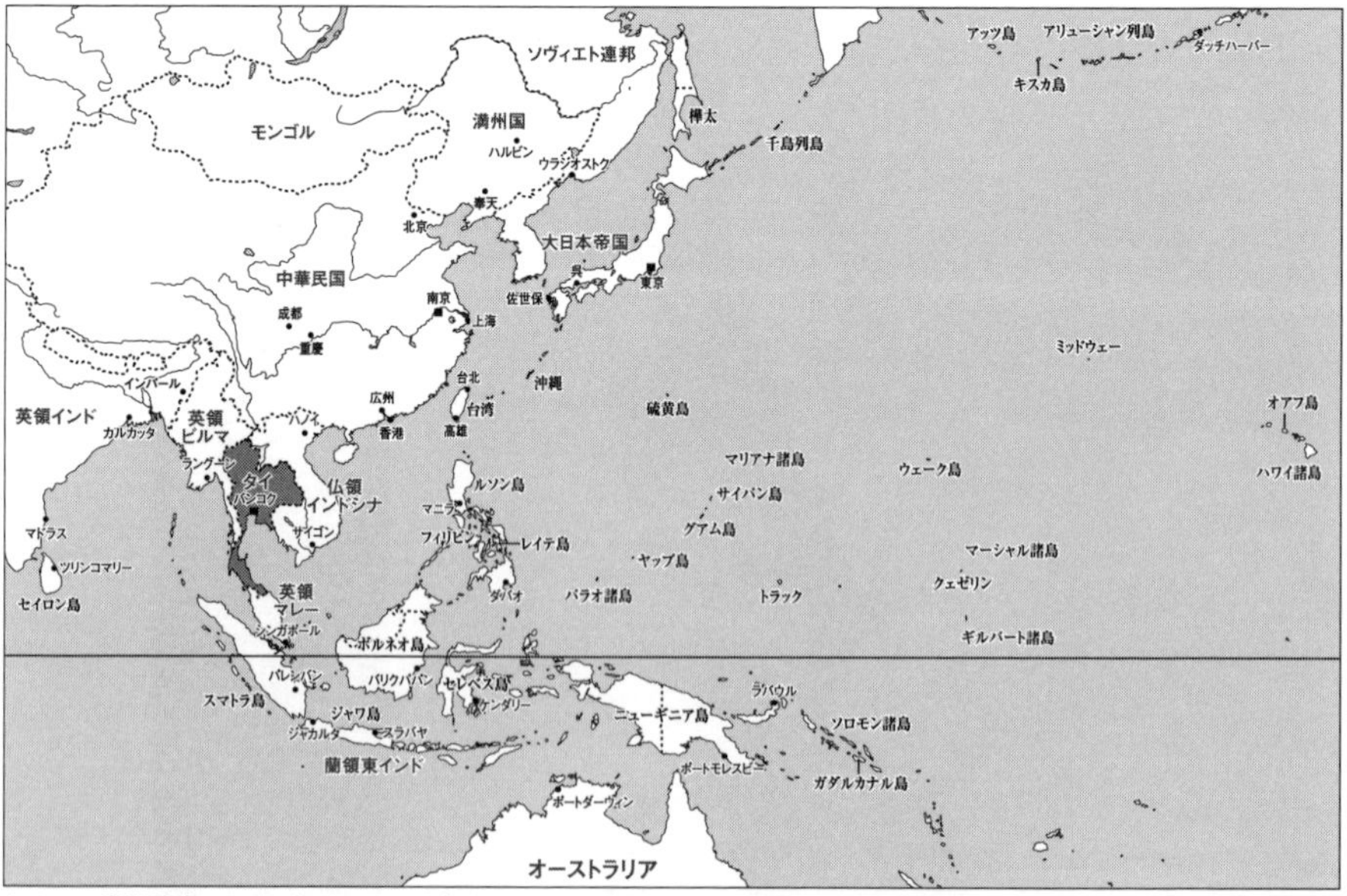

タイは19世紀後半、インド・ビルマ・マレーを領するイギリスと、インドシナを領するフランスに東西から圧迫され、領土の割譲や軍隊の通行権の付与などを許していた。だが、英仏両国の緩衝地帯として、植民地化は免れている。締結を強いられた列強との不平等条約も、1936年末になってようやく撤廃されている。

年にラーマ一世によって起こされた王朝で、バンコクを首都に定めたのもこの王朝である。ただし、その政体は国王と王室が密接に関わり、大きな権力を持つ絶対王政であった。また、周囲のビルマ、インドシナなどはいずれもイギリス、フランスなどの列強の植民地となっており、タイ自身も列強から国土の一部を奪われたり、不平等条約の締結を強いられたりしていた。これを受けタイ国内では、民族意識の高まりと民主主義の導入を求める運動が起こっていた。

こうした状況下、タイは第一次大戦に連合軍側として参戦し、戦勝国の座を手に入れ、それによってイギリスとの不平等条約を撤廃することに成功した。しかし、それと同時に西欧的な価値観も国内に流入。その結果、民主主義を望む声がかつてない高まりを見せた。1927年、これに後押しされるように、フランス留学中の若者たちが中心となって秘密結社「人民党」が結成され、民主主義導入のために動き始めた。陸軍の改革派が彼らに同調し、両者はそのために工作を開始した。当時、タイ国内はアメリカで起こった世界恐慌の影響を受けて国家財政が破綻の危機に見舞われており、一般市民には王政への不信も芽生えていた。

1936年、人民党と軍は首都バンコクでクーデターを敢行、国王ラーマ七世に人民党起草の臨時憲法に署名させることに成功し、これによってタイは絶対王政国家から立憲君主国家となった。その後、政局は混乱したが、陸軍出身のプレーク・ピブンソンクラーム（以下、ピブンと略）が首相に就任したことで安定した。

ピブンは「ラッタニヨム」と呼ばれる愛国主義政策を次々に打ち出した。国名をシャムからタイに変更したほか、服装の制限、タイ文字の改変などが行われた。これらの政策には国威高揚に加え、タイの各地に住む少数民族にもタイ人として共通意識を持たせるという狙いがあった。また、タイは同じアジアの独立国である日本と良好な関係を維持し、満州事変後の国際連盟における満州国建国の認否判断では投票権を放棄、その後、満州国を承認するなどしていた。

1939年9月、欧州で第二次大戦が勃発。タイは中立を宣言して戦況の流れを見極める構えを見せたが、翌年にはアジアに権益を持つ列強の一角であるフランスが屈服、代わりに親独政権としてヴィシー・フランス政権が誕生した。ピブン率いるタイ政権は、第一次大戦と同様に、この戦争をタイの権益を取り戻すチャンスと見て、ヴィシー・フランスに過去フランスに奪われた領土をタイへ戻すよう要求した。が、ヴィシー・フランスはこれを断固拒絶、両国は険悪な関係となった。

なお、1940年の時点で、タイの保有する戦力は以下のようなものだった。

陸軍：歩兵14個師団　戦車90両
　兵員数6万
海軍：海防戦艦「スリ・アユタヤ」
　「トンブリ」を主力とする小艦隊
空軍：航空機140機

ヴィシー・フランス軍との戦い

1940年9月、日本は支那事変打開の一手として、ヴィシー・フランス政府と協議の上、北部仏印(現・ベトナム北部)に進駐を果たした。

これはタイにとって大きな衝撃となった。なぜならば、南部仏印には、過去にフランスによって奪われたメコン川西岸までの領土(フランス保護領ラオス王国の主権、カンボジア王国のバタンバン、シェムリアップ両州)が含まれていたからだ。もし、日本の主権が南部仏印にまで迫れば、タイの失地回復の機会は失われてしまう。それを避けるためには、タイ自らが行動を起こすほかなかった。

11月23日、タイ空軍はフランス領に攻撃を開始、タイとフランスの紛争が開始された。翌年にはタイ軍の地上部隊が侵攻、ヴィシー・フランス軍と砲火を交えた。

戦況は初動からタイ軍が優勢だった。タイ軍がこの作戦に20個大隊を投入したのに対し、フランス軍は10個大隊しか投入できなかった。このため、フランス軍は戦術的撤退の後、タイ軍を内陸に引き込んでから反撃に移った。タイ軍はヴィッカーズ6トン戦車を装備する2個戦車中隊を前面に押し出して進撃を継続したが、対戦車砲を装備したフランス外人部隊の反撃で侵攻は一時頓挫した。フランス軍の反撃はこれで下火となったが、タイ軍の攻勢も思うように続かず、戦況は次第にタイ軍にとって不利となっていった。

一方、海上ではコーチャン沖海戦が勃発。タイ海軍は主力の2隻の海防戦艦「スリ・アユタヤ」「トンブリ」を中心に据えた艦隊で、軽巡洋艦「ラモット・ピケ」を主力とするフランス海軍を撃破し、タイ周辺の制海権を確保することを狙ったが、逆にフランス海軍の奇襲を受けて海防戦艦「トンブリ」を失って敗退、目的は果たせなかった。

戦況の悪化を見て、ピブン政権は日本に仲介を打診した。仏印の政治的安定を求めていた日本はこれを承諾、両国に東京での講和条約を認めさせた。この条約でタイはヴィシー・フランスに求めていたすべての領土を獲得し、外交的にはタイの勝利となった。

太平洋戦争　日本軍との同盟

1941年12月8日、日本はアメリカ、イギリス、オランダに宣戦を布告、太平洋戦争が開始された。

ここで日本にとって問題となったのがタイの扱いだった。日本軍は開戦劈頭にマレー半島を南下してシンガポールを攻めようとしていたが、マレー半島に大兵力を送るためにはタイ領を通過しなくてはならず、そのためにはタイ政府の許可が必要だったのである。日本軍はイギリスと戦端を開いた場合、タイは自主的に協力すると予想しており、事前に詳細な打ち合わせは行われなかった。

開戦当日、宣戦布告が行われると同時に、日本軍は第十五軍、第二十五軍、第三飛行集団、南遣艦隊、第二十二航空戦隊などをタイ東部、南部に進出させ、ピブン政権との交渉に移ろうとした。

しかしこの時、ピブンはカンボジア方面に視察に出ており、残った官僚では決定が下せなかった。そうこうしているうちに日本軍の上陸が開始され、日本陸軍第五師団とタイ警察の間で戦闘が起こり、双方に多数の死傷者が発生した。バンコクに戻ったピブンはすぐさま日本軍の要請を受け入れることを決め、12月8日、そのための条約が結ばれた。また、21日には日本とタイの同盟を結ぶ条約(日泰攻守条約)が締結され、翌年1月25日にはタイ政府はアメリカ、イギリスに宣戦布告を行い、名実ともに枢軸国の仲間入りとなった。

ただし、この宣戦布告にはからくりがあった。タイの法令では宣戦布告を行うためには国王ラーマ八世と

【タイ 現実ver.】
日本軍から供与された三八式歩兵銃を持つタイ陸軍の兵士。軍装等にも日本軍の影響が見られる。後ろを飛んでいるのは、同じく日本軍から供与された一式戦「隼」。一式戦の装備に当たっては、日本陸軍飛行第六十四戦隊(加藤隼戦闘隊)が技術指導し、バンコク空襲の際も迎撃戦を行っている。なお、タイ空軍の一式戦は垂直尾翼に国籍標識として、白いゾウのマークを描いていた。戦車はヴィッカーズ6トン戦車。

三人の摂政の署名が必要だったが、そのうちの一人、元蔵相プリディ・パノムヨンは、自分の署名をあえて入れずに宣戦布告を行うよう済ませてしまったのだ。国内の親英派に属するプリディは、この戦争の結末が日本の勝利で終わるとは思えず、いざという場合の逃げ道を作ったのだった。彼のこの策は、後に大きな意味を持つことになる。

太平洋戦争中、タイには日本陸軍第十五軍が駐屯した。日本はタイを自身と同等の同盟国として扱い、軍はタイ国民との間で諍いが起こらないよう厳に命じていた。タイも日本の後方拠点となるべく協力を惜しまず、例えば日本軍のビルマ侵攻作戦後には3個師団の兵力をかつてタイ領だったシャン州へと進出させ、日本の側面援護を果たした。また、ビルマ方面への補給を円滑にするために、日本からの要請で国内に泰緬《たいめん》(タイ=ビルマ)鉄道の建設を認め、各地から労働者をかき集めた。この鉄道建設にはイギリス軍捕虜を含めた約30万人の労働者も駆り出されたが、過酷な労働環境のために死者が相次ぎ、戦後には「死の鉄道」と呼ばれることになった。アカデミー賞を受賞した映画『戦場に架ける橋』は、この泰緬鉄道をモチーフとしている。

また、日本軍は九七式戦闘機や一式戦闘機「隼」などの兵器を供与し、タイの戦力の強化を図った。タイ空軍の一式戦「隼」は、バンコクに襲いかかる連合軍航空部隊の迎撃に活躍している。

こうして日本の同盟国としての立ち位置を維持したタイだったが、戦況の悪化に従ってタイ国内の経済も悪化、ピブン政権への一般市民の反感は急速に増大した。また、ピブン自身も連合軍との講和を図るために、日本との距離を置き始めた。1943年、日本政府は大東亜共栄圏構築のためにアジア各国の指導者を一同に会する大東亜会議を催し、ピブンを招待したが、ピブンは方針に従って出席を辞退し、全権委任を持たない代理を出席させた。タイの反応は日本を失望させたが、ビルマ方面の戦況の逼迫によってタイの地理的価値はさらに上がっており、強硬な姿勢には出られなかった。また、1944年以降、タイ全土への空襲も激しくなり、6月にはバンコクが(この戦いが初陣となる)B-29の爆撃を受けている。

この頃、タイ国内では反日組織として「自由タイ」が積極的に活動し、タイ内外の情報を連合軍に送り続けていた。摂政のプリディ・パノムヨンはその中心人物として活躍、大戦末期までに5万人の抗日レジスタンスを確保し、いざという場合には軍と協力してタイの日本軍を攻撃し、バンコクに入城する計画を立てていた。

1944年7月、バンコクから北部ペッチャブーンへの遷都計画が国民議会によって拒否されたことをきっかけにピブン政権は崩壊、ピブンは退陣を余儀なくされた。その後を受け継いだクワン・アパイウォン政権は引き続き日本との関係を継続したが、ピブン政権以上に日本との距離を置くことになった。1945年から日本はタイの兵力を増強し、各地の要塞化を図ったが、もはやタイの離反を防ぐことは不可能だった。

1945年8月15日、日本の降伏を見て、摂政プリディ・パノムヨンはタイの緊急会議において、「1942年1月25日の宣戦布告は、自分の署名が抜けていたので無効であり、タイは連合国との友好を取り戻し、手に入れた占領地すべてを放棄する」という宣言を行った。タイと直接交戦しなかったアメリカは、「自由タイ」の運動を高く評価してこの宣言を受諾、イギリスとフランスもアメリカとの交渉の末これを認め、タイは連合国の一員として戦後のスタートに成功した。

タイの終戦前後の逆転的な外交は、日本から見れば裏切りに等しいものかも知れない。しかし、そのしたたかな外交手腕によって、戦中、戦後を通してタイの平和が保たれたことは紛れもない事実なのであった。

【タイ 妄想ver.】

「宣戦布告文書に署名がない」という理由で戦勝国側につくというウルトラCを成し遂げたタイ。イギリスは戦後、タイの併合と多額の賠償金の供出を求めたが、タイはアメリカに働きかけて独立を保った。これこそ、英仏や日本との多角外交で磨かれた、タイの外交手腕の精華というべきだろう。

インド国民軍

〝もう一つのインパール作戦〟

植民地闘争の地、インド

日本人にとって、インドという国の印象はどんなものだろうか。おそらくは「ちょっと遠いけど、同じアジアで日本とつながりも多い国」という印象ではないだろうか。食べ物でいえばカレーやナン。映像であればガンジス川で水浴びする子供たち。宗教では牛を食べないヒンズー教。サブカルでは……サ○ババがいる国？（ちょっと古いか）しかし、インドという国が、反英闘争の末に独立を勝ち取った国であることも、覚えていて損はない。そして独立のきっかけは、まさに今回の主役・インド国民軍の存在だった。

インド全土がイギリスの植民地支配下となったのは、ムガル帝国が滅ぼされた1858年のことだ。以後、インドはイギリスの分割統治下におかれることとなった。無論イギリスによる支配は、インドの国民にとって納得いくものではなく、インド人はことあるごとに独立を求めて運動を行った。そんな彼らにとって、第二次大戦とは一つのチャンスだった。英軍に協力することによって、戦後の独立を保障してもらうためだ。この方策は民族運動指導者、マハトマ・ガンディーによって提唱され、様々な議論を呼びながらも、インドはイギリス連邦軍の一員として大戦に参加することとなった。

日本の対米英蘭宣戦布告によって太平洋戦争が勃発したのは、そんな時節だった。時に1941年（昭和16年）12月8日。日本陸軍の侵攻目標たるイギリス領マレー半島には、多数のインド人部隊が配置されていた。

インド国民軍展開図（1944～45年）

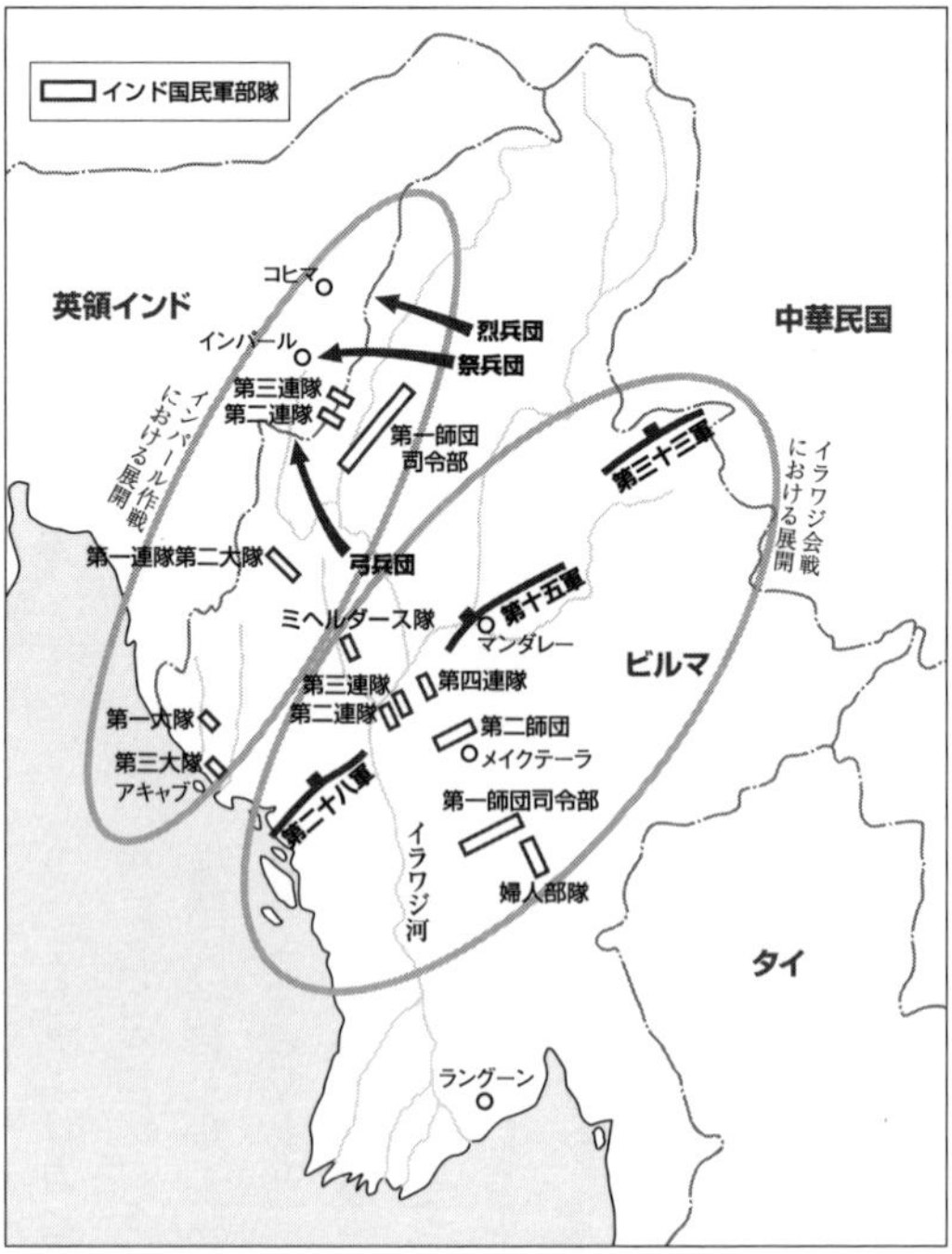

インパール作戦（1944年3月～）とイラワジ会戦（1945年3月～）における日本軍とインド国民軍の部隊展開図。いずれの戦いも圧倒的な英印軍を相手とする、厳しい戦いだった。

インド人独立部隊の胎動 F機関とマレー戦

マレー半島への侵攻作戦を前に、日本陸軍は一つの謀略組織を準備していた。陸軍参謀本部第八課の藤原岩市少佐に率いられた「藤原機関」、通称「F機関」と呼ばれる組織だ。「F機関」の目的は、開戦と同時にマレー半島へともぐり込み、敵のインド人兵士に対して反英宣伝を行い、内部から瓦解《がかい》させること。また、「F機関」の支援組織として、アジア各地でインド独立のための工作を行っていた秘密結社・インド独立同盟も存在した。彼らも「F機関」とともにマレーへと侵入し、同様にインド兵の切り離しを行うことになっていた。

「F機関」とインド独立同盟、この二人三脚によるインド兵への反英宣伝は、すぐさま効果を発揮した。日本軍の突進から逃げ遅れたインド兵たちが彼らの宣伝を聞き、次々に投降し始めたからだ。

日本軍がシンガポールへと近づくにつれ、投降するインド人たちの数も急増、両機関はその対応に手一杯となっていった。そんな状況で登場したのが、1個大隊を率いて投降したモン・シン大尉だった。インド独立を夢見ていたモン・シン大尉は日本軍占領区域の治安維持を請け負うことを了承、同時に両機関へインド独立闘争のための軍、インド国民軍（INA）の設立を提案した。この提案は了解され、モン・シン大尉もまた反英宣伝に加わることとなった。なお、インド国民軍は日本軍と対等の立場にある軍、正規軍であることが認められていた。

マレー侵攻作戦は日本軍にとって最初で最後の電撃戦となり、シンガポールは開戦からわずか2カ月で陥落した。また、この戦いで日本軍は6万名ものインド人捕虜を得ることに成功、モン・シン大尉は正式にインド国民軍の創設を宣言し、このうち2万5000名を兵力とした。インド人自身の意思によって設立され、インド人のために戦う、史上初めての近代軍がついに設立されたのだ。

だが、インド国民軍の本当の戦いは始まったばかりだった。

インド国民軍設立！しかし……

1942年3月、マレー半島の制圧とインド国民軍の設立によって、日本の対インド工作は次の段階に入りつつあった。日本側はより大規模な反英宣伝を行うために「F機関」の役割を、より大規模な工作組織である岩崎豪雄大佐率いる「岩崎機関」にバトンタッチ、同時に日本に亡命していたインド人独立運動家、ラス・ビハリ・ボースをトップに据えた会談を東京で行い、今後の行動を決定しようとした。

だが、ここで最初の摩擦が発生する。マレー戦後に昇進したモン・シン少将がイギリスへの武力闘争を目指したのに対し、「岩崎機関」とビハリ・ボースはあくまで彼らを宣伝工作として利用しようとしたからだ。これは、「岩崎機関」があくまで日本陸軍の特務機関としての権限しか与えられておらず、また、日本陸軍の上層部もインド国民軍を義勇軍としか見ていなかったことが原因だった。結局、インド独立同盟はビハリ・ボースの率いられることとなり、インド国民軍はインド独立同盟の軍隊として正式に認められた。しかし、反英工作に関する指揮はビハリ・ボースに任された。

彼らの不協和音はその後も続く。インド国民軍はその理念と裏腹に日本軍の指揮下に入っての労務作業に投入され、将兵たちが不満の声を上げ始めたからだ。モン・シン少将は猛烈な抗議を行ったが、日本軍をバックボーンとするビハリ・ボースに聞き入れられることはなく、42年11月、逆にインド国民軍を解任されてしまう。

チャンドラ・ボース来日 再生の1943年

モン・シン少将の解任は、インド国民軍に大きな衝撃を与えた。なんだかんだいっても、まずは捕虜という境遇から脱出するためにインド国民軍へ参加したインド人も多い。将兵たちは精神的なよりどころをなくし、戦意はガタ落ちになってしまった。

こうした状況にあわてた「岩崎機関」は、新たなシンボルを迎えることを決めた。スバス・チャンドラ・ボース。ビハリ・ボースと同様にインド独立を目指す運動家であり、即時独立を求める「国民議会派」としてガンディーらと対立した人物である。彼は1941年にドイツへ亡命、武装親衛隊の指揮下で「自由インド」と呼ばれる義勇部隊を編成してインド独立を果たそうとしていたが、ドイツにその意思がないと知って、今度は日本への渡航を希望、日独の潜水艦を乗り継いで東京に到着したばかりだった。1943年春、「岩崎機関」はチャンドラ・ボースをインド独立同盟のトップに据え、インド国民軍の再生を図ろうとした。

チャンドラ・ボースの動きは素早かった。彼はインド国民軍の士気向上を図ると同時に、自主独立政府の設立に動いたのだ。彼の工作は功を奏し、同年10月、自由インド仮政府の樹立が宣言された。チャンドラ・ボースは政府主席の座に付

マハトマ・ガンディーの言葉に耳を傾けるチャンドラ・ボース（右手前）。自由インド仮政府の首班、インド国民軍の最高司令官を兼任した

き、閣僚もすべてインド人から選ばれた。領土も日本軍が占領したアンダマン・コタバル諸島を獲得。11月に自由インド政府は日独両国によって正式に承認された国家となり、インド国民軍も3個師団編成を目指すべく、拡大が開始された。

そして同じ頃、日本陸軍ではインパールに対する侵攻作戦、通称「ウ号作戦」が計画されつつあった。

【インド国民軍 妄想ver.】
インドというからには、インド舞踏で敵軍を幻惑して倒すに違いない!? 装備のリー・エンフィールド・ライフルNo.1 Mk.Ⅲは英軍からの鹵獲品。

祖国への道 インパール作戦

インパール作戦。日本陸軍の第十五軍指揮官、牟田口廉也《むたぐちれんや》中将が中心となってくみ上げたこの作戦は、1944年3月から開始された。目的はビルマ〜インド国境の要所たるインパールおよびコヒマを占領し、同地のイギリス軍を殲滅すること。作戦の主力は第十五軍隷下の3個師団であり、牟田口はこの作戦を成功させ、インド本土への進攻を果たそうとしていた。作戦には当然のように、インド国民軍の参加が求められた。

　後世、インパール作戦はその無謀さぶりだけが取りざたされるが、インド国民軍にとって、この作戦はまさに自身の存亡をかけた乾《けん》坤一擲《こんいってき》の戦いだった。彼らはチャンドラ・ボースの指揮下、ビルマへと進出し、第十五軍の後に続くかたちで攻勢に参加した。

インパール作戦でインド国民軍の主力となったのは、もっとも練成の進んでいた第一遊撃師団だった。3個連隊編成をとっていたこの師団は、第一連隊を牽制攻撃が行われるアキャブ方面へ派遣、残る2個連隊を戦線中央へと向かわせ、日本の第三十三師団とともにインパールへと進撃させた。また、第二師団もビルマへと移動を開始、第三師団も戦闘に一刻も早く参加すべく、シンガポールで練成を続けた。さらにはインド国民軍の諸兵科部隊、女性だけで編成された(!)婦人部隊や、敵地に侵入して情報収集を行う情報隊、反英宣伝を専門とする特務隊も第一師団に追随しつつあった。

このインパール作戦において、インド国民軍は全力を尽くして戦った。日印側にとって幸運だったことは、インド国民軍の大半はイギリス式訓練を受けた捕虜たちであり、戦闘能力にある程度の期待を持てたことだった。だが、インパール作戦は補給という概念を無視した作戦であり、失敗は必然だった。1944年7月、英軍の追撃と補給物資の枯渇によって破断界に達していた第十五軍に撤退命令が下され、インド国民軍もまた退却を余儀なくされた。

壮途敗れて ビルマへの撤退

インパール作戦に敗れたインド国民軍であったが、戦いはそれで終わったわけではなかった。1945年の年明けから英軍はビルマ全土で反撃を開始、その防衛のために彼らは再び日本軍と共闘することとなったのだ。

だが、ここでもインド国民軍は運に見放されていた。イギリス軍は強大であり、日本軍は各地で蹂躙され、敗走していった。ラングーンではビルマ方面軍司令部が何の対策も講じることなく脱出し、その後の治安維持をインド国民軍へ丸投げすると言う有様だった。しかも、ビルマ軍も反旗を翻して日本軍へと攻撃を加え、同様にインド国民軍もこの混乱に巻き込まれてしまい、ただただ撤退を繰り返すほかなかった。

5月、インド国民軍はバンコクに到着した。その戦力は当初の6万から1万7000にまで激減しており、敗軍そのものの状態だった。指揮下の兵士たちの将来を案じたチャンドラ・ボースはソ連との交渉によって活路を開こうとしたが、満州へ向かう途中で乗機が墜落したために帰らぬ人となり、もはや自由インド政府そのものも崩壊寸前だった。そして8月、日本のポツダム宣言受諾と同時にインド国民軍も英軍に降伏した。彼らのインドへの送還は、1946年3月まで行われた。

祖国の復興を目指して日本軍と共闘したインド国民軍は、ここに短い歴史を閉じたのだった。

そしてインド独立へ

しかし、インド国民軍の願いは、意外にも戦後に達成されることとなった。

戦後、イギリスはインド国民軍の指揮官たちを裁判にかけたが、これに激昂したインド市民たちが激しいデモ活動を行い、これをきっかけにイギリスはインド統治の限界を知り、インドの独立が果たされることとなったからだ。つまりインド国民軍は、戦争にこそ敗れながらも、インド独立という最終目的の紛れもない原動力となったのだった。

【インド国民軍 現実ver.】
実際の部隊はこんな感じ。婦人部隊は半袖・半ズボンの軍装だったのだ。ライフルと同じく鹵獲品のマーモン・ヘリントンMk.Ⅲ装甲車を装備した部隊もあった。

現在でもインドの国会議事堂の正面には、祖国を救った英雄として、ネルーやガンディーと並ぶかたちでチャンドラ・ボースの肖像がかけられており、また日本の東京都杉並区の蓮光寺には、チャンドラ・ボースの遺骨が安置されている。

インド国民軍が残した日印友好の絆は、いまだに両国に刻まれているのだ。

自由インド兵団

〝インド人を西に！〟

チャンドラ・ボースとナチスドイツ

１９２０年代、イギリス植民地のインドでは独立の気運が高まっていた。第一次大戦でインドは「イギリスを支援すれば大幅な自治が認められる」と期待して多数の兵士を欧州に送り込み、連合国の勝利に貢献したものの、イギリスはインドの支配体制を堅持しその期待は裏切られた。また、戦後のインド経済は極度のインフレーションと重税に直面し、低迷が続いた。このような背景の下、インドの民族主義者たちはマハトマ・ガンディーを中心に独立運動を展開したが、イギリスはこれを武力で弾圧した。

そんな中、インドの独立運動に一人の活動家、スバス・チャンドラ・ボースが加わる。ベンガル出身、イギリスのケンブリッジ大学への留学経験のある人物で、１９２０年頃からインド独立運動に参加するようになった。ボースは「非暴力・不服従」をスローガンとするガンディーの「武力によらない独立運動」に懐疑的であり、その正反対の意見として、「イギリスが武力でインドを支配している以上、インド独立も武力でしかなされない」という固い信念を持っていた。このためガンディーと対立することが多かったが、支持者も多く、何度もイギリスの植民地政府によって免職されながら独自の活動を行っていた。

１９３９年9月、ドイツはポーランドに侵攻を開始、第二次大戦が始まった。反英武力闘争を構想していたボースにとってこの状況は千載一遇のチャンスだった。ボースはガンディーの元を訪れ、インド全土における武力闘争のキャンペーンを始めるよう提案した。しかしガンディーは、現状での武力闘争は準備不足のため成功の可能性が低く、犠牲を増やすだけと拒絶。その後、ボースも大衆デモの扇動と治安妨害の容疑で逮捕され、自宅に軟禁された。

1942年夏、親衛隊長官ヒムラー（右）と会談するチャンドラ・ボース

ボースは同志達とともに脱出し、インドからアフガニスタンを経由してソ連へと向かった。ボースはインドの解放のた

めにはソ連の助力が不可欠だと考えており、社会主義にも親近感を持っていたのだ。だが、ソ連はボースの亡命を認めず、ボースは第二の選択肢であったドイツに向かった。

その頃、ドイツでは国防軍諜報部が将来のインド・アフガニスタン方面での作戦に備えるため、インド人による特殊部隊の編成を進めていた。１９４０年初頭、ドイツ軍は手始めにドイツに住むインド人大学生や会社員にリクルートをかけ、1個中隊ほどの人員を揃えることに成功した。これらの人材は「ブランデンブルク」部隊に編入され、特殊作戦の訓練に身を投じることになった。

ドイツ到着後、ボースは早速ドイツとの協調のために活動を開始したが、ドイツ側の反応は冷淡だった。ボースはドイツ外相のリッベントロップと会見し、ドイツ軍がインドに進攻した際には民衆を率いて大規模蜂起を行うと提案したが、リッベントロップは明確な発言を避けた。ドイツにとってインド進攻は「バルバロッサ」作戦でソ連を打倒した後の問題であり、ボースの構想は時期尚早に過ぎた。また、ヒトラーもインド人に人種的な偏見を抱いており、著書『わが闘争』ではインド独立運動の戦士達を「ヨーロッパをうろつき回るアジアの大ボラ吹き」と称し、「インドは他の国に支配されるよりはイギリスに支配される方が望ましい」と述べていた。

失意を味わったボースだったが、前述の通りインド人部隊の創設を考えていた国防軍諜報部や反英のための宣伝材料を欲していた外務省にとって、ボースは大きな価値のある人物であった。１９４１年、「ブランデンブルク」部隊のインド志願兵10名がボースの下に派遣され、正式に自由インド兵団が設立された。その後、北アフリカで枢軸軍の捕虜となったインド義勇兵のうち、反英闘争に志願した者を加えて第９５０インド歩兵連隊が編成された。また、対インド工作の一環として、ドイツ外務省の下に「自由インドセンター」も設立され、ラジオ放送を通じての宣伝放送も開始された。

第９５０インド歩兵連隊の流転とボースの離脱

第９５０インド歩兵連隊が編成されたのはドレスデン郊外のケーニヒスブリュック演習場であった。１９４２年8月、同所で宣誓式が行われ、正式にドイツ軍に編入された。第９５０インド歩兵連隊の編制は以下のようなものだった。

〈第９５０インド歩兵連隊〉
（指揮官・クルト・クラッペ少佐）
・本部
・第1大隊（第1～4中隊）
・第2大隊（第5～8中隊）

・第3大隊（第9〜12中隊）
・第13対戦車中隊
・第14砲兵中隊
・第15工兵中隊
・野砲中隊

ボースが宗教ではなく「インド解放」という精神でもって部隊をまとめることを望んだため、連隊には様々な宗教の兵士たちが混在することになった。その内訳は、ヒンドゥー教徒1503名、シーク教徒516名、イスラム教徒497名、その他の少数民族77名の合計2593名だった。さらに志願兵とドイツ人基幹スタッフが加わり総勢3500名となり、旅団に匹敵する規模となった。機動力としては車両81両、軍馬700頭を保持していた。

自由インド兵団の軍装は特徴的なものとなった。当初はドイツ軍の標準的なフィールドグレーの軍服が支給されたが、その後、カーキ色の軍服が支給された。また、腕章には「跳躍する虎」と「自由インド（FREIES INDIEN）」の文字、そしてインドの三色旗をあしらったシールド状のものが採用された。シーク教徒の将兵にはターバンの着用も許された。ドイツ軍が義勇兵の軍装にここまで気を遣うのはかなり珍しい。

自由インド兵団の作戦は創設当初から構想されていた。たとえば1942年1月には、「ブランデンブルク」部隊の100名余りのインド人部隊が「バヤデール」作戦としてイランに浸透し、破壊活動に従事したと言われている。しかし、リッベントロップがボースに伝えた通り、インド進攻の夢はドイツ軍にとってソ連を打倒した後の課題であり、第950インド歩兵連隊がソ連に向かうことはなかった。

1943年4月、第950インド歩兵連隊はオランダのオルデブルク演習場に向かい、第16空軍野戦師団の指揮下に置かれることになった。オランダはアメリカ軍やイギリス軍の上陸の可能性があり、沿岸の守りが必要だったのだ。

ここでトラブルが発生する。インド義勇兵たちは自分達がインド解放のための部隊と信じており、オランダで連合軍と戦うなど筋違いもいいところだったからだ。このため、戦う義務を持たないと考えるインド兵47名がオランダ行きを拒絶。ドイツ軍は仕方なく彼らを軍法会議にかけ、その後に捕虜収容所へ送還した。これはインド義勇兵たちの士気に配慮した措置だが、それでもドイツ軍としては寛大と言える。なお、オランダに向かった部隊の一部は、後にグルジア人大隊が反乱を起こすテッセル島に配置されている。

1943年8月、連隊はさらにフランスに送られ、フランス南西部の都市ボルドーの近郊に展開した。ボルドーはビスケー湾の沿岸にあり、ここも連合軍の上陸の恐れがある場所だった。連隊は第344歩兵師団の指揮下に入り、陣地構築作業に当たった。

こうした状況下、チャンドラ・ボースは日本への渡航を決断していた。彼はドイツ軍によるソ連打倒が失敗に終わったことを察しており、このままドイツで反英闘争を継続するより、マレー半島やビルマを制圧し、インドの目前まで勢力を拡大した日本軍に己の未来を託すべきだと判断したのだった。日本軍もまた、ドイツと同じようにインド人捕虜から編成されたインド義勇兵部隊、インド国民軍のまとめ役としてボースの存在を必要としていた。

1943年2月、ボースは側近とともに潜水艦U-180に乗り込んでドイツを出発した。4月26日、U-180はインド洋のマダガスカル沖で日本海軍の伊号潜水艦、伊二九とのランデブーに成功、移乗したボースは5月16日に東京

【自由インド兵団 現実ver.】
ターバンを巻いてドイツ軍的軍装を着用している自由インド兵団・第950インド歩兵連隊の兵士(シーク教徒)。連隊旗に記されたヒンディー語「AZAD HIND」は「Free India(自由インド)」を意味する。なお、インド人=ターバンというイメージがあるが、大多数を占めるヒンドゥー教徒にはターバンを着用する習慣はない。

に到着した。

　ボースに見捨てられる形となった自由インド兵団だったが、士気は低下気味だったものの、フランスでの任務は戦闘に巻き込まれなかったためか思いの外快適で、持ち場を離れてパリで時間を過ごすことさえ許された。1944年3月には、フランス防衛の指揮官となったロンメル元帥の閲兵も受けている。

　なお、この間に第950インド歩兵連隊の第9中隊がプロパガンダのためにイタリアに渡り、そこで第278歩兵師団に配属され、イタリア戦線の終結まで対パルチザン戦などに参加した後、連合軍に降伏した。

自由インド兵団の最後

　1944年6月、連合軍は「オーバーロード」作戦を発動、ノルマンディーに上陸した。ドイツ軍はノルマンディーから敵を追い落とすべく苛烈な防御戦を展開したが、8月に戦線が崩壊。ドイツ軍は全軍にフランスからドイツへの撤退命令を下した。

　撤退命令が下るまで、第950インド歩兵連隊はボルドー近郊に留め置かれた。これはドイツ軍が連隊の戦力に期待を寄せていなかった証拠だろう。ただし、連合軍の上陸と同時にボルドー近郊でもレジスタンスの行動が活発化し、連隊もレジスタンス狩りに駆り出された。

　8月中旬、第950インド歩兵連隊はドイツ本土への撤退を開始した。途中、連隊はレジスタンス組織(マキ)やドイツ軍を追撃するアメリカ軍先鋒との交戦に巻き込まれたが、何とかそれらを凌ぎ、9月下旬までにドイツ本土に到達、ハンブルク近くのオーバーホーフェン演習場に展開した。

　この間、第950インド歩兵連隊は当人たちの預かり知らぬ所で武装親衛隊に編入され、「SSインド義勇兵団」に改称された。これは親衛隊長官のヒムラーが、反乱防止のために義勇兵部隊を親衛隊に編入するという決定を下したためだった。司令官にはハインツ・バートリングSS少将が着任したが、当人はこれを降格人事と受け止めており、1945年2月に新任地がソ連軍包囲下のコルベルク要塞に決まると嬉々として転出し、戦死したと言われている。

UボートU-180に便乗した後、伊二九に移乗して日本へ向かうチャンドラ・ボース(前列向かって左から2人目)

1945年3月末、SSインド義勇兵団はドイツ本国の終末が迫っているにも関わらず、2300名の兵士と十分な武装を有し、プロパガンダ活動を継続していた。しかしそれがヒトラーの逆鱗に触れたようで、3月末に同兵団の装備はすべて第18SS義勇装甲擲弾兵師団「ホルスト・ヴェッセル」に引き渡され、事実上の武装解除となった。

その後、兵団はドイツの敗北を見越し、スイスに助けを求めるべくオーバーホーフェンを発し、オーストリア方面に向かった。だが途中でアメリカ軍やフランス軍に捕捉され、戦闘らしい戦闘もなく捕虜となった。

戦後、インド義勇兵たちは一部がイギリスで処罰を受けたものの、大部分は無事にインドに帰還した。

中尉殿が武器調達をしているもう少しの辛抱だ
火炎放射器《フラーメンヴェルファー》を調達してきました!!

使えるんですかそれ……
いけますよ!! 焼きはらえ!!
中尉殿お話があります
戦況の悪化と共にレジスタンスの活動は活発化しドイツ軍はその対応に多大な労苦を費やすこととなった

参考文献【アジア編】

本書の執筆には以下の書籍、雑誌等を主要な参考文献とさせていただきました。
著者・訳者・編者の方々に厚く御礼申し上げます。

「もう一つの陸軍兵器史 知られざる鹵獲兵器と同盟軍の実態」藤田昌雄 著／光人社 刊
「五千日の軍隊 ―満州国軍の軍官たち―」牧南恭子 著／創林社 刊
「満州帝国 北辺に消えた"王道楽土"の全貌（歴史群像シリーズ84）」学習研究社 刊
「〈日中共同研究〉「満州国」とは何だったのか」植民地文化学会・中国東北淪陥14年史総編室 共編／小学館 刊
「満州国警察外史」幕内満雄 著／三一書房 刊
「日中戦争と汪兆銘」小林英夫 著／吉川弘文館 刊
「日中戦争史論 汪精衛政権と中国占領地」小林英夫・林道生 共著／御茶の水書房 刊
「『戦わざる軍隊』:汪政権軍の特質についての一考察（政經論叢78）」土屋光芳 著／明治大学政治経済研究所 刊
「徳王の見果てぬ夢 南北モンゴル統一独立運動」佐々木健悦 著／社会評論社 刊
「昭和20年8月20日 日本人を守る最後の戦い」稲垣武 著／光人社 刊
「ニセチャイナ」広中一成 著／社会評論社 刊
「アウン・サン将軍と三十人の志士」ボ・ミンガウン著／中公新書 刊
「ビルマ脱出記 外交官の見たビルマ方面軍壊滅の日」田村正太郎 著／図書出版社 刊
「ビルマ（ミャンマー）現代政治史 増補版」勁草書房 刊
「ビルマの夜明け バー・モウ ビルマ独立運動回想録」バー・モウ著／太陽出版 刊
「別冊歴史読本 太平洋戦争情報戦」新人物往来社 刊
「インドネシア現代史」増田与 著／中央公論社 刊
「大東亜戦争とインドネシア 日本の軍政」加藤裕 著／朱鳥社 刊
「インドネシア 多民族国家という宿命」水本達也 著／中央公論新社 刊
「日本占領下のフィリピン」池端雪浦 編／岩波書店 刊
「物語 フィリピンの歴史」鈴木静夫 著／中央公論社 刊
「同盟国タイと駐屯日本軍 ―『大東亜戦争』期の知られざる国際関係―」吉川利治 著／雄山閣 刊
「侵略か、解放か!? 世界は『太平洋戦争』とどう向き合ったか」山崎雅弘 著／学習研究社 刊
「戦史叢書」各巻 防衛庁防衛研究所戦史室 編纂／朝雲新聞社 刊

あとがき

本書は多くの皆さんの助力により完成しました。

まず、イラストレーターのEXCELさん。貴方の助力がなければこのようなマイナーな企画は雑誌連載といえども通らなかったと思います。『どくそせん』からの引き続いてのタッグとなりましたが、この企画でも一緒に仕事ができて光栄でした。余談ですが、本書を一読すると、EXCELさんの絵柄の10年間の変遷が見て取れます。

編集を担当していただいた「MC☆あくしず」編集部の武藤さんにも、多大なご支援、ご協力を頂きました。こちらも『どくそせん』以前からのお付き合いなのですが、この方の後押しがなければ企画そのものが成り立たなかったでしょうし、40回も連載を続けることもできなかったと思います。

また、応援してくれていた読者の皆様。おそらく、「MC☆あくしず」の毎号のアンケートで、「枢軸の絆」を面白い記事として評価していただいた大勢の読者がいたからこそ、連載を継続させることができたのだと思います（怖くて武藤さんに詳細は聞いていませんが!）。

本書の執筆には多数の文献、WEB資料を参考とさせていただきました。

一覧は巻中と巻末に掲載されていますが、その中でも特に藤田昌雄先生の『もう一つの陸軍兵器史 知られざる鹵獲兵器と同盟軍の実態』（光人社 2004年）と高橋慶史先生の『ラスト・オブ・カンプフグルッペ』シリーズ（大日本絵画 2001年～）には特に大きなインスパイアを受け、参考資料とさせていただきました。本企画は個々の「軍」や「部隊」ではなく個々の「国家」「勢力」の動きを追う通史的な性格だったため、その辺りを深く踏み込みませんでしたが、より詳細に枢軸軍の戦歴を追いたいという方々は、これらの書籍を読むと新たな発見があると思います。お二方を含め、参考資料に関わったすべての著者、訳者、編者の方々に対して深く御礼を申し上げたいと思います。

なお、本書で取り上げた多数の枢軸国、あるいは枢軸側の武装勢力の研究はいまだに継続中の事例が多く、また、資料的、語学的な限界から多数の二次資料を執筆に用いているため、今後の研究では新たな事実の発見などにより本書の記述が覆る可能性があることもご了承ください。

この悲劇が二度と繰り返されないことを願って。

ありがとうございました。

2018年1月末日 **内田弘樹**

【初出一覧】

ベルギー	MC☆あくしず Vol.30
デンマーク	同 Vol.31
ヴィシー・フランス	同 Vol.3
イギリス自由軍団	同 Vol.41
オランダ	同 Vol.29
スイス	同 Vol.13
エストニア	同 Vol.10
ラトヴィア	同 Vol.11
リトアニア	同 Vol.12
フィンランド【前編】	同 Vol.26
フィンランド【後編】	同 Vol.27
ノルウェー	同 Vol.24
スウェーデン	同 Vol.14
アルバニア	同 Vol.35
ギリシア	同 Vol.37
スペイン	同 Vol.6
ハンガリー	同 Vol.9
ルーマニア	同 Vol.2
ブルガリア	同 Vol.33
チェコスロヴァキア	同 Vol.19
ポーランド	同 Vol.38
ベラルーシ	同 Vol.20
ウクライナ	同 Vol.21
クロアチア	同 Vol.4
チェトニク	同 Vol.18
セルビア	書き下ろし（同人誌で発表）
白系ロシア人部隊	同 Vol.7
ロシア解放軍【前編】	同 Vol.39
ロシア解放軍【後編】	同 Vol.40
RONA（ロシア国民解放軍）	同 Vol.36
カルムイク	書き下ろし（同人誌で発表）
コサック	同 Vol.22
グルジア	書き下ろし（同人誌で発表）
満州国【前編】	同 Vol.16
満州国【後編】	同 Vol.17
中華民国南京政府	同 Vol.25
蒙古聯合自治政府	同 Vol.34
ビルマ	同 Vol.8
インドネシア	同 Vol.15
フィリピン第二共和国	同 Vol.23
タイ	同 Vol.28
インド国民軍	同 Vol.1
自由インド兵団	同 Vol.32

●イラスト　EXCEL
●カバーイラスト着彩　※Kome
●装丁　㈱エストール
●本文DTP　イカロス出版制作室
●編集　武藤善仁

極軸の絆
Band of AXIS

2018年2月28日　初版第1刷発行
2025年4月10日　初版第3刷発行

著　者　内田弘樹
発行人　山手章弘
発行所　イカロス出版株式会社
〒101-0051 東京都千代田区神田神保町 1-105
contact@ikaros.jp(内容に関するお問合せ)
sales@ikaros.co.jp(乱丁・落丁、書店・取次様からのお問合せ)
印刷　株式会社 暁印刷

Printed in Japan　ISBN978-4-8022-0502-3